崧燁文化

曹永忠，許智誠，蔡英德 著

# Python遊戲開發
# (PyGame 基礎篇)

Python Game Programming
(An Introduction to PyGame)

# 自序

　　遊戲設計與開發系列的書是我出版至今十多年，出書量也破一百八十多本大關，專為遊戲開發者攥寫的第一本教學書籍，當初出版電子書是希望能夠在教育界開一門 Maker 自造者相關的課程，沒想到一寫就已過十多年，繁簡體加起來的出版數也已也破一百八十多本大關的量，這些書都是我學習當一個 Maker 累積下來的成果。

　　這本書可以說是我的另一個里程碑，之前都是以專案為主，將別人設計的產品進行逆向工程展開之後，將該產品重新實作，但是筆者發現，很多學子的程度對一個產品專案開發，仍是心有餘、力不足，所以筆者鑑於如此，回頭再寫基礎感測器系列與程式設計系列，希望透過這些基礎能力的書籍，來培養學子基礎程式開發的能力，等基礎扎穩之後，面對更難的產品開發或物聯網系統開發，有能游刃有餘。

　　目前許多學子在學習程式設計之時，恐怕最不能了解的問題是，我為何要寫九九乘法表、為何要寫遞迴程式，為何要寫成函式型式…等等疑問，只因為在學校的學子，學習程式是為了可以了解『撰寫程式』的邏輯，並訓練且建立如何運用程式邏輯的能力，解譯現實中面對的問題。然而現實中的問題往往太過於複雜，授課的老師無法有多餘的時間與資源去解釋現實中複雜問題，期望能將現實中複雜問題淬鍊成邏輯上的思路，加以訓練學生其解題思路，但是眾多學子宥於現實問題的困惑，無法單純用純粹的解題思路來進行學習與訓練，反而以現實中的複雜來反駁老師教學太過學理，沒有實務上的應用為由，拒絕深入學習，這樣的情形，反而自己造成了學習上的障礙。

　　本系列的書籍，針對目前學習上的盲點，希望讀者從 Python 程式語言開始學習，從開發語言安裝與設定、到開發整合工具的安裝與設定，到 PyGame 套件的安章與設定，接下來針對 PyGame 在開發遊戲的技巧，原理與範例，一步一步漸進學習，並透過程式技巧的模仿學習，來降低系統龐大產生大量程式與複雜程式所需要了解的時間與成本，透過固定需求對應的程式攥寫技巧模仿學習，可以更快學習如何開發遊戲，針對 Pygame 的基礎功能， 一步一步針對遊戲開發所針對的思維、架構、開發基礎元素如圖片繪製、視窗文字繪製、幾何圖形繪製，到以精靈為基礎所有的設計、操控與動畫技巧，最後整合音樂與音效等，一一逐步教學，最後設計人機互動的技巧與技術最後的介紹，來貫穿本書遊戲設計與開發基礎功的訓練與教學。

　　如此一來，因為學子們進行『重新開發軟體產品』過程之中，可以很有把握的了解自己正在進行什麼，對於學習過程之中，透過實務需求導引著開發過程，可以讓學子們讓實務產出與邏輯化思考產生關連，如此可以一掃過去陰霾，更踏實的進行學習。

　　這十多年以來的經驗分享，逐漸在這群學子身上看到發芽，開始成長，覺得 Maker 的教育方式，極有可能在未來成為教育的主流，相信我每日、每月、每年不斷的努力之下，未來軟體設計與開發的教育、推廣、普及、成熟將指日可待。

　　最後，請大家可以加入 Maker 的 Open Knowledge 的行列。

曹永忠 於貓咪樂園

# 自序

隨著資通技術(ICT)的進步與普及,取得資料不僅方便快速,傳播資訊的管道也多樣化與便利。然而,在網路搜尋到的資料卻越來越巨量,如何將在眾多的資料之中篩選出正確的資訊,進而萃取出您要的知識?如何獲得同時具廣度與深度的知識?如何一次就獲得最正確的知識?相信這些都是大家共同思考的問題。

為了解決這些困惱大家的問題,永忠、智誠兄與敝人計畫製作一系列「Maker系列」書籍來傳遞兼具廣度與深度的軟體開發知識,希望讀者能利用這些書籍迅速掌握正確知識。首先規劃「以一個 Maker 的觀點,找尋所有可用資源並整合相關技術,透過創意與逆向工程的技法進行設計與開發」的系列書籍,運用現有的產品或零件,透過駭入產品的逆向工程的手法,拆解後並重製其控制核心,並使用 Arduino 相關技術進行產品設計與開發等過程,讓電子、機械、電機、控制、軟體、工程進行跨領域的整合。

近年來 Arduino 異軍突起,在許多大學,甚至高中職、國中,甚至許多出社會的工程達人,都以 Arduino 為單晶片控制裝置,整合許多感測器、馬達、動力機構、手機、平板...等,開發出許多具創意的互動產品與數位藝術。由於 Arduino 的簡單、易用、價格合理、資源眾多,許多大專院校及社團都推出相關課程與研習機會來學習與推廣。

以往介紹 ICT 技術的書籍大部份以理論開始、為了深化開發與專業技術,往往忘記這些產品產品開發背後所需要的背景、動機、需求、環境因素等,讓讀者在學習之間,不容易了解當初開發這些產品的原始創意與想法,基於這樣的原因,一般人學起來特別感到吃力與迷惘。

本書為了讀者能夠深入了解產品開發的背景,本系列整合 Maker 自造者的觀念與創意發想,深入產品技術核心,進而開發產品,只要讀者跟著本書一步一步研習與實作,在完成之際,回頭思考,就很容易了解開發產品的整體思維。透過這樣的思路，讀者就可以輕易地轉移學習經驗至其他相關的產品實作上。

所以本書是能夠自修的書，讀完後不僅能依據書本的實作說明準備材料來製作，盡情享受 DIY(Do It Yourself)的樂趣，還能了解其原理並推展至其他應用。有興趣的讀者可再利用書後的參考文獻繼續研讀相關資料。

本書的發行有新的創舉，就是以電子書型式發行，在國家圖書館 (http://www.ncl.edu.tw/)、國立公共資訊圖書館 National Library of Public Information(http://www.nlpi.edu.tw/)、台灣雲端圖庫(http://www.ebookservice.tw/)等都可以免費借閱與閱讀，如要購買的讀者也可以到許多電子書網路商城、Google Books 與 Google Play 都可以購買之後下載與閱讀。希望讀者能珍惜機會閱讀及學習，繼續將知識與資訊傳播出去，讓有興趣的眾人都受益。希望這個拋磚引玉的舉動能讓更多人響應與跟進，一起共襄盛舉。

本書可能還有不盡完美之處，非常歡迎您的指教與建議。近期還將推出其他 Arduino 相關應用與實作的書籍，敬請期待。

最後，請您立刻行動翻書閱讀。

蔡英德 於台中沙鹿靜宜大學主顧樓

# 自序

記得自己在大學資訊工程系修習電子電路實驗的時候，自己對於設計與製作電路板是一點興趣也沒有，然後又沒有天分，所以那是苦不堪言的一堂課，還好當年有我同組的好同學，努力的照顧我，命令我做這做那，我不會的他就自己做，如此讓我解決了資訊工程學系課程中，我最不擅長的課。

當時資訊工程學系對於設計電子電路課程，大多數都是專攻軟體的學生去修習時，系上的用意應該是要大家軟硬兼修，尤其是在台灣這個大部分是硬體為主的產業環境，但是對於一個軟體設計，但是缺乏硬體專業訓練，或是對於眾多機械機構與機電整合原理不太有概念的人，在理解現代的許多機電整合設計時，學習上都會有很多的困擾與障礙，因為專精於軟體設計的人，不一定能很容易就懂機電控制設計與機電整合。懂得機電控制的人，也不一定知道軟體該如何運作，不同的機電控制或是軟體開發常常都會有不同的解決方法。

除非您很有各方面的天賦，或是在學校巧遇名師教導，否則通常不太容易能在機電控制與機電整合這方面自我學習，進而成為專業人員。

而自從有了 Arduino 這個平台後，上述的困擾就大部分迎刃而解了，因為 Arduino 這個平台讓你可以以不變應萬變，用一致性的平台，來做很多機電控制、機電整合學習，進而將軟體開發整合到機構設計之中，在這個機械、電子、電機、資訊、工程等整合領域，不失為一個很大的福音，尤其在創意掛帥的年代，能夠自己創新想法，從 Original Idea 到產品開發與整合能夠自己獨立完整設計出來，自己就能夠更容易完全了解與掌握核心技術與產業技術，整個開發過程必定可以提供思維上與實務上更多的收穫。

Arduino 平台引進台灣自今，雖然越來越多的書籍出版，但是從設計、開發、製作出一個完整產品並解析產品設計思維，這樣產品開發的書籍仍然鮮見，尤其是能夠從頭到尾，利用範例與理論解釋並重，完完整整的解說如何用 Arduino 設計出一個完整產品，介紹開發過程中，機電控制與軟體整合相關技術與範例，如此的書籍更是付之闕如。永忠、英德兄與敝人計畫撰寫 Maker 系列，就是基於這樣對市場需要的觀察，開發出這樣的書籍。

　　作者出版了許多的 Arduino 系列的書籍，深深覺的，基礎乃是最根本的實力，所以回到最基礎的地方，希望透過最基本的程式設計教學，來提供眾多的 Makers 在入門 Arduino 時，如何開始，如何攥寫自己的程式，進而介紹不同的週邊模組，主要的目的是希望學子可以學到如何使用這些週邊模組來設計程式，期望在未來產品開發時，可以更得心應手的使用這些週邊模組與感測器，更快將自己的想法實現，希望讀者可以了解與學習到作者寫書的初衷。


　　　　　　　　　　　　　　　　　許智誠　　於中壢雙連坡中央大學 管理學院

# 目 錄

自序 .................................................................................................. ii
自序 .................................................................................................. iv
自序 .................................................................................................. vi
目 錄 ............................................................................................... viii
圖目錄 ............................................................................................. xvii
表目錄 ............................................................................................. xxv
遊戲設計與開發系列 ......................................................................... 1
Python 介紹 ....................................................................................... 3
    Python 起源與創始 ..................................................................... 3
    發展階段 ..................................................................................... 3
    近期發展 ..................................................................................... 4
    現代發展 ..................................................................................... 4
    關鍵特性 ..................................................................................... 5
    主要用途 ..................................................................................... 5
內建常數 ............................................................................................ 6
Python 內建函式 ................................................................................ 9
Python 編譯器安裝 .......................................................................... 58
    測試 Python 是否安裝成功 ...................................................... 68
安裝 PyCharm 整合工具安裝 ......................................................... 71
    測試 PyCharm 是否安裝成功 .................................................. 88
    建立開發基本專案環境 ............................................................ 94
安裝套件 ......................................................................................... 108
    Python 環境安裝 PyGame 套件 ............................................. 108
    Python 環境安裝 cocos2d 套件 ............................................. 113
    Python 環境安裝 numpy 套件 ............................................... 118

PyCharm 環境安裝 PyGame 套件 ...................................................... 123
　章節小結 ................................................................................................ 134
PyGame 基本介紹 ............................................................................................ 136
　如何使用 PyGame 套件 ........................................................................ 138
　如何建立繪圖視窗介面 ........................................................................ 138
　設定視窗介面屬性 ................................................................................ 138
　　建立視窗大小 .................................................................................... 138
　　建立視窗背景顏色 ............................................................................ 140
　　透過畫布建立視窗背景顏色 ............................................................ 141
　　pygame.display 相關函式介紹 ........................................................ 145
　使用圖片繪製視窗背景 ........................................................................ 148
　　載入圖片 ............................................................................................ 148
　　繪製圖片到視窗 ................................................................................ 149
　繪製文字到視窗背景 ............................................................................ 151
　　系統字型 ............................................................................................ 151
　　載入系統字型 .................................................................................... 154
　　載入字型 ............................................................................................ 155
　　設定字型屬性 .................................................................................... 155
　　產生字型內容 .................................................................................... 156
　　繪製文字內容到視窗上 .................................................................... 157
　產生結束圖示與正確離開系統 ............................................................ 160
　　缺乏結束程序產生之系統錯誤 ........................................................ 160
　　捕抓所有滑鼠相關動作引發的事件 ................................................ 161
　　判斷是否是按下系統結束按鈕 ........................................................ 162
　　確認常在狀態與系統離開狀態 ........................................................ 162
　章節小結 ................................................................................................ 167

## PyGame 繪圖功能介紹 ........................................................................... 169

### Surface 對象： ................................................................................ 169

### 基本繪圖功能 .................................................................................. 170

### 處理顏色 ......................................................................................... 171

### 渲染圖像 ......................................................................................... 171

### 繪製文字 ......................................................................................... 171

### 更新顯示 ......................................................................................... 172

### 性能優化 ......................................................................................... 172

## 如何繪製線條 ......................................................................................... 173

### 建立與視窗大小一致畫布 .................................................................. 173

### 直接在 pygame 視窗繪製 X 的直線 ................................................... 174

### 直接在 pygame 視窗繪製一個格盤 ..................................................... 177

## 如何繪製矩形 ......................................................................................... 180

### 建立與視窗大小一致畫布 .................................................................. 181

### 直接在 pygame 視窗繪製三分之一的矩形框 ....................................... 182

### 直接在 pygame 視窗繪製連續縮小的矩形框 ....................................... 185

## 如何繪製圓形 ......................................................................................... 190

### 建立與視窗大小一致畫布 .................................................................. 190

### 直接在 pygame 視窗繪製中心圓形框 .................................................. 191

### 直接在 pygame 視窗繪製連續縮小的圓形框 ....................................... 195

## 如何繪製橢圓形 ..................................................................................... 199

### 建立與視窗大小一致畫布 .................................................................. 199

### 直接在 pygame 視窗繪製中心橢圓形框 .............................................. 200

### 直接在 pygame 視窗繪製連續縮小的橢圓形框 ................................... 205

## 如何繪製圓弧 ......................................................................................... 210

### 建立與視窗大小一致畫布 .................................................................. 211

| | |
|---|---|
| 直接在 pygame 視窗繪製 10 個 20 分之一的弧形框 | 212 |
| 直接在 pygame 視窗繪製連續縮小的弧形框 | 217 |
| 如何繪製多邊形 | 223 |
| 建立與視窗大小一致畫布 | 223 |
| 直接在 pygame 視窗繪製四邊形之多邊形框 | 224 |
| 直接在 pygame 視窗繪製連續縮小的矩形框 | 227 |
| 章節小結 | 231 |

# PyGame 精靈功能介紹 ............................................. 233

| | |
|---|---|
| 如何使用 PyGame 套件 | 236 |
| 如何建立繪圖視窗介面 | 236 |
| 設定視窗介面屬性 | 236 |
| 建立視窗大小 | 236 |
| 建立視窗背景顏色 | 237 |
| 透過畫布建立視窗背景顏色 | 239 |
| 建立一個基本 Sprite 物件 | 240 |
| Pygame 中的 Sprite 類別 | 240 |
| Sprite 的基本特性 | 240 |
| Sprite 的基本操作 | 241 |
| Group 和 GroupSingle | 242 |
| 建立最後迴圈程序 | 244 |
| 離開遊戲 | 246 |
| 最後整合程式 | 246 |
| 控充 Sprite 物件邊界問題 | 249 |
| 擴充 Sprite 類別所處視窗 | 250 |
| 在擴充 Sprite 類別所處方向與位置資訊 | 252 |
| 擴充邊界之整合程式 | 254 |

擴充 Sprite 物件考慮範圍問題 ........................................................... 257

　　在擴充 Sprite 類別所處二軸方向與位置資訊 .............................. 258

　　擴充全方位邊界之整合程式 .......................................................... 261

擴充 Sprite 物件內建屬性設定問題 ................................................... 265

　　在擴充 Sprite 類別離動距離資訊為屬性 ...................................... 266

　　建立距離屬性對應方法 .................................................................. 267

　　在程式之中設定距離屬性 .............................................................. 267

　　擴充亂數設定移動距離之整合程式 .............................................. 268

產生兩個物件在畫面上同時移動 ......................................................... 273

　　主程式中加入第二個精靈角色 ...................................................... 273

　　加入角色名字 .................................................................................. 280

　　加入碰撞反彈處理方法 .................................................................. 282

　　在主程序中加入檢查是否碰撞 ...................................................... 282

　　兩物件碰撞之整合程式 .................................................................. 283

章節小結 ..................................................................................................... 289

PyGame 音效功能介紹 ............................................................................... 291

　背景音樂基本介紹 ................................................................................. 291

　　music 用途 ........................................................................................ 291

　　music 原理 ........................................................................................ 291

　　music 基本用法 ................................................................................ 291

　　載入音樂文件 .................................................................................. 292

　　檢查是否音樂播放中 ...................................................................... 292

　　卸載音樂文件 .................................................................................. 292

　　播放音樂 .......................................................................................... 292

　　暫停與繼續播放 .............................................................................. 293

　　重新播放音樂 .................................................................................. 293

| | |
|---|---|
| 播放中等待一些時間後停止 | 293 |
| 設定播放音樂位置 | 293 |
| 取得播放音樂位置 | 293 |
| 設置音量 | 294 |
| 取得目前音量大小 | 294 |

建立一個簡單的背景音樂 ............................................................. 295

| | |
|---|---|
| 設定視窗介面屬性 | 295 |
| 建立視窗背景顏色 | 297 |
| 載入音樂文件 | 298 |
| 播放音樂 | 299 |
| 播放科學小飛俠主題曲之整合程式 | 299 |

加入鍵盤控制的背景音樂 ............................................................. 301

| | |
|---|---|
| 讀取使用者按下鍵盤資訊 | 301 |
| 辨識使用者按下鍵盤資訊進行處理 | 301 |
| 加入鍵盤控制的背景音樂整合 | 302 |

背景音效基本介紹 ......................................................................... 304

| | |
|---|---|
| Sound 用途 | 304 |
| Sound 原理 | 305 |
| Sound 基本用法 | 305 |

加入鍵盤控制的音效 ..................................................................... 308

| | |
|---|---|
| 載入音效 | 308 |
| 讀取使用者按下鍵盤資訊 | 308 |
| 辨識使用者按下鍵盤資訊進行處理 | 309 |
| 加入鍵盤控制的音效 | 309 |

以球在平面移動撞壁產生音效 ..................................................... 311

xiii

| 初始化 pygame | 311 |
| --- | --- |
| 建立視窗大小 | 312 |
| 建立視窗抬頭 | 313 |
| 建立視窗背景顏色 | 313 |
| 建立一個 Ball 的 Sprite 類別 | 315 |
| Ball 的基本操作 | 315 |
| Ball 的初始化 | 316 |
| Ball 的屬性讀寫方法 | 318 |
| Ball 的更新方法 | 319 |
| 建立精靈群組來處理更新與繪製機制 | 323 |
| 建立最後迴圈程序 | 325 |
| 離開遊戲 | 327 |
| 最後產生一個球碰掉牆壁會發出音效整合程式 | 327 |
| 章節小結 | 333 |
| PyGame 操控功能介紹 | 335 |
| 鍵盤操控介紹 | 336 |
| 鍵盤檢測用途 | 336 |
| 鍵盤檢測原理 | 336 |
| 鍵盤基本用法 | 337 |
| 常見按鍵常用變數 | 338 |
| 檢測鍵盤判斷按鍵常用變數 | 339 |
| 建立一個以方向鍵移動的角色 | 343 |
| 內部變數部分： | 346 |
| 初始化部分： | 346 |
| 屬性部分： | 347 |
| 類別公開方法部分： | 347 |

| 類別使用方法： | 348 |
| --- | --- |

## 建立一個小精靈(吃豆人)可以上下左右鍵移動的角色 ............ 348

| Import 匯入套件部分： | 351 |
| --- | --- |
| 系統初始化部分： | 352 |
| 精靈設計部分： | 352 |
| 精靈群組設計部分： | 353 |
| 遊戲主程序設計部分： | 353 |
| 遊戲主程序迴圈控制部分： | 353 |
| 遊戲主程序檢測鍵盤操控部分： | 353 |
| 畫面更新部分： | 354 |
| 最後程序： | 354 |

## 滑鼠操控介紹 ............ 355

| 滑鼠操控原理 | 355 |
| --- | --- |
| 滑鼠操控基本用法 | 356 |
| 滑鼠操作基本用法 | 359 |
| 常見按鍵常用變數 | 360 |

## 建立一個打地鼠可以移動游標與按鍵改變圖片的角色 ............ 361

| 內部變數部分： | 363 |
| --- | --- |
| 初始化部分： | 364 |
| 屬性部分： | 364 |
| 類別公開方法部分： | 364 |
| 類別使用方法： | 365 |

## 建立一個打地鼠可以畫面移動游標與按鍵改變圖片 ............ 365

| Import 匯入套件部分： | 369 |
| --- | --- |
| 建立程式中使用的函數： | 369 |

系統初始化部分：.................................................................. 369

精靈設計部分：...................................................................... 370

精靈群組設計部分：.............................................................. 370

遊戲主程序設計部分：.......................................................... 370

遊戲主程序迴圈控制部分：.................................................. 371

遊戲主程序檢測滑鼠位置部分：.......................................... 371

畫面更新部分：...................................................................... 371

最後程序：.............................................................................. 372

章節小結 ........................................................................................ 373

本書總結 ........................................................................................ 374

作者介紹 .............................................................................................. 375

附錄 ...................................................................................................... 377

參考文獻 .............................................................................................. 379

# 圖目錄

圖 1 開啟瀏覽器 ...................................................................................... 58

圖 2 進入 Google 搜尋引擎 .................................................................... 58

圖 3 輸入搜尋關鍵字 .............................................................................. 59

圖 4 找到資料 .......................................................................................... 59

圖 5 選第一個 .......................................................................................... 60

圖 6 進入 Python 官網下載處 ................................................................ 60

圖 7 下載目前最新版本 .......................................................................... 61

圖 8 選擇作業系統 .................................................................................. 61

圖 9 進入 Windows 作業系統版本下載 ................................................ 62

圖 10 選 Stable(穩定版本) ...................................................................... 62

圖 11 選 win 64 位元版本 ....................................................................... 63

圖 12 下載後選擇下載目錄 .................................................................... 64

圖 13 儲存下載檔案 ................................................................................ 64

圖 14 開啟檔案總管 ................................................................................ 65

圖 15 開啟下載之目錄資料夾 ................................................................ 65

圖 16 開啟執行下載之 Python 安裝檔 .................................................. 66

圖 17 進入 Python 安裝畫面 .................................................................. 66

圖 18 設定權限部分 ................................................................................ 67

圖 19 選 install .......................................................................................... 67

圖 20 Python 安裝中 ................................................................................ 67

圖 21 Python 安裝完成 ............................................................................ 68

圖 22 關閉安裝畫面 ................................................................................ 68

圖 23 開啟 CMD(DOS 提示視窗) ......................................................... 69

圖 24 ............................................................................................................ 69

圖 25 輸入 python，按下 Enter ................................................................. 70

圖 26 成功安裝，會出現下列畫面 ............................................................ 70

圖 27 關掉 python ........................................................................................ 70

圖 28 開啟瀏覽器 ........................................................................................ 71

圖 29 進入 Google 搜尋引擎 ...................................................................... 71

圖 30 輸入搜尋關鍵字 ................................................................................ 72

圖 31 找到 pycharm 資料 ............................................................................ 72

圖 32 選第一個 ............................................................................................ 73

圖 33 進入 PyCharm 官網 ........................................................................... 73

圖 34 請在該網頁往下捲動 ........................................................................ 74

圖 35 選到 PyCharm Community Edition 一段 ........................................ 74

圖 36 選到 Download 選項 ........................................................................ 75

圖 37 出現下載與儲存 pycharm 畫面 ....................................................... 75

圖 38 下載後 選擇下載目錄 ...................................................................... 76

圖 39 儲存下載檔案 .................................................................................... 77

圖 40 開啟檔案總管 .................................................................................... 77

圖 41 開啟 pycharm 下載之目錄資料夾 ................................................... 78

圖 42 開啟 PyCharm 下載檔 ...................................................................... 78

圖 43 如果有安裝前版本，會出現以下畫面 ............................................ 79

圖 44 這裡只移除前面版本 ........................................................................ 79

圖 45 保留舊版本設定 ................................................................................ 80

圖 46 下一步安裝 ........................................................................................ 80

圖 47 請將舊版本先行移除 ........................................................................ 80

圖 48 新安裝，進入 pycharm 安裝畫面 ................................................... 81

xviii

圖 49 選擇安裝目錄 ............................................................. 82

圖 50 下一步 ....................................................................... 82

圖 51 PyCharm 安裝選項 ................................................... 83

圖 52 建立桌面 ICON .......................................................... 83

圖 53 把 PyCharm 開發工具與 python 原始碼建立連結 ............................ 84

圖 54 建立 PyCharm 執行檔路徑設定 ................................. 84

圖 55 建立專案資料夾的選項設定 ..................................... 84

圖 56 下一步安裝 ............................................................... 85

圖 57 安裝 Menu 選項 ........................................................ 85

圖 58 開始安裝 ................................................................... 86

圖 59 PyCharm 安裝中 ....................................................... 86

圖 60 PyCharm 安裝完成 ................................................... 87

圖 61 按下 Finish 離開安裝畫面 ........................................ 87

圖 62 可以在桌面看到 PyCharm ICON .............................. 88

圖 63 可以在執行列輸入"PyCharm" ................................. 88

圖 64 可以看到 PyCharm Community Edition ................... 89

圖 65 請執行 PyCharm Community Edition ....................... 89

圖 66 PyCharm Community Edition 執行圖示 ................... 90

圖 67 選擇 Skip import ....................................................... 90

圖 68 首次執行 PyCharm Community Edition ................... 91

圖 69 開啟已存在之 PyCharm 專案資料夾 ........................ 91

圖 70 選擇 Python 系統專案資料夾 ................................... 92

圖 71 設定 pyprg 為專案路徑 ............................................ 92

圖 72 設定 pyprg 為信任權限 ............................................ 93

圖 73 首次執行 PyCharm 主畫面 ....................................... 93

xix

圖 74 開啟檔案總管 .................................................................................. 94

圖 75 在非 C 磁碟之外 .............................................................................. 94

圖 76 本文在 D 磁碟 .................................................................................. 95

圖 77 建立一個資料夾 .............................................................................. 95

圖 78 選到ｐｙｐｒｇ ............................................................................... 95

圖 79 選到ｐｙｐｒｇ ............................................................................... 96

圖 80 建立新資料夾 .................................................................................. 96

圖 81 建立 2024pygame 資料夾 ................................................................ 96

圖 82 回到 PyCharm 主畫面 ..................................................................... 97

圖 83 選開啟專案 ...................................................................................... 97

圖 84 選擇剛剛建立的ｐｙｐｒｇ資料夾 ............................................... 98

圖 85 在選剛剛建立之專案資料夾 .......................................................... 99

圖 86 按下 OK ............................................................................................ 99

圖 87 選到 pyprg ........................................................................................ 99

圖 88 點開 pygame 資料夾 ...................................................................... 100

圖 89 開啟 D:\pyprg\pygame 資料夾 ..................................................... 101

圖 90 出現專案資料夾下所有檔案與目錄 ............................................ 102

圖 91 建立一支新的 python 程式 ........................................................... 103

圖 92 要求輸入新 Python 程式碼檔案名稱 .......................................... 103

圖 93 輸入 myfirstpython 檔名 ................................................................ 104

圖 94 myfirstpython 程式區編輯區 ......................................................... 104

圖 95 攥寫第一支 myfirstpython 程式 .................................................... 105

圖 96 按下滑鼠右鍵出現快捷選單 ........................................................ 106

圖 97 出現 Run XXXXX ......................................................................... 106

圖 98 XXXX 跟上方頁籤一樣名稱 ....................................................... 107

圖 99 執行該程式，出現結果視窗 ...................................................................... 107

圖 100 有下面畫面 ................................................................................................ 108

圖 101 代表已可以開始設計 python ..................................................................... 108

圖 102 桌面執行列 ................................................................................................ 109

圖 103 Window 執行列輸入命令 .......................................................................... 109

圖 104 看到命令提示字元圖示 ............................................................................ 110

圖 105 請使用系統管理員身分執行 .....................................................................111

圖 106 出現系統管理員:命令提示字元視窗 .......................................................111

圖 107 輸入安裝 pygame 套件命令 ..................................................................... 112

圖 108 完成安裝 pygame 套件 ............................................................................. 113

圖 109 桌面執行列 ................................................................................................ 113

圖 110 Window 執行列輸入命令 .......................................................................... 114

圖 111 看到命令提示字元圖示 ............................................................................ 115

圖 112 請使用系統管理員身分執行 .................................................................... 116

圖 113 出現系統管理員:命令提示字元視窗 ...................................................... 116

圖 114 cocos2d 官網畫面 ...................................................................................... 117

圖 115 輸入安裝 Cocos2d 的 2D 遊戲引擎套件命令 ......................................... 117

圖 116 完成安裝 Cocos2d 的 2D 遊戲引擎套件 ................................................. 118

圖 117 桌面執行列 ................................................................................................ 119

圖 118 Window 執行列輸入命令 .......................................................................... 119

圖 119 看到命令提示字元圖示 ............................................................................ 120

圖 120 請使用系統管理員身分執行 .................................................................... 121

圖 121 出現系統管理員:命令提示字元視窗 ...................................................... 121

圖 122 輸入安裝 numpy 套件命令 ....................................................................... 122

圖 123 完成安裝 numpy 套件 ............................................................................... 122

圖 124 桌面執行列 ............................................................................. 123

圖 125 Window 執行列輸入 pycharm ........................................... 123

圖 126 看到 PyCharm Community Edition 圖示 ......................... 124

圖 127 請使用系統管理員身分執行 ............................................. 125

圖 128 出現 PyCharm 主畫面 ....................................................... 125

圖 129 進入設定選項 ..................................................................... 126

圖 130 PyCharm 設定選項畫面 ..................................................... 127

圖 131 切換到 PyCharm 安裝套件畫面 ....................................... 127

圖 132 PyCharm 安裝套件畫面 ..................................................... 128

圖 133 進入 PyCharm 新增套件畫面 ........................................... 129

圖 134 PyCharm 新增套件畫面 ..................................................... 130

圖 135 搜尋列輸入 pygame ........................................................... 130

圖 136 出現 pygame 相關套件列示 .............................................. 131

圖 137 選取 pygame 套件 ............................................................. 132

圖 138 進行安裝 pygame 套件 ..................................................... 133

圖 139 在 PyCharm 中完成安裝 pygame 套件 ........................... 134

圖 140 產生 800x600 寬度的 PyGame 視窗結果 ........................ 139

圖 141 設定視窗背景為綠色之結果畫面 ..................................... 140

圖 142 透過畫布繪製視窗繪圖區設定視窗背景為綠色之結果畫面 ...... 145

圖 143 透過繪圖方式繪到視窗頁面上之結果畫面 ..................... 151

圖 144 開發電腦系統擁有的作業系統之控制台字型畫面 ......... 152

圖 145 列印系統所有字型之結果畫面 ......................................... 154

圖 146 透過繪圖方式繪製這是曹建國老師寫的字到窗頁面上之結果畫面 ........................................................................................................ 160

圖 147 無法正確結束 pygame 視窗 ............................................. 161

圖 148 正確運行 pygame 視窗之流程圖 .................................................. 164

圖 149 透過繪圖方式繪製這是曹建國老師寫的字到窗頁面上之結果畫面 .................................................................................................... 167

圖 150 用畫線功能畫一個 X 到視窗頁面上之結果畫面 ....................... 177

圖 151 用畫線功能畫一個寬度 50 的格盤到視窗頁面上之結果畫面 ... 180

圖 152 畫三分之一視窗大小的矩形之尺寸大小 .................................. 183

圖 153 畫三分之一視窗大小的矩形到視窗頁面上之結果畫面 ........... 185

圖 154 　　繪製連續縮小的矩形框之尺寸大小 .................................. 187

圖 155 繪製連續縮小的矩形框到視窗頁面之結果畫面 ....................... 189

圖 156 畫視窗中心內最大的圓形之尺寸大小 ...................................... 192

圖 157 畫二分之一視窗大小的圓形到視窗中心上之結果畫面 ........... 194

圖 158 畫連續畫 N 分之一遞減圓形到視窗中心之尺寸大小 ............... 196

圖 159 畫連續畫 N 分之一遞減圓形到視窗中心上之結果畫面 ........... 198

圖 160 畫視窗中心內最大的橢圓形之尺寸大小 .................................. 202

圖 161 畫二分之一視窗大小的橢圓形到視窗中心上之結果畫面 ....... 205

圖 162 畫連續畫 N 分之一遞減橢圓形到視窗中心之尺寸大小 ........... 207

圖 163 畫連續畫 N 分之一遞減橢圓形到視窗中心上之結果畫面 ....... 210

圖 164 　　畫全圓分 10 次劃出而每一個是 20 分之一全圓之尺寸大小尺寸圖　　214

圖 165 畫全圓分 10 次劃出而每一個是 20 分之一全圓之弧形到視窗之結果 .................................................................................................... 217

圖 166 　　繪製連續縮小的弧形框之尺寸大小 .................................. 219

圖 167 繪製連續縮小的連續縮小的弧形框到視窗頁面上之結果畫面 . 222

圖 168 畫出一個三分之一寬與高的矩形四邊形之尺寸大小 ............... 225

圖 169 畫出一個三分之一寬與高的矩形四邊形之結果畫面 ................ 226

| | | |
|---|---|---|
| 圖 170 | 繪製 n 正多邊形之尺寸大小 | 228 |
| 圖 171 | 繪畫出正 n 邊形之多邊形於畫面上之結果畫面 | 231 |
| 圖 172 | 產生 800x600 寬度的 PyGame 視窗結果 | 237 |
| 圖 173 | 設定視窗背景為綠色之結果畫面 | 238 |
| 圖 174 | 使用 ball 圖形產生一個向右的球之結果畫面 | 249 |
| 圖 175 | ball 精靈物件一直停在右邊界位置之結果畫面 | 251 |
| 圖 176 | 使用 ball 圖形產生一個左右移動的球之結果畫面 | 257 |
| 圖 177 | ball 精靈物件全方位移動之結果畫面 | 265 |
| 圖 178 | 擴充亂數設定移動距離之整合程式之結果畫面 | 272 |
| 圖 179 | 產生一個球與一隻蝴蝶之結果畫面 | 280 |
| 圖 180 | 兩物件碰撞之整合程式之結果畫面 | 288 |
| 圖 181 | 產生 800x600 寬度的 PyGame 視窗結果 | 296 |
| 圖 182 | 設定視窗背景為白色之結果畫面 | 297 |
| 圖 183 | 播放科學小飛俠主題曲之結果畫面 | 300 |
| 圖 184 | 鍵盤控制播放科學小飛俠主題曲之結果畫面 | 304 |
| 圖 185 | 加入鍵盤控制之播放音效之整合程式之結果畫面 | 311 |
| 圖 186 | 產生 800x600 寬度的 PyGame 視窗結果 | 313 |
| 圖 187 | 設定視窗背景為白色之結果畫面 | 314 |
| 圖 188 | 產生一個球碰到牆壁會發出音效之結果畫面 | 333 |
| 圖 189 | 建立一個小精靈(吃豆人)可以上下左右鍵移動的角色之結果畫面 | 355 |
| 圖 190 | 建立打地鼠鎚子的角色並隨滑鼠按鈕判斷鎚子狀態之結果畫面 | 373 |

# 表目錄

表 1 常用 format 格式化字串一覽表 ............................................................ 28

表 2 開啟檔案傳入模式代碼一覽表 ................................................................ 40

表 3 print()的 object 內格式代碼一覽表 ........................................................ 46

表 4 透過繪圖方式設定視窗背景為綠色 ...................................................... 144

表 5 透過繪圖方式繪到視窗頁面上 .............................................................. 150

表 6 列印系統所有字型 .................................................................................. 153

表 7 透過繪圖方式繪制文字到視窗頁面上 .................................................. 158

表 8 可以正常離開系統之透過繪圖方式繪制文字到視窗頁面上 ............ 165

表 9 用畫線功能畫一個 X 到視窗頁面上 .................................................... 175

表 10 用畫線功能畫一個 X 到視窗頁面上 .................................................. 178

表 11 用畫矩形功能畫三分之一視窗大小的矩形到視窗頁面上 .............. 183

表 12 繪製連續縮小的矩形框到視窗頁面上 ................................................ 187

表 13 畫二分之一視窗大小的圓形到視窗中心上 ........................................ 193

表 14 畫連續畫 N 分之一遞減圓形到視窗中心 .......................................... 196

表 15 畫二分之一視窗大小的橢圓形到視窗中心上 .................................... 202

表 16 畫連續畫 N 分之一遞減橢圓形到視窗中心 ...................................... 207

表 17 畫全圓分 10 次劃出而每一個是 20 分之一全圓之尺寸到視窗頁面上 .................................................................................................................. 214

表 18 繪製連續縮小的連續縮小的弧形框到視窗頁面上 .......................... 220

表 19 畫出一個三分之一寬與高的矩形四邊形到視窗頁面上 .................. 226

表 20 繪製 n 正多邊形到視窗頁面上 ............................................................ 228

表 21 使用 ball 圖形產生一個向右的球 ...................................................... 247

表 22 使用 ball 圖形產生一個左右移動的球 .............................................. 254

表 23 使用 ball 圖形移動全方位的球 .................................................... 261

表 24 擴充亂數設定移動距離之整合程式 ............................................ 268

表 25 擴充亂數設定移動距離之整合程式 ............................................ 275

表 26 兩物件碰撞之整合程式 ................................................................ 283

表 27 播放科學小飛俠主題曲之整合程式 ............................................ 299

表 28 加入鍵盤控制之播放科學小飛俠主題曲之整合程式 ................ 302

表 29 加入鍵盤控制之播放音效之整合程式 ........................................ 309

表 30 產生一個球碰掉牆壁會發出音效 ................................................ 327

表 31 Pygame 一般按鍵常用變數一覽表 .............................................. 339

表 32 Pygame 組合按鍵常用變數一覽表 .............................................. 343

表 33 設計一個 Player 類別 .................................................................... 343

表 34 建立一個小精靈(吃豆人)可以上下左右鍵移動的角色 ............ 348

表 35 設計一個 Hammer 類別 ................................................................ 361

表 36 打地鼠可以畫面移動游標與按鍵改變圖片 ................................ 366

# 遊戲設計與開發系列

　　本書是『遊戲設計與開發系列』的第一本書，主要教導新手與初階使用者之讀者熟悉使用 Python 進行程式開發，配合 Pygame 套件進入遊戲設計與開發的實際應用，本書 Pygame 遊戲設計與開發的基礎入門書，主要目的是給初學者可以一步一步安裝好 Python 程式開發環境，安裝與設定 Pygame 套件的遊戲開發與設定等等。

　　目前已經有許多 Pygame 遊戲開發的網路教學影片與許多文章與討論，由於 Pygame 遊戲開發充分使用到 Python 物件導向程式設計與開發的許多技巧，對於學習高階的 Python 物件導向程式撰寫有許多助益，PyGame 是一個用於開發 2D 遊戲的 Python 套件模組，它為遊戲開發者提供了簡單易用的 API。PyGame 這個套件建立在 SDL（Simple DirectMedia Layer）之上，並且能夠處理多種多媒體任務，如音頻、視覺效果、輸入控制等，適合用來創建遊戲、模擬器或其他多媒體應用，雖然目前遊戲設計與開發仍是以 C 與 C++語言為主，但是由於 C 與 C++語言入門雖不難，但是要深入 C 與 C++語言後，可以進行遊戲開發，其門檻對許多專業程式開發人員仍然需要多年的訓練與多年不懈的努力才能有基本遊戲開發的程式撰寫技能，然而遊戲設計除了開發工具熟悉與專業之外，對於遊戲設計的領域知識與獨門技巧，尤其對於圖片、影音、人機介面操控與遊戲繪圖時脈與禎數整合與各種程序分時多工的設計技巧，更是 C 與 C++語言之更深入的高階技巧，致使使用 C 與 C++語言開發遊戲成為及少數專業程式開發人員可以進入的領域。

　　本書是 Python 之 Pygame 遊戲設計中基礎入門書，後續筆者會針對不同遊戲，單獨針對每一種不同類型與獨特的遊戲開發例子，會獨立設計專書來帶領讀者進入遊戲專業開發的殿堂。

# 1
CHAPTER

# Python 介紹

Python 是一種高階、直譯型的程式語言，由 Guido van Rossum 於 1980 年代後期開發，Python 的歷史沿革充滿了豐富的演變過程，並於 1991 年首次發布。Python 因其簡單易讀的語法和強大的功能而受到廣泛歡迎，適合用於多種應用領域。

## Python 起源與創始

- **1980 年代後期**：Python 的創始人 Guido van Rossum[1] 在荷蘭的 CWI[2]（Centrum Wiskunde & Informatica）工作時(杨志晓 & 范艳峰, 2020; 胡松濤, 2017)，開始構思一種新的程式語言。他受到 ABC 語言的啟發，想要創建一種易於使用的腳本語言。

- **1991 年**：Guido van Rossum 發布了 Python 的第一個版本，Python 0.9.0。這個版本已經包含了類別（class）、函數（function）、異常處理（exception handling）和核心資料型別如 list、dict、str 等。

## 發展階段

- 1994 年：Python 1.0 版本發布，新增了許多新功能，如 lambda、map、filter 和 reduce 函數。

---

[1] Guido van Rossum (Dutch: [ˈɣidoː vɑn ˈrɔsʏm, -səm]; born 31 January 1956) is a Dutch programmer. He is the creator of the Python programming language, for which he was the "benevolent dictator for life" (BDFL) until he stepped down from the position on 12 July 2018. He remained a member of the Python Steering Council through 2019, and withdrew from nominations for the 2020 election, his Github URL is https://gvanrossum.github.io/.

[2] 荷蘭數學和計算機科學研究學會（荷蘭語：Centrum Wiskunde & Informatica，縮寫：CWI）的主要研究領域是數學和理論計算機科學。它是荷蘭科學研究組織（NWO）的一部分，位於阿姆斯特丹科學園區。該研究所以 Python 程式語言的創始地而聞名。它是歐洲信息與數學研究聯盟（ERCIM）的創始成員之一。

- 2000 年：Python 2.0 發布，帶來了許多改進，包括垃圾回收系統和支援 Unicode。此時，Python 的開發轉移到一個更大的開發社群，Python Software Foundation（PSF）[3]成立以管理 Python 的開發。
- 2008 年：Python 3.0 發布，是一個不向後相容的版本，旨在改進語言的設計以支持未來的發展。Python 3 去除了許多舊版的不一致性，使語言更整潔和一致。

## 近期發展

- **2010 年**：Python 2.7 發布，這是 Python 2 系列的最後一個版本，提供了某些 Python 3 特性的支持，幫助開發者逐步過渡到 Python 3。
- **2020 年**：Python 2 的官方支持終止，強烈推動用戶遷移到 Python 3。Python 3.9 和後續版本繼續增加新功能和改進效能。

## 現代發展

- 持續更新：Python 在不斷地演進中，推出了如類型提示（Type Hints[4]）、異步編程（Async IO[5]）、模式匹配（Pattern Matching[6]）等現代化功能。
- 廣泛應用：Python 因其易用性和廣泛的庫支持，在數據科學、人工智能、網頁開發、網絡安全、教育等多個領域被廣泛採用。

---

[3] Python 軟體基金會是一個致力於 Python 程式語言的非營利組織，成立於 2001 年 3 月 6 日。基金會的宗旨在於「推廣、保護並提昇 Python 程式語言，同時支援並促進多元及國際性 Python 程式設計師社群的成長。」 2005 年，Python 軟體基金會以其「尖端」技術獲得「電腦世界視野獎」

[4] Type hints 是 Python 3.5 版本引入的功能，它允許在函數宣告中指定參數和傳回值的類型。Type hints 是一種可選的註解形式，不會影響程式碼的運行，但可以提供給 IDE、靜態類型檢查工具和其他開發者更多的信息，以提高程式碼的可讀性和可維護性。

[5] https://docs.python.org/3/library/asyncio.html，asyncio is used as a foundation for multiple Python asynchronous frameworks that provide high-performance network and web-servers, database connection libraries, distributed task queues, etc.

[6] Ref: https://kaochenlong.com/2024/02/27/pattern-matching-in-python.html

Python 的成功在於其開放的開發模式，全球廣大社群支持與不間斷變革，以及對於易讀性和多功能性的持續關注。從一個簡單的腳本語言成長為全球數百萬開發者使用的主要語言之一，Python 的發展歷程證明了其設計哲學的有效性和持久的吸引力。

以下是 Python 的一些關鍵特性和用途：

## 關鍵特性

- **簡單易讀的語法**：Python 的語法設計旨在使代碼易於閱讀和撰寫，這對於初學者和專業開發者來說都非常有吸引力。
- **高層次語言**：Python 提供了大量的高層次資料結構，讓開發者能夠更專注於問題解決而不是管理底層細節(OS Level)。
- **動態類型**：Python 是動態類型語言，這意味著變數在運行時才決定其資料類型，這使得程式開發更加靈活。
- **直譯型語言**：Python 是一種直譯型語言，這意味著它的代碼可以逐行執行，這使得開發和測試變得更加快捷和容易。
- **龐大的標準函式庫**：Python 擁有一個龐大的標準函式庫，提供了豐富的模組和函式來處理網絡、網頁、文件、數學運算等各種常見任務。
- **可擴展性**：Python 可以通過 C 或 C++ 擴展，使得開發者能夠編寫效能敏感的部分。
- **跨平台**：Python 是跨平台的，支持在 Windows、macOS、Linux 等多個作業系統上運行。

## 主要用途

- **網頁開發**：使用框架如 Django 和 Flask，Python 在後端網頁開發中非常流行。
- **數據分析與科學計算**：Python 擁有強大的數據分析庫，如 NumPy、

Pandas 和 SciPy，廣泛應用於數據分析、機器學習和科學研究。
- **機器學習與人工智慧**：利用 TensorFlow、Keras 和 PyTorch 等庫，Python 成為機器學習和人工智慧領域的首選語言。
- **自動化腳本語言和系統管理**：Python 的易用性和可擴展性使其成為編寫自動化腳本語言和系統管理工具的理想選擇。
- **遊戲開發**：通過 Pygame 等庫，Python 也可以用於簡單遊戲的開發。
- **物聯網 (IoT)**：Python 可用於 Raspberry Pi 等硬體平台，適合於 IoT 項目的快速雛型系統開發。

Python 的設計哲學強調可讀性和簡潔性，使其成為各個行業中眾多開發者的首選工具。無論是快速開發雛型系統還是構建企業資訊系統，Python 都能提供強大的支持

## 內建常數

Python 的常數存在於內建命名空間中。下列為 Python 的內建常數：

## False

在 bool 型別中的 false 值。對於 False 的賦值是不合法的，並且會拋出 SyntaxError。

## True

在 bool 型別中的 true 值。對於 True 的賦值是不合法的，並且會拋出 SyntaxError。

## None

型別 NoneType 的唯一值。None 經常被使用來表達缺少值，例如未傳送預設的引數至函式時，相對應參數即會被賦予 None。對於 None 的賦值是不合法的，並且會拋出 SyntaxError。None 是型別 NoneType 的唯一實例。

## NotImplemented

會被二元特殊方法 (binary special methods)（如：__eq__()、__lt__()、__add__()、__rsub__() 等）所回傳的特殊值，代表著該運算沒有針對其他型別的實作。同理也可以被原地二元特殊方法 (in-place binary special methods)（如：__imul__()、__iand__() 等）回傳。它不應該被作為 boolean（布林）來解讀。NotImplemented 是型別 types.NotImplementedType 的唯一實例。

---

備註

當一個二元 (binary) 或原地 (in-place) 方法回傳 NotImplemented，直譯器會嘗試反映該操作到其他型別（或是其他後援 (fallback)，取決於是哪種運算子）。如果所有的常識都回傳 NotImplemented，直譯器會拋出適當的例外。不正確的回傳 NotImplemented 會造成誤導的錯誤訊息或是 NotImplemented 值被傳回到 Python 程式碼中。

---

## Ellipsis

與刪節號 "..." 字面相同。為一特殊值，大多用於結合使用者定義資料型別的延伸切片語法 (extended slicing syntax)。 Ellipsis 是型別 types.EllipsisType 的唯一實例。

### __debug__

如果 Python 沒有被以 -O 選項啟動，則此常數為 true。請參見 assert 陳述式。

> 備註
>
> None、False、True，以及 __debug__ 都是不能被重新賦值的（任何對它們的賦值，即使是屬性的名稱，也會拋出 SyntaxError）。因此，它們可以被視為"真正的"常數。

## 由 site module（模組）所添增的常數

site module（模組）（在啟動期間自動 import，除非有給予 -S 指令行選項）會添增一些常數到內建命名空間 (built-in namespace) 中。它們在互動式直譯器中是很有幫助的，但不應該在程式 (programs) 中被使用。

### quit(code=None)

### exit(code=None)

當印出物件時，會印出一個訊息： "Use quit() or Ctrl-D (i.e. EOF) to exit"。當被呼叫時，則會拋出 SystemExit 並帶有指定的返回碼（exit code）。

### copyright

### credits

當印出或是呼叫此物件時，分別會印出版權與致謝的文字。

### license

當印出此物件時，會印出訊息 "Type license() to see the full license text"。當被呼叫時，則會以分頁形式印出完整的許可證文字（一次一整個畫面）。

# Python 內建函式

Python 直譯器有內建多個可隨時使用的函式和型別。以下按照英文字母排序列出。

內建函式

Python 直譯器有內建多個可隨時使用的函式和型別。以下按照英文字母排序列出。

| 內建函式 | | | |
|---|---|---|---|
| **A**<br>abs()<br>aiter()<br>all()<br>anext()<br>any()<br>ascii() | **F**<br>filter()<br>float()<br>format()<br>frozenset() | **M**<br>map()<br>max()<br>memoryview()<br>min() | **S**<br>set()<br>setattr()<br>slice()<br>sorted()<br>staticmethod()<br>str()<br>sum()<br>super() |
| **B**<br>bin()<br>bool()<br>breakpoint()<br>bytearray()<br>bytes() | **G**<br>getattr()<br>globals() | **N**<br>next() | **T**<br>tuple()<br>type() |
| **C**<br>callable()<br>chr()<br>classmethod()<br>compile()<br>complex() | **H**<br>hasattr()<br>hash()<br>help()<br>hex() | **O**<br>object()<br>oct()<br>open()<br>ord() | **V**<br>vars() |

| 內建函式 |||||
|---|---|---|---|---|
| **D**<br>delattr()<br>dict()<br>dir()<br>divmod() | **I**<br>id()<br>input()<br>int()<br>isinstance()<br>issubclass()<br>iter() | **P**<br>pow()<br>print()<br>property() | **Z**<br>zip() ||
| **E**<br>enumerate()<br>eval()<br>exec() | **L**<br>len()<br>list()<br>locals() | **R**<br>range()<br>repr()<br>reversed()<br>round() | **_**<br>__import__() ||

參考出處：https://docs.python.org/zh-tw/3/library/functions.html

## abs( x )

回傳一個數的絕對值，引數可以是整數、浮點數或有實現 __abs__() 的物件。如果引數是一個複數，回傳它的純量（大小）。

## aiter ( async_iterable )

回傳 非同步疊代器 做為 非同步可疊代物件。相當於呼叫 x.__aiter__()。

PS.注意：與 iter() 不同，aiter() 沒有兩個引數的變體。

## all(iterable)

如果 iterable 的所有元素皆為真（或 iterable 為空）則回傳 True。等價於：

```
def all(iterable):
    for element in iterable:
        if not element:
            return False
```

```
        return True
```

## awaitable anext(async_iterator)

## awaitable anext(async_iterator, default)

當進入 await 時,從給定的 asynchronous iterator 中回傳下一個項目(item),疊代完畢則回傳 default。

這是內建函式 next() 的非同步版本,其行為類似於:

呼叫 async_iterator 的 \_\_anext\_\_() 方法,回傳 awaitable。等待返回疊代器的下一個值。如果指定 default,當疊代器結束時會返回該值,否則會引發 StopAsyncIteration。

## any(iterable)

如果 iterable 的任一元素為真,回傳 True。如果 iterable 是空的,則回傳 False。等價於:

```
def any(iterable):
    for element in iterable:
        if element:
            return True
    return False
```

## ascii(object)

就像函式 repr(),回傳一個表示物件的字串,但是 repr() 回傳的字串中非 ASCII 編碼的字元會被跳脫 (escape),像是 \x、\u 和 \U。這個函式生成的字串和 Python 2 的 repr() 回傳的結果相似。

## bin(x)

將一個整數轉變為一個前綴為 "0b" 的二進位制字串。結果是一個有效的 Python 運算式。如果 x 不是 Python 的 int 物件，那它需要定義 __index__() method 回傳一個整數。舉例來說：

```
>>>bin(3)
'0b11'
>>>bin(-10)'-0b1010'
```

如果不一定需要 "0b" 前綴，還可以使用如下的方法。

```
>>>format(14, '#b'), format(14, 'b')
('0b1110', '1110')
>>>f'{14:#b}', f'{14:b}'
('0b1110', '1110')
```

可參考 format() 獲取更多資訊。

## class bool(object=False, /)

傳回一個布林值，即 True 或之一 False。使用標準的真實性測試程序來轉換參數。如果參數為 false 或被省略，則傳回 False;否則，返回 True.類別 是(參見數值型別 --- int、float、complexbool )的子類別。它不能進一步細分。它唯一的實例是 and （參見布林類型 - bool）。intFalseTrue

## breakpoint(*args, **kws)

此函數會將您帶入呼叫網站的偵錯器。具體來說，它調用 sys.breakpointhook()、傳遞 args 和 kws 直通。預設情況下,sys.breakpointhook()呼叫 pdb.set_trace()不需要任何參數。在這種情況下,它純粹是一個便利函數,因此您不必明確匯入 pdb 或鍵入盡可能多的程式碼來進入偵錯器。但是，

sys.breakpointhook()可以設定為其他函數並 breakpoint()自動呼叫該函數，從而允許您進入所選的偵錯器。如果 sys.breakpointhook()不可訪問，該函數將引發 RuntimeError。

預設情況下，breakpoint() 的行為可以透過 PYTHONBREAKPOINT 環境變數來更改。有關使用詳情，請參考 sys.breakpointhook()。

請注意，如果 sys.breakpointhook() 被替換了，則無法保證此功能。

引發一個附帶引數 breakpointhook 的稽核事件 builtins.breakpoint。

## class bytearray(source=b'')

## class bytearray(source, encoding)

## class bytearray(source, encoding, errors)

回傳一個新的 bytes 陣列。bytearray class 是一個可變的整數序列，包含範圍為 0 <= x < 256 的整數。它有可變序列大部分常見的 method（如在 Mutable Sequence Types 中所述），同時也有 bytes 型別大部分的 method，參見 Bytes and Bytearray Operations。

選擇性參數 source 可以被用來以不同的方式初始化陣列：

- 如果是一個 string，你必須提供 encoding 參數（以及選擇性地提供 errors）；bytearray() 會使用 str.encode() method 來將 string 轉變成 bytes。
- 如果是一個 integer，陣列則會有該數值的長度，並以 null bytes 來當作初始值。
- 如果是一個符合 buffer 介面的物件，該物件的唯讀 buffer 會被用來初始化 bytes 陣列。
- 如果是一個 iterable，它的元素必須是範圍為 的整數，並且會被用作陣列的初始值。0 <= x < 256

如果沒有引數，則建立長度為 0 的陣列。

可參考 Binary Sequence Types --- bytes, bytearray, memoryview 和 Bytearray Objects。

## class bytes(source=b'')

## class bytes(source, encoding)

## class bytes(source, encoding, errors)

回傳一個新的 "bytes" 物件，會是一個元素是範圍為 整數的不可變序列。 是的不可變版本 — 它的同樣具備不改變物件的 method，也有相同的索引和切片操作。$0 <= x < 256$ bytesbytearray

因此，建構函式的引數和 bytearray() 相同。

Bytes 物件還可以用文字建立，參見 String and Bytes literals。

可參考 Binary Sequence Types --- bytes, bytearray, memoryview、Bytes Objects 和 Bytes and Bytearray Operations。

## callable(object)

如果引數 object 是可呼叫的，回傳 True，否則回傳 False。如果回傳 True，呼叫仍可能會失敗；但如果回傳 False，則呼叫 object 肯定會失敗。注意 class 是可呼叫的（呼叫 class 會回傳一個新的實例）；如果實例的 class 有定義 \_\_call\_\_() method，則它是可呼叫的。

Ps.在 3.2 版被加入: 這個函式一開始在 Python 3.0 被移除，但在 Python 3.2 又被重新加入。

## chr ( i )

回傳代表字元之 Unicode 編碼位置為整數 i 的字串。例如，chr(97) 回傳字串 'a'，而 chr(8364) 回傳字串 '€'。這是 ord() 的逆函式。

Ps.引數的有效範圍是 0 到 1,114,111（16 進制表示為 0x10FFFF）。如果 i 超過這個範圍，會引發 ValueError。

## @classmethod

把一個 method 封裝成 class method（類別方法）。

一個 class method 把自己的 class 作為第一個引數，就像一個實例 method 把實例自己作為第一個引數。請用以下方式來宣告 class method：

```
class C:
    @classmethod
    def f(cls, arg1, arg2): ...
```

@classmethod 語法是一個函式 decorator ─ 參見 官方文件 (https://docs.python.org/zh-tw/3/reference/compound_stmts.html#function)其函式定義中關於函式定義的詳細介紹。

一個 class method 可以在 class（如 C.f()）或實例（如 C().f()）上呼叫。實例除了它的 class 資訊，其他都會被忽略。如果一個 class method 在 subclass 上呼叫，subclass 會作為第一個引數傳入。

Class method 和 C++ 與 Java 的 static method 是有區別的。如果你想瞭解 static method，請看本節的 staticmethod()。關於 class method 的更多資訊，請參考

標準型別階層(https://docs.python.org/zh-tw/3/reference/datamodel.html#types)。

# Compile
# (source,filename,mode,flags=0,dont_inherit=False,optimize=-1)

將 source 編譯成程式碼或 AST 物件。程式碼物件可以被 exec() 或 eval() 執行。source 可以是一般的字串、bytes 字串、或者 AST 物件。參見 ast module（模組）的說明文件瞭解如何使用 AST 物件[7]。

filename 引數必須是程式碼的檔名；如果程式碼不是從檔案中讀取，可以傳入一些可辨識的值（經常會使用 '<string>' 來替代）。

mode 引數指定了編譯程式碼時必須用的模式。如果 source 是一系列的陳述式，可以是 'exec'；如果是單一運算式，可以是 'eval'；如果是單個互動式陳述式，可以是 'single'（在最後一種情況下，如果運算式執行結果不是 None 則會被印出來）。

可選引數 flags 和 dont_inherit 控制啟用哪個編譯器選項以及允許哪個未來功能。如果兩者都不存在（或兩者都為零），則會呼叫與 compile() 相同旗標的程式碼來編譯。如果給定 flags 引數而未給定 dont_inherit*（或為零）則無論如何都會使用由 *flags 引數所指定的編譯器選項和未來陳述式。如果 dont_inherit 是一

---

[7] ast 模組可以幫助 Python 應用程式處理 Python 抽象語法文法 (abstract syntax grammar) 樹狀資料結構。抽象語法本身可能會隨著每個 Python 版本發佈而改變；此模組有助於以程式化的方式來得知當前文法的面貌。

要生成抽象語法樹，可以透過將 ast.PyCF_ONLY_AST 作為旗標傳遞給內建函式 compile() 或使用此模組所提供的 parse() 輔助函式。結果將會是一個物件的樹，其類別都繼承自 ast.AST。可以使用內建的 compile() 函式將抽象語法樹編譯成 Python 程式碼物件。

https://docs.python.org/zh-tw/3/library/ast.html#module-ast

個非零整數，則使用 flags 引數 － － 周圍程式碼中的旗標（未來功能和編譯器選項）將被忽略。

編譯器選項和 future 陳述式使用 bits 來表示，可以一起被位元操作 OR 來表示複數個選項。需要被具體定義特徵的位元域可以透過 __future__ module 中 _Feature 實例中的 compiler_flag 屬性來獲得。編譯器旗標可以在 ast module 中搜尋有 PyCF_ 前綴的名稱。

引數 optimize 用來指定編譯器的最佳化級別；預設值 -1 選擇與直譯器的 -O 選項相同的最佳化級別。其他級別為 0（沒有最佳化；__debug__ 為真值）、1（assert 被刪除，__debug__ 為假值）或 2（說明字串 (docstring) 也被刪除）。

如果編譯的原始碼無效，此函式會引發 SyntaxError，如果原始碼包含 null bytes，則會引發 ValueError。

如果你想解析 Python 程式碼為 AST 運算式，請參閱 ast.parse()。

引發一個附帶引數 source、filename 的稽核事件 compile。此事件也可能由隱式編譯 (implicit compilation) 所引發。

---

備註 在 'single' 或 'eval' 模式編譯多行程式碼時，輸入必須以至少一個換行符結尾。這使 code module 更容易檢測陳述式的完整性。

警告 如果編譯足夠大或者足夠複雜的字串成 AST 物件時，Python 直譯器會因為 Python AST 編譯器的 stack 深度限制而崩潰。

class complex(number=0, /)

class complex(string, /)

class complex(real=0, imag=0)

將單一字串或數字轉換為複數，或從實部和虛部創建複數。

例如：

```
>>>complex('+1.23')
(1.23+0j)
>>>complex('-4.5j')
-4.5j
>>>complex('-1.23+4.5j')
(-1.23+4.5j)
>>>complex('\t( -1.23+4.5J )\n')
(-1.23+4.5j)
>>>complex('-Infinity+NaNj')
(-inf+nanj)
complex(1.23)
(1.23+0j)
>>>complex(imag=-4.5)
-4.5j
>>>complex(-1.23, 4.5)
(-1.23+4.5j)
```

如果參數是字串，則它必須包含實部（格式與 for 相同 float()）或虛部（格式相同但帶有 a'j'或'J'後綴），或同時包含實部和虛部（虛部的符號）在這種情況下，部分是強制性的）。該字串可以選擇由空格和圓括號'('和包圍')'，這些將被忽略。該字串不得在'+'、'-'、 'j'或'J'後綴與十進制數之間包含空格。例如，complex('1+2j') 很好，但是會引發 。更準確地說，在刪除括號以及前導和尾隨空白字元後，輸入必須符合 以下語法中的產生式規則：

complex('1 + 2j')ValueErrorcomplexvalue

```
complexvalue ::=    floatvalue |
```

```
floatvalue ("j" | "J") |
floatvalue sign absfloatvalue ("j" | "J")
```

如果參數是數字，則建構函數將充當數字轉換，如 int 和 float。對於一般的 Python 對象 x，complex(x)委託給 x.__complex__()。如果__complex__()未定義，則返回__float__()。如果__float__()未定義，則返回__index__()。

如果提供兩個參數或使用關鍵字參數，則每個參數可以是任何數字類型（包括複數）。如果兩個參數都是實數，則傳回複數，其中實部為 real，虛部為 imag。如果兩個參數都是複數，則傳回具有實部 real.real-imag.imag 和虛部的 複數 real.imag+imag.real。如果參數之一是實數，則在上述表達式中僅使用其實部。

如果省略所有參數，則傳回 0j。

<u>複數型別</u>在 數值型別 --- int、float、complex 中有相關描述 (https://docs.python.org/zh-tw/3/library/stdtypes.html#typesnumeric)。

### delattr(object, name)

這是 setattr() 相關的函式。引數是一個物件和一個字串，該字串必須是物件中某個屬性名稱。如果物件允許，該函式將刪除指定的屬性。例如 等價於 。name 不必是個 Python 識別符 (identifier)（請見 ）。delattr(x, 'foobar')del x.foobarsetattr()

### class dict(**kwarg)

### class dict(mapping, **kwarg)

### class dict(iterable, **kwarg)

建立一個新的 dictionary（字典），dict 物件是一個 dictionary class。參見 <u>dict</u> (https://docs.python.org/zh-tw/3/library/stdtypes.html#dict)和 <u>Mapping Types --- dict</u>

(https://docs.python.org/zh-tw/3/library/stdtypes.html#typesmapping)來瞭解這個 class。

其他容器型別，請參見內建的 list(https://docs.python.org/zh-tw/3/library/stdtypes.html#list)、set(https://docs.python.org/zh-tw/3/library/stdtypes.html#set) 和 tuple class(https://docs.python.org/zh-tw/3/library/stdtypes.html#tuple)，以及 collections(https://docs.python.org/zh-tw/3/library/collections.html#module-collections) 等模組。

## dir()

## dir(object)

如果沒有引數，則回傳當前區域作用域 (local scope) 中的名稱列表。如果有引數，它會嘗試回傳該物件的有效屬性列表。

如果物件有一個名為 \_\_dir\_\_() 的 method，那麼該 method 將被呼叫，並且必須回傳一個屬性列表。這允許實現自定義 \_\_getattr\_\_() 或 \_\_getattribute\_\_() 函式的物件能夠自定義 dir() 來報告它們的屬性。

如果物件不提供 \_\_dir\_\_()，這個函式會嘗試從物件已定義的 \_\_dict\_\_ 屬性和型別物件收集資訊。結果列表並不總是完整的，如果物件有自定義 \_\_getattr\_\_()，那結果可能不準確。

預設的 dir() 機制對不同型別的物件有不同行為，它會試圖回傳最相關而非最完整的資訊：

- 如果物件是 module 物件,則列表包含 module 的屬性名稱。
- 如果物件是型別或 class 物件,則列表包含它們的屬性名稱,並且遞迴查詢其基礎的所有屬性。
- 否則,包含物件的屬性名稱列表、它的 class 屬性名稱,並且遞迴查詢它的 class 的所有基礎 class 的屬性。

回傳的列表按字母表排序,例如:

```
>>>import struct
>>>dir()    # show the names in the module namespace
['__builtins__', '__name__', 'struct']
>>>dir(struct)    # show the names in the struct module
['Struct', '__all__', '__builtins__', '__cached__', '__doc__', '__file__',
 '__initializing__', '__loader__', '__name__', '__package__',
 '_clearcache', 'calcsize', 'error', 'pack', 'pack_into',
 'unpack', 'unpack_from']
>>>class Shape:
     def __dir__(self):
          return ['area', 'perimeter', 'location']

>>>s = Shape()
>>>dir(s)
['area', 'location', 'perimeter']
```

備註

因為 dir() 主要是為了便於在互動式提示字元時使用,所以它會試圖回傳人們感興趣的名稱集合,而不是試圖保證結果的嚴格性或一致性,它具體的行為也可能在不同版本之間改變。例如,當引數是一個 class 時,metaclass 的屬性不包含在結果列表中。

## divmod ( a , b )

它將兩個（非複數）數字作為引數，並在執行整數除法時回傳一對商和餘數。對於混合運算元型別，適用二進位算術運算子的規則。

對於整數，運算結果和(a // b, a % b) 一致。

對於浮點數，運算結果是(q, a % b) ，q 通常是 math.floor(a / b) 但可能會比 1 小。

在任何情況下， q * b + a % b 和 a 基本相等，如果 a % b 非零，則它的符號和 b 一樣，且 0 <= abs(a % b) < abs(b) 。

## enumerate(iterable,start=0)

回傳一個列舉 (enumerate) 物件。iterable 必須是一個序列、iterator 或其他支援疊代的物件。enumerate() 回傳之 iterator 的 __next__() method 回傳一個 tuple（元組），裡面包含一個計數值（從 start 開始，預設為 0）和透過疊代 iterable 獲得的值。

```
>>>seasons = ['Spring', 'Summer', 'Fall', 'Winter']
>>>list(enumerate(seasons))
[(0, 'Spring'), (1, 'Summer'), (2, 'Fall'), (3, 'Winter')]
>>>list(enumerate(seasons, start=1))
[(1, 'Spring'), (2, 'Summer'), (3, 'Fall'), (4, 'Winter')]
```

等價於：

```
def enumerate(iterable, start=0):
    n = start
    for elem in iterable:
        yield n, elem
        n += 1
```

## eval(expression, globals=None, locals=None)

| 參數： | expression (str \| code object) -- A Python expression. |
|---|---|
| | globals (dict \| None) -- The global namespace (default: None). |
| | locals (mapping \| None) -- The local namespace (default: None). |
| 回傳： | The result of the evaluated expression. |
| Raises: | Syntax errors are reported as exceptions. |

expression 引數會被視為一條 Python 運算式（技術上而言，是條件列表）來剖析及求值，而 globals 和 locals dictionaries 分別用作全域和區域命名空間。如果 globals dictionary 存在但缺少 __builtins__ 的鍵值，那 expression 被剖析之前，將為該鍵插入對內建 builtins module dictionary 的引用。這麼一來，在將 __builtins__ dictionary 傳入 eval() 之前，你可以透過將它插入 globals 來控制你需要哪些內建函式來執行程式碼。如果 locals 被省略，那它的預設值是 globals dictionary。如果兩個 dictionary 引數都被省略，則在 eval() 被呼叫的環境中執行運算式。請注意，eval() 在封閉 (enclosing) 環境中無法存取巢狀作用域 (non-locals)。

範例：
```
>>>x = 1
>>>eval('x+1')
2
```

這個函式也可以用來執行任意程式碼物件（如被 compile() 建立的那些）。這種情況下，傳入的引數是程式碼物件而不是字串。如果編譯該物件時的 mode 引數是 'exec'，那麼 eval() 回傳值為 None。

提 示： exec() 函式支援動態執行陳述式

~ 23 ~

(https://docs.python.org/zh-tw/3/library/functions.html#exec)。globals() 和 locals() 函式分別回傳當前的全域性和局部性 dictionary，它們對於將引數傳遞給 eval() 或 exec() 可能會方便許多。

如果給定來源是一個字串，那麼其前後的空格和定位字元會被移除。

另外可以參閱 ast.literal_eval() (https://docs.python.org/zh-tw/3/library/ast.html#ast.literal_eval)，該函式可以安全執行僅包含文字的運算式字串。

引發一個附帶程式碼物件為引數的 稽核事件 exec (https://docs.python.org/zh-tw/3/library/sys.html#auditing)。也可能會引發程式碼編譯事件。

## exec(object, globals=None, locals=None, /, *, closure=None)

這個函式支援動態執行 Python 程式碼。object 必須是字串或者程式碼物件。如果是字串，那麼該字串將被剖析為一系列 Python 陳述式並執行（除非發生語法錯誤）。[1] 如果是程式碼物件，它將被直接執行。無論哪種情況，被執行的程式碼都需要和檔案輸入一樣是有效的（可參閱語言參考手冊中關於 檔案輸入 的章節：https://docs.python.org/zh-tw/3/reference/toplevel_components.html#file-input）。請注意，即使在傳遞給 exec() 函式的程式碼的上下文中，nonlocal、yield 和 return 陳述式也不能在函式之外使用。該函式回傳值是 None。

在所有情況下，如果省略可選部分，則程式碼將在目前範圍內執行。如果僅提供全域變量，則它必須是字典（而不是字典的子類別），它將用於全域變數和局部變數。如果給出了全域變數和 局部變量，則它們分別用於全域變數和局部變數。如果提供的話，局部變數可以是任何映射物件。請記住，在模組級別，全域變數和局部變數是相同的字典。

> **備註**
> 大部分使用者只需要傳入 globals 引數，而不用傳遞 locals。如果 exec 有兩個不同的 globals 和 locals 物件，程式碼就像嵌入在 class 定義中一樣執行。

如果 globals dictionary 不包含 __builtins__ 鍵值，則將為該鍵插入對內建 builtins module dictionary 的引用。這麼一來，在將 __builtins__ dictionary 傳入 exec() 之前，你可以透過將它插入 globals 來控制你需要哪些內建函式來執行程式碼。

closure 引數會指定一個閉包 (closure) — 它是一個 cellvar（格變數）的 tuple。只有在 object 是一個含有自由變數 (free variable) 的程式碼物件時，它才有效。Tuple 的長度必須與程式碼物件所引用的自由變數數量完全匹配。

引發一個附帶程式碼物件為引數的稽核事件 exec。也可能會引發程式碼編譯事件。

> **備註**
> 內建 globals() 和 locals() 函式各自回傳當前的全域性和本地 dictionary，因此可以將它們傳遞給 exec() 的第二個和第三個引數。

> **備註**
> 預設情況下，locals 的行為如下面 locals() 函式描述的一樣：不要試圖改變預設的 locals dictionary。如果你想在 exec() 函式回傳時知道程式碼對 locals 的變動，請明確地傳遞 locals dictionary。

## filter(function, iterable)

用 iterable 中函式 function 為 True 的那些元素，構建一個新的 iterator。iterable 可以是一個序列、一個支援疊代的容器、或一個 iterator。如果 function 是 None，則會假設它是一個識別性函式，即 iterable 中所有假值元素會被移除。

請注意，相當於一個生成器運算式，當 function 不是 的時候為 ；function 是 的時候為 。filter(function, iterable)None(item for item in iterable if function(item))None(item for item in iterable if item)

請參閱 itertools.filterfalse()，只有 function 為 false 時才選取 iterable 中元素的互補函式(https://docs.python.org/zh-tw/3/library/itertools.html#itertools.filterfalse)。

## class float(number=0.0, /)

## class float(string, /)

回傳從數字或字串生成的浮點數。

例如：

```
>>>float('+1.23')
1.23
>>>float('    -12345\n')
-12345.0
>>>float('1e-003')
0.001
>>>float('+1E6')
1000000.0
>>>float('-Infinity')
-inf
```

如果引數是字串，則它必須是包含十進位制數字的字串，字串前面可以有符號，之前也可以有空格。選擇性的符號有 '+' 和 '-'；'+' 對建立的值沒有影響。引數也可以是 NaN（非數字）或正負無窮大的字串。確切地說，除去首尾的空格後，輸入必須遵循以下語法中 floatvalue 的生成規則 (https://docs.python.org/zh-tw/3/library/functions.html#grammar-token-float-floatvalue)：

```
sign           ::=  "+" | "-"
infinity       ::=  "Infinity" | "inf"
nan            ::=  "nan"
digit          ::=  <a Unicode decimal digit, i.e. characters in Unicode general category Nd>
digitpart      ::=  digit (["_"] digit)*
number         ::=  [digitpart] "." digitpart | digitpart ["."]
exponent       ::=  ("e" | "E") [sign] digitpart
floatnumber    ::=  number [exponent]
absfloatvalue  ::=  floatnumber | infinity | nan
floatvalue     ::=  [sign] absfloatvalue
```

字母大小寫不影響，例如，"inf"、"Inf"、"INFINITY"、"iNfINity" 都可以表示正無窮大。

否則，如果引數是整數或浮點數，則回傳具有相同值（在 Python 浮點精度範圍內）的浮點數。如果引數在 Python 浮點精度範圍外，則會引發 OverflowError。

對於一般的 Python 物件 x，float(x) 會委派給 x.__float__()。如果未定義 __float__() 則會回退到 __index__()。

如果沒有引數，則回傳 0.0。

數值型別 --- int、float、complex 描述了浮點數型別。

## format(value, format_spec='')

將 value 轉換為 format_spec 控制的 "格式化" 表示。format_spec 的解釋取

~ 27 ~

決於 value 引數的型別，但是大多數內建型別使用標準格式化語法：格式規格 (Format Specification) 迷你語言。

預設的 format_spec 是一個空字串，它通常和呼叫 str(value) 的效果相同。

**浮點述例子**

| |
|---|
| >>>txt = f"The price is {45:8.2F} dollars." |
| >>>print(txt) |
| >>>txt = f"The price is {45:8.0F} dollars." |
| >>>print(txt) |
| >>>print("-----------------") |
| >>>txt = f"The price is {45:8.2f} dollars." |
| >>>print(txt) |
| >>>txt = f"The price is {45:8.0f} dollars." |
| >>>print(txt) |
| The price is    45.00 dollars.<br>The price is       45 dollars.<br>-----------------<br>The price is    45.00 dollars.<br>The price is       45 dollars. |

下表所示，是 Python 使用 format 格式化字串常用的引數一覽表。

表 1 常用 format 格式化字串一覽表

| 格式化字串 | 結果或意義 |
|---|---|
| :<x | 產生 x 字元在:前面的文字，靠左對其的空白字元 |
| :>x | 產生 x 字元在:前面的文字，靠右對其的空白字元 |
| :^x | 產生 x 個空白字元，讓在:前面的文字，放在 x 個空白字元中間 |

| 格式化字串 | 結果或意義 |
|---|---|
| := | 產生 x 個空白字元,插入在:前面的數字與符號之間,插入 x 個空白字元 |
| :+ | 產生+(正值)或 -(負值) 的符號,插入在:前面的數字之前,產生一個有+-符號的數值 |
| :- | 產生-(負值) 的符號,插入在:前面的數字之前,產生一個有-符號的數值,只針對負數數字有用,正數的數字沒有作用 |
| : | 產生+(正值)或 -(負值) 的符號,插入在:前面的數字之前,+-符號之間,產生一個空白字元 |
| :, | 產生在:前面的數字之前,產生每三個位數(千位符號)一個『,』符號 |
| :_ | 產生在:前面的數字之前,產生每三個位數(千位符號)一個『_』符號 |
| :b | 將在:前面的數字,用二進位的格式方式產生出來 |
| :c | 將在:前面的數字,用此數字為 unicode 的內碼,產生對應此內碼的 unicode 的文字產生出來後印出 |
| :d | 將在:前面的數字,用十進位的格式方式產生出來 |
| :e | 將在:前面的數字,用科學符號的格式方式產生出來(用小寫 e) |
| :E | 將在:前面的數字,用科學符號的格式方式產生出來(用大寫 E) |

| 格式化字串 | 結果或意義 |
| --- | --- |
| :m.nf | 將在:前面的數字，m 個整數為，n 個小數位的浮點數方式產生並印出來，m.n 省略的話，不作用長度格式 |
| :m.nF | 將在:前面的數字，m 個整數為，n 個小數位的浮點數方式產生並印出來，如果是(show inf and nan as INF and NAN)，m.n 省略的話，不作用長度格式 |
| :g | 將在:前面的數字，用一般格式產生並印出來 |
| :G | 將在:前面的數字，用一般科學符號格式產生並印出來 |
| :o | 將在:前面的數字，用八進位的格式方式產生出來 |
| :x | 將在:前面的數字，用十六進位的格式方式產生出來 |
| :X | 將在:前面的數字，用十六進位的格式方式，並將文字轉成大寫字串產生出來 |
| :n | 將在:前面的數字，數字格式方式產生出來 |
| :m.n% | 將在:前面的數字，m 個整數為，n 個小數位的浮點數方式產生並印出來，並在最後加上『%』符號，m.n 省略的話，不作用長度格式 |

## frozenset(iterable=set())

回傳一個新的 frozenset 物件，它包含選擇性引數 iterable 中的元素。frozenset 是一個內建的 class。有關此 class 的文件，請參閱 frozenset 和 Set Types --- set, frozenset(https://docs.python.org/zh-tw/3/library/stdtypes.html#frozenset)。

## getattr(object, name)

## getattr(object, name, default)

回傳 object 之具名屬性的值。name 必須是字串。如果該字串是物件屬性之一的名稱，則回傳該屬性的值。例如 getattr(x, 'foobar')， 等同於 x.foobar。如果指定的屬性不存在，且提供了 default 值，則回傳其值，否則引發 AttributeError (https://docs.python.org/zh-tw/3/library/exceptions.html#AttributeError)。name 不必是個 Python 識別符 (identifier)（請見 setattr()：https://docs.python.org/zh-tw/3/library/functions.html#setattr）。

## globals()

回傳代表當前 module 命名空間的 dictionary。對於在函式中的程式碼來說，也就是目前全域變數(如'\_\_name\_\_': '\_\_main\_\_', '\_\_doc\_\_': None, '\_\_package\_\_': None, '\_\_loader\_\_'…等等)

## hasattr(object,name)

該引數是一個物件和一個字串。如果字串是物件屬性之一的名稱，則回傳 True，否則回傳 False。(此功能是透過呼叫 getattr(object, name) 並檢查是否引發 AttributeError 來實作的 (https://docs.python.org/zh-tw/3/library/exceptions.html#AttributeError)。

## hash(object)

回傳該物件的雜湊值(HashCode)（如果它有的話）。雜湊值是整數。它們在

dictionary 查詢元素時用來快速比較 dictionary 的鍵。相同大小的數字數值有相同的雜湊值（即使它們型別不同，如 1 和 1.0）。

> 備註
> 請注意，如果物件帶有自訂的 __hash__() 方法，hash() 將根據運行機器的位元長度來截斷回傳值

## help()

## help(request)

啟動內建的幫助系統（此函式主要以互動式使用）。如果沒有引數，直譯器控制台裡會啟動互動式幫助系統。如果引數是一個字串，則會在 module、函式、class、method、關鍵字或說明文件主題中搜索該字串，並在控制台上列印幫助資訊。如果引數是其他任意物件，則會生成該物件的幫助頁。

請注意，呼叫 help() 時，如果斜線 (/) 出現在函式的參數列表中，這表示斜線前面的參數是僅限位置 (positional-only) 參數。有關更多資訊，請參閱常見問答集中的僅限位置參數條目。

此函式會被 site module 加入到內建命名空間。

## hex(x)

將整數轉換為以 "0x" 為前綴的小寫十六進位制字串。如果 x 不是 Python int 物件，則必須定義一個 __index__() method 並且回傳一個整數。舉例來說：

```
>>>hex(255)
'0xff'
>>>hex(-42)
'-0x2a'
```

## id(object)

回傳物件的 "唯一識別性"。該值是一個整數，在此物件的生命週期中保證是唯一且恆定的。兩個生命期不重疊的物件可能具有相同的 id() 值。

## input()

## input(prompt)

如果有提供 prompt 引數，則會先其內容標準輸出(印出來)，末尾不帶換行符。接下來，該函式從輸入中讀取一行，將其轉換為字串（去除末尾的換行符）並回傳。當讀取到 EOF 時，則引發 EOFError。(https://docs.python.org/zh-tw/3/library/exceptions.html#EOFError)

## int(number=0, /)

## int(string, /, base=10)

傳回由數字或字串建構的整數對象，0 如果沒有給出參數則傳回。

例如：

```
>>>int(123.45)
123
>>>int('123')
123
>>>int('   -12_345\n')
-12345
>>>int('FACE', 16)
64206
>>>int('0xface', 0)
64206
>>>int('01110011', base=2)
115
```

如果引數定義了 __int__()，則 int(x) 回傳 x.__int__()。如果引數定義了 __index__() 則回傳 x.__index__()。如果引數定義了 __trunc__() 則回傳 x.__trunc__()。對於浮點數，則會向零的方向無條件捨去。

如果引數不是數字或如果有給定 base，則它必須是個字串、bytes 或 bytearray 實例，表示基數 (radix) base 中的整數。可選地，字串之前可以有 + 或 -（中間沒有空格）、可有個前導的零、也可被空格包圍、或在數字間有單一底線。

一個 n 進制的整數字串，包含各個代表 0 到 n-1 的數字，0 - 9 可以用任何 Unicode 十進制數字表示，10 - 35 可以用 a 到 z（或 A 到 Z）表示。預設的 base 是 10。允許的進位制有 0、2 - 36。2、8、16 進位制的字串可以在程式碼中用 0b/0B、0o/0O、0x/0X 前綴來表示，如同程式碼中的整數文字。進位制為 0 的字串將以和程式碼整數字面值 (integer literal in code) 類似的方式來直譯，最後由前綴決定的結果會是 2、8、10、16 進制中的一個，所以 int('010', 0) 是非法的，但 int('010')和 int('010', 8)是有效的。

整數型別定義請參閱數值型別 --- int、float、complex。(https://docs.python.org/zh-tw/3/library/stdtypes.html#typesnumeric)

## isinstance(object, classinfo)

如果 object 引數是 classinfo 引數的實例，或者是（直接、間接或 virtual）subclass 的實例，則回傳 True。如果 object 不是給定型別的物件，函式始終回傳 False。如果 classinfo 是包含物件型別的 tuple（或多個遞迴 tuple）或一個包含多種型別的 聯合型別 (Union Type)，若 object 是其中的任何一個物件的實例則回傳

True。如果 classinfo 既不是型別，也不是型別 tuple 或型別的遞迴 tuple，那麼會引發 TypeError 異常。若是先前檢查已經成功，TypeError 可能不會再因為不合格的型別而被引發。

## issubclass(class, classinfo)

如果 class 是 classinfo 的 subclass（直接、間接或 virtual），則回傳 True。classinfo 可以是 class 物件的 tuple（或遞迴地其他類似 tuple）或是一個 聯合型別（Union Type），此時若 class 是 classinfo 中任一元素的 subclass 時則回傳 True。其他情況，會引發 TypeError。

## iter(object)

## iter(object, sentinel)

回傳一個 iterator 物件。根據是否存在第二個引數，第一個引數的意義是非常不同的。如果沒有第二個引數，object 必須是支援 iterable 協定（有 __iter__() method）的集合物件，或必須支援序列協定（有 __getitem__() 方法，且數字引數從 0 開始）。如果它不支援這些協定，會引發 TypeError。如果有第二個引數 sentinel，那麼 object 必須是可呼叫的物件，這種情況下生成的 iterator，每次疊代呼叫 __next__() 時會不帶引數地呼叫 object；如果回傳的結果是 sentinel 則引發 StopIteration，否則回傳呼叫結果 (https://docs.python.org/zh-tw/3/library/stdtypes.html#typeiter)。

## len(s)

回傳物件的長度（元素個數）。引數可以是序列（如 string、bytes、tuple、list

~ 35 ~

或 range）或集合（如 dictionary、set 或 frozen set）。

## class list

## class list(iterable)

除了是函式，list 也是可變序列型別，詳情請參閱 List（串列） 和 Sequence Types --- list, tuple, range。

## locals()

更新並回傳表示當前本地符號表的 dictionary。在函式區塊而不是 class 區塊中呼叫 locals() 時會回傳自由變數。請注意，在 module 階層中，locals() 和 globals() 是相同的 dictionary。

## map(function,iterable,*iterables)

產生一個將 function 應用於 iterable 中所有元素，並收集回傳結果的 iterator。如果傳遞了額外的 iterables 引數，則 function 必須接受相同個數的引數，並使用所有從 iterables 中同時獲取的元素。當有多個 iterables 時，最短的 iteratable 耗盡時 iterator 也會結束。如果函式的輸入已經被編排為引數的 tuple，請參閱 itertools.starmap()。

(https://docs.python.org/zh-tw/3/library/itertools.html#itertools.starmap)

## max(iterable, *, key=None)

## max(iterable, *, default, key=None)

## max(arg1, arg2, *args, key=None)

回傳 iterable 中最大的元素，或者回傳兩個以上的引數中最大的。

如果只提供了一個位置引數，它必須是個 iterable，iterable 中最大的元素會被回傳。如果提供了兩個或以上的位置引數，則回傳最大的位置引數。

這個函式有兩個選擇性的僅限關鍵字引數。key 引數能指定單一引數所使用的排序函式，如同 list.sort() 的使用方式。default 引數是當 iterable 為空時回傳的物件。如果 iterable 為空，並且沒有提供 default，則會引發 ValueError。(https://docs.python.org/zh-tw/3/library/exceptions.html#ValueError)

如果有多個最大元素，則此函式將回傳第一個找到的。這和其他穩定排序工具如 sorted(iterable, key=keyfunc, reverse=True)[0] 和 heapq.nlargest(1, iterable, key=keyfunc) 一致。

## memoryview(object)

回傳由給定的引數所建立之「memory view（記憶體檢視）」物件。有關詳細資訊，請參閱 Memory Views。

(https://docs.python.org/zh-tw/3/library/stdtypes.html#typememoryview)

## min(iterable, *, key=None)

## min(iterable, *, default, key=None)

## min(arg1, arg2, *args, key=None)

回傳 iterable 中最小的元素，或者回傳兩個以上的引數中最小的。

如果只提供了一個位置引數，它必須是 iterable，iterable 中最小的元素會被回傳。如果提供了兩個以上的位置引數，則回傳最小的位置引數。

這個函式有兩個選擇性的僅限關鍵字引數。key 引數能指定單一引數所使用的排序函式，如同 list.sort() 的使用方式。default 引數是當 iterable 為空時回傳的物件。如果 iterable 為空，並且沒有提供 default，則會引發 ValueError。(https://docs.python.org/zh-tw/3/library/exceptions.html#ValueError)

如果有多個最小元素，則此函式將回傳第一個找到的。這和其他穩定排序工具如 sorted(iterable, key=keyfunc)[0]和 heapq.nsmallest(1, iterable, key=keyfunc)一致。

## next(iterator)

## next(iterator, default)

透過呼叫 iterator 的 __next__() method 獲取下一個元素。如果 iterator 耗盡，則回傳給定的預設值 default，如果沒有預設值則引發 StopIteration。(https://docs.python.org/zh-tw/3/library/exceptions.html#StopIteration)

## class object

回傳一個沒有特徵的新物件。object 是所有 class 的基礎，它具有所有 Python class 實例的通用 method。這個函式不接受任何引數。

## oct(x)

將一個整數轉變為一個前面為 "0o" 的八進位制字串。回傳結果是一個有效的 Python 運算式。如果 x 不是 Python 的 int 物件，那它需要定義 __index__() method 回傳一個整數，可參考 format() 獲取更多資訊。

。

舉例來說：

```
>>>oct(8)
'0o10'
>>>oct(-56)
'-0o70'
```

如果要將整數轉換為八進位制字串，不論是否具備 "0o" 前綴，都可以使用下面的方法。

```
>>>'%#o' % 10, '%o' % 10
('0o12', '12')
>>>format(10, '#o'), format(10, 'o')
('0o12', '12')
>>>f'{10:#o}', f'{10:o}'
('0o12', '12')
```

## open(file, mode='r', buffering=-1, encoding=None, errors=None, newline=None, closefd=True, opener=None)

開啟（文件，模式= 'r'，緩衝= -1，編碼=無，錯誤=無，換行=無， closefd = True，開啟器=無）

開啟 file 並回傳對應的檔案物件。如果該檔案不能開啟，則引發 OSError。關於使用此函式的更多方法，請參閱讀寫檔案。

**file** 是一個類路徑物件，是將被開啟之檔案的路徑（絕對路徑或當前工作目錄的相對路徑），或是要被包裝（wrap）檔案的整數檔案描述器 (file descriptor)。（如果有給定檔案描述器，它會隨著回傳的 I/O 物件關閉而關閉，除非 closefd 被設為 False。）

**mode** 是一個可選字串，指定開啟檔案的模式。預設為'r'以文字模式開啟閱讀。

其他常見值'w'用於寫入（如果檔案已存在，則截斷檔案）、'x'獨佔建立和'a'追加（在某些 Unix 系統上，表示所有寫入都追加到檔案末尾，無論當前的查找位置為何）。在文字模式下，如果 未指定編碼，則使用的編碼與平台相關： locale.getencoding() 呼叫以取得目前區域設定編碼。（對於讀取和寫入原始字節，請使用二進位模式並保留 未指定的編碼。）可用的模式有：

表 2 開啟檔案傳入模式代碼一覽表

| 字元 | 意義 |
| --- | --- |
| 'r' | 讀取（預設） |
| 'w' | 寫入，會先清除檔案內容 |
| 'x' | 唯一性建立，如果文件已存在則會失敗 |
| 'a' | 寫入，如果檔案存在則在其末端附加內容 |
| 'b' | 二進制模式 |
| 't' | 文字模式（預設） |
| '+' | 更新（讀取並寫入） |

預設的模式是 'r'（開啟並讀取文字，同 'rt'）。'w+' 和 'w+b' 模式會開啟並清除檔案。'r+' 和 'r+b' 模式會開啟且保留檔案內容。

Python 能區分二進制和文字的 I/O。在二進制模式下開啟的檔案（mode 引數中含有 'b'）會將其內容以 bytes 物件回傳，而不進行任何解碼。在文字模式（預設情況，或當 mode 引數中含有 't'），檔案的內容會以 str 回傳，其位元組已經先被解碼，使用的是取決於平台的編碼系統或是給定的 encoding。

備註 Python 不會使用底層作業系統對於文字檔案的操作概念；所有的處理都是由 Python 獨自完成的，因此能獨立於不同平台。

buffering 是一個選擇性的整數，用於設定緩衝策略。傳入 0 表示關閉緩衝（僅在二進制模式下被允許），1 表示行緩衝（line buffering，僅在文字模式下可用），而 >1 的整數是指示一個大小固定的區塊緩衝區 (chunk buffer)，其位元組的數量。請注意，此類指定緩衝區大小的方式適用於二進制緩衝 I/O，但是 TextIO-Wrapper（以 mode='r+' 開啟的檔案）會有另一種緩衝方式。若要在 TextIOWrapper 中停用緩衝，可考慮使用 io.TextIOWrapper.reconfigure() 的 write_through 旗標。若未給定 buffering 引數，則預設的緩衝策略會運作如下：

- 二進制檔案會以固定大小的區塊進行緩衝；緩衝區的大小是使用啟發式嘗試 (heuristic trying) 來決定底層設備的「區塊大小」，並會回退到 io.DEFAULT_BUFFER_SIZE。在許多系統上，緩衝區的長度通常為 4096 或 8192 個位元組。
- 「互動式」文字檔（isatty() 回傳 True 的檔案）會使用列緩衝。其他文字檔則使用上述的二進制檔案緩衝策略。

encoding 是用於解碼或編碼檔案的編碼系統之名稱。它只應該在文字模式下使用。預設的編碼系統會取決於平台（根據 locale.getencoding() 回傳的內容），但 Python 支援的任何 text encoding（文字編碼）都是可以使用的。關於支援的編碼系統清單，請參閱 codecs module。

(https://docs.python.org/zh-tw/3/library/codecs.html#module-codecs)

errors 是一個選擇性的字串，用於指定要如何處理編碼和解碼的錯誤——它不能在二進制模式下使用。有許多不同的標準錯誤處理程式（error handler，在 Error Handlers 有列出清單），不過任何已註冊到 codecs.register_error() 的錯誤處理程式名稱也都是有效的。標準的名稱包括：

- 'strict' 如果發生編碼錯誤，則引發 ValueError 例外。預設值 None 也有相同的效果。

- 'ignore'忽略錯誤。請注意，忽略編碼錯誤可能導致資料遺失。
- 'replace' 會在格式不正確的資料位置插入一個替換標誌（像是 '?'）。
- 'surrogateescape' 會將任何不正確的位元組表示為低位代理碼元 (low surrogate code unit)，範圍從 U+DC80 到 U+DCFF。在寫入資料時，這些代理碼元將會被還原回 surrogateescape 錯誤處理程式當時所處理的那些相同位元組。這對於處理未知編碼方式的檔案會很好用。
- 'xmlcharrefreplace' 僅在寫入檔案時可支援。編碼系統不支援的字元會被替換為適當的 XML 字元參考 (character reference) &#nnn;。
- 'backslashreplace'會用 Python 的反斜線跳脫序列 (backslashed escape sequence) 替換格式不正確的資料。
- 'namereplace'（也僅在寫入時支援）會將不支援的字元替換為 \N{...} 跳脫序列。

newline 會決定如何剖析資料串流 (stream) 中的換行字元。它可以是 None、''、'\n'、'\r' 或 '\r\n'。它的運作規則如下：

- 從資料串流讀取輸入時，如果 newline 是 None，則會啟用通用換行模式。輸入資料中的行結尾可以是 '\n'、'\r' 或 '\r\n'，這些符號會被轉換為 '\n' 之後再回傳給呼叫方。如果是 ''，也會啟用通用換行模式，但在回傳給呼叫方時，行尾符號不會被轉換。如果它是任何其他有效的值，則輸入資料的行只會由給定的字串做結尾，且在回傳給呼叫方時，行尾符號不會被轉換。
- 將輸出寫入資料串流時，如果 newline 是 None，則被寫入的任何 '\n' 字元都會轉換為系統預設的行分隔符號 os.linesep。如果 newline 是 '' 或 '\n'，則不做任何轉換。如果 newline 是任何其他有效的值，則寫入的任何 '\n' 字元都將轉換為給定的字串。

~ 42 ~

如果 closefd 是 False，且給定的 file 引數是一個檔案描述器而不是檔名，則當檔案關閉時，底層的檔案描述器會保持開啟狀態。如果有給定一個檔名，則 closefd 必須是 True（預設值）；否則將引發錯誤。

透過以 opener 傳遞一個可呼叫物件，就可以自訂開啟函式。然後透過以引數 (file, flags) 呼叫 opener，就能取得檔案物件的底層檔案描述器。opener 必須回傳一個開啟的檔案描述器（將 os.open 作為 opener 傳入，在功能上的結果會相當於傳入 None）。

新建立的檔案是不可繼承的。

下面的範例使用 os.open() 函式回傳值當作 dir_fd 的參數，從給定的目錄中用相對路徑開啟檔案：

```
>>>import os
>>>dir_fd = os.open('somedir', os.O_RDONLY)
>>>def opener(path, flags):
    return os.open(path, flags, dir_fd=dir_fd)

>>>with open('spamspam.txt', 'w', opener=opener) as f:
    print('This will be written to somedir/spamspam.txt', file=f)

>>>os.close(dir_fd)  # don't leak a file descriptor
```

open() 函式回傳的 file object 型別取決於模式。當 open() 是在文字模式中開啟檔案時（'w'、'r'、'wt'、'rt' 等），它會回傳 io.TextIOBase 的一個 subclass（具體來說，就是 io.TextIOWrapper）。使用有緩衝的二進制模式開啟檔案時，回傳的 class 則會是 io.BufferedIOBase 的 subclass。確切的 class 各不相同：在讀取的二進制模式，它會回傳 io.BufferedReader；在寫入和附加的二進制模式，它會回傳

io.BufferedWriter，而在讀／寫模式，它會回傳 io.BufferedRandom。當緩衝被停用時，會回傳原始資料串流 io.FileIO，它是 io.RawIOBase 的一個 subclass。

## ord(c)

對於代表單個 Unicode 字元的字串，回傳代表它 Unicode 編碼位置的整數。例如 ord('a') 回傳整數 97、ord('€')（歐元符號）回傳 8364。這是 chr() 的逆函式。

## pow(base, exp, mod=None)

回傳 base 的 exp 次方；如果 mod 存在，則回傳 base 的 exp 次方對 mod 取餘數（比直接呼叫 pow(base, exp) % mod 計算更高效）。兩個引數形式的 pow(exp, exp)等價於次方運算子：base**exp。

參數必須具有數字類型。對於混合運算元類型，適用二進位算術運算子的強制規則。對於 int 操作數，結果與操作數具有相同的類型（強制轉換後），除非第二個參數為負數；在這種情況下，所有參數都會轉換為浮點型並傳遞浮點結果。例如，返回，但返回。對於類型 or 的負基數和非整數指數，將提供複數結果。例如.pow(10, 2)，傳回接近 100 的值。然而 pow(10, -2) 返回 0.01，對於負基底類型或 具有整數 int 指數的情況，將傳遞浮點結果。

以下是一個計算 38 對 97 取模倒數的範例：

```
>>>pow(38, -1, mod=97)
23
>>>23 * 38 % 97 == 1
True
```

**print(*objects, sep=' ', end='\n', file=None, flush=False)**

將 objects 列印到文字資料串流 file，用 sep 分隔並以 end 結尾。如果有給定 sep、end、file 和 flush，那麼它們必須是關鍵字引數的形式。

所有的非關鍵字引數都會像是 str() 操作一樣地被轉換為字串，並寫入資料串流，彼此以 sep 分隔，並以 end 結尾。sep 和 end 都必須是字串；它們也可以是 None，這表示使用預設值。如果沒有給定 objects，print() 就只會寫入 end。

file 引數必須是一個有 write(string) method 的物件；如果沒有給定或被設為 None，則將使用 sys.stdout。因為要列印的引數會被轉換為文字字串，所以 print() 不能用於二進位模式的檔案物件。對於此類物件，請改用 file.write(...)。

輸出緩衝通常會由 file 決定。但是如果 flush 為 true，則資料串流會被強制清除。

\*objects 可以用 c 語言方式，用格式化字串方式表示，格式字串是內含轉換規格 (conversion specification) 的字串，每一個轉換規格都對應到叫用 print() 時從第 2 個開始的參數，說明要如何呈現該參數的內容，像是浮點數資料要印出幾位小數等等。每一個轉換規格的指定方法如下：

"%[旗標][寬度][.精準度]格式代碼" # (填入數字或變數)

1. 旗標就是『%』
2. 寬度就是顯示內容的寬度數值
3. .精準度用『.n』，前面需要加上『.』，後面 n 的數值是代表小數點下顯示幾位數

格式代碼部分，請參考下表所示：

表 3 print()的 object 內格式代碼一覽表

| 轉換 | 含義 |
| --- | --- |
| `'d'` | 有符號整數小數。 |
| `'i'` | 有符號整數小數。 |
| `'o'` | 有符號的八進制值。 |
| `'u'` | 過時類型 - 它與 相同`'d'`。 |
| `'x'` | 有符號的十六進制（小寫）。 |
| `'X'` | 有符號的十六進制（大寫）。 |
| `'e'` | 浮點指數格式（小寫）。 |
| `'E'` | 浮點指數格式（大寫）。 |
| `'f'` | 浮點十進位格式。 |
| `'F'` | 浮點十進位格式。 |
| `'g'` | 浮點格式。如果指數小於 -4 或不小於精確度，則使用小寫指數格式，否則使用小數格式。 |
| `'G'` | 浮點格式。如果指數小於 -4 或不小於精確度，則使用大寫指數格式，否則使用小數格式。 |
| `'c'` | 單字節（接受整數或單字節物件）。 |
| `'b'` | 位元組（遵循緩衝區協定或具有 的任何物件__bytes__()）。 |
| `'s'` | `'s'`是 Python2/3 程式碼庫的別名`'b'`，並且只能用於 Python2/3 程式碼庫。 |
| `'a'` | 位元組（使用 轉換任何 Python 物件）。 |

| 轉換 | 含義 |
| --- | --- |
|  | repr(obj).encode('ascii','backslashreplace') |
| `'r'` | 'r'是 Python2/3 程式碼庫的別名'a'，並且只能用於 Python2/3 程式碼庫。 |
| `'%'` | 不轉換任何參數，'%'結果中會出現一個字元。 |

## class property(fget=None, fset=None, fdel=None, doc=None)

回傳 property 屬性。

fget 是一個用於取得屬性值的函式，fset 是一個用於設定屬性值的函式，fdel 是一個用於刪除屬性值的函式，而 doc 會為該屬性建立一個說明字串。

一個典型的用途是定義一個受管理的屬性 x：

```
class C:
    def __init__(self):
        self._x = None

    def getx(self):
        return self._x

    def setx(self, value):
        self._x = value

    def delx(self):
        del self._x

    x = property(getx, setx, delx, "I'm the 'x' property.")
```

如果 c 是 C 的一個實例，則 c.x 將會呼叫取得器 (getter)， 會呼叫設定器 (setter)，而 會呼叫刪除器 (deleter)。c.x = valuedel c.x

如果有給定 doc，它將會是 property 屬性的說明字串。否則，property 會複製 fget 的說明字串（如果它存在的話）。這樣一來，就能夠輕鬆地使用 property() 作為裝飾器來建立唯讀屬性：

```
class Parrot:
    def __init__(self):
        self._voltage = 100000

    @property
    def voltage(self):
        """Get the current voltage."""
        return self._voltage
```

裝飾器將方法@property 轉換 voltage() 為具有相同名稱的唯讀屬性的 "getter" ，並將 電壓的文檔字串設為 "取得當前電壓"。

# @getter

# @setter

# @deleter

屬性物件具有 getter、setter 和 deleter 方法，可用作裝飾器，它們會建立屬性的副本，並將對應的存取器函數設定為裝飾函數。最好用一個例子來解釋這一點：

```
class C:
    def __init__(self):
        self._x = None

    @property
```

```
def x(self):
    """I'm the 'x' property."""
    return self._x

@x.setter
def x(self, value):
    self._x = value

@x.deleter
def x(self):
    del self._x
```

此上表程式碼與上上表範例完全相同。請務必為附加函數指定與原始屬性相同的名稱（x 在本例中）。

傳回的屬性物件也具有與建構函數參數相對應的屬性 fget、fset、 和 。fdel

## class range(stop)

## class range(start, stop, step=1)

實際上不是一個函數，而是 range 一個不可變的序列類型，如範圍和序列類型 --- list、tuple、range 中所述。

## repr(object)

傳回一個包含物件的可列印表示形式的字串。對於許多類型，此函數會嘗試傳回字串，該字串在傳遞給 時會產生具有相同值的物件 eval()；否則，表示形式是包含在尖括號中的字串，其中包含物件類型的名稱以及通常包括物件的名稱和位址的附加資訊。類別可以透過定義 __repr__()方法來控制該函數為其實例傳回的內容。如果 sys.displayhook()不可訪問，該函數將引發 RuntimeError。

此類具有可評估的自訂表示形式：

```
class Person:
    def __init__(self, name, age):
        self.name = name
        self.age = age

    def __repr__(self):
        return f"Person('{self.name}', {self.age})"
```

## reversed(seq)

返回一個反向迭代器。 seq 必須是具有__reversed__()方法或支援序列協定的物件（ __len__()方法和__getitem__()帶有從 開始的整數參數的方法 0）。

## round(number, ndigits=None)

傳回四捨五入到小數點後 n 位精度的數字。如果 ndigits 被省略或為，則傳回與其輸入最接近的整數。None

對於支援 的內建類型 round()，值會四捨五入到最接近的 10 次方負 ndigits 的倍數；如果兩個倍數同樣接近，則向偶數選擇進行舍入（因此，例如， 和 都是 round(0.5)，round(-0.5)並且 0 是 round(1.5)） 2。任何整數值對於 n 位有效（正、零或負）。如果省略 ndigits 或 ，則傳回值為整數 None。否則，傳回值的類型與 number 相同。

## class set

## class set(iterable)

傳回一個新 set 對象，可以選擇使用來自 iterable 的元素。 set 是內建類別。有關此類的文檔，set 請 參閱設定類型 --- set、frozenset 。

其他容器,請參閱內建 frozenset、list、 tuple 和 dict 類別以及 collections 模組。

### setattr(object, name, value)

這是 的對應項 getattr()。參數是一個物件、一個字串和一個任意值。該字串可以命名現有屬性或新屬性。如果物件允許，該函數會將值指派給屬性。例如，相當於 .setattr(x, 'foobar', 123)x.foobar = 123

name 不必是標識符和關鍵字中定義的 Python 標識符，除非物件選擇強制執行，例如在自訂 __getattribute__()或 via 中__slots__。名稱不是標識符的屬性將無法使用點表示法訪問，但可以透過 getattr()等方式存取。

### class slice(stop)

### class slice(start, stop, step=None)

傳回表示由 指定的索引集的 切片物件。開始和步驟參數預設為 range(start, stop, step) 。

Slice 物件具有唯讀資料屬性 start、 stop、 ，step 它們僅傳回參數值（或其預設值）。它們沒有其他明確的功能；然而，它們被 NumPy 和其他第三方包使用。

### sorted(iterable, /, *, key=None, reverse=False)

從 iterable 中的項目傳回一個新的排序清單。

有兩個選擇性引數，只能使用關鍵字引數來指定。

key 指定一個只有一個參數的函數，用於從 iterable 中的每個元素中提取比較鍵（例如，key=str.lower）。預設值是 None（直接比較元素）。

reverse 相反是一個布林值。如果設定為 True，則對清單元素進行排序，就像每次比較都相反一樣。

## @staticmethod

將方法轉換為靜態方法。

靜態方法不接收隱式第一個參數。若要宣告靜態方法，請使用以下習慣用法：

```
class C:
    @staticmethod
    def f(arg1, arg2, argN): ...
```

@staticmethod 語法是一個函式 decorator - 參見 函式定義 中的詳細介紹。

靜態方法可以在類別（如 C.f()）或實例（如 C().f()）上呼叫。而且，靜態方法描述子也是可呼叫的，因此可以在類別定義中使用（如 f()）。

Python 中的靜態方法與 Java 或 C++ 中的靜態方法類似。另外，請參閱 classmethod()參考資料 (https://docs.python.org/zh-tw/3/library/functions.html#classmethod) 以獲得對於建立備用類別建構函式很有用的變體。

與所有裝飾器一樣，也可以 staticmethod 作為常規函數呼叫並對其結果執行某些操作。在某些情況下，您需要從類別主體引用函數，並且希望避免自動轉換為實例方法，這是需要的。對於這些情況，請使用以下慣用語：

```
def regular_function():
    ...

class C:
    method = staticmethod(regular_function)
```

關於 static method 的更多資訊，請參考 標準型別階層。(https://docs.python.org/zh-tw/3/reference/datamodel.html#types)

## str(object='')

## str(object=b'', encoding='utf-8', errors='strict')

　　str 是內建的字串類別。有關字串的一般信息，請參閱文字序列類型 --- str。

　　傳回 object 的字串版本。如果未提供對象，則傳回空字串。否則， 的行為 取決於是否給予編碼或錯誤，如下所示。str()

　　如果既沒有給出編碼也沒有給出錯誤 str(object)，則返回 ，這是 objecttype(object).__str__(object)的"非正式"或很好打印的字符串表示形式。對於字串對象，這是字串本身。如果物件沒有 方法，則傳回 return 。__str__()str()repr(object)

　　如果至少給出了編碼或錯誤之一，則物件應該是 類似位元組的物件（例如 bytes 或 bytearray）。在這種情況下，如果 object 是 bytes（或 bytearray）對象，則相當於 。否則，在呼叫之前取得緩衝區物件底層的位元組物件 。有關緩衝區物件的信息，請參閱二進位序列類型 --- bytes、bytearray、memoryview 和 緩衝協定（Buffer Protocol）。str(bytes, encoding, errors)bytes.decode(encoding, errors)bytes.decode()

## sum(iterable, /, start=0)

　　從左到右開始對可迭代項目進行求和並傳回總計。 iterable 的項目通常是數字，且起始值不允許是字串。

　　對於某些用例，有很好的替代方案 sum()。連接字串序列的首選快速方法是呼

叫 ''.join(sequence).若要新增具有擴展精度的浮點值，請參閱 math.fsum()。要連接一系列可迭代對象，請考慮使用 itertools.chain().

## class super

## class super(type, object_or_type=None)

傳回一個代理對象，該對象將方法呼叫委託給類型的父類或同級類。這對於存取類別中已重寫的繼承方法很有用。

super 有兩個典型的用例。在單一繼承的類別層次結構中，可以使用 super 來引用父類，而無需明確命名它們，從而使程式碼更易於維護。這種用法與其他程式語言中 super 的使用非常相似。

第二個用例是支援動態執行環境中的協作多重繼承。此用例是 Python 獨有的，在靜態編譯語言或僅支援單繼承的語言中找不到。這使得實現「菱形圖」成為可能，其中多個基類實現相同的方法。良好的設計要求此類實作在每種情況下都具有相同的呼叫簽名（因為呼叫的順序是在運行時確定的，因為該順序適應類別層次結構中的變化，並且因為該順序可以包括在運行時之前未知的同級類）。

對於這兩種用例，典型的超類別呼叫如下所示：

```
class C(B):
    def method(self, arg):
        super().method(arg)    # This does the same thing as:
                               # super(C, self).method(arg)
```

除了方法查找之外，super()也適用於屬性查找。一種可能的用例是呼叫 父類別或同級類別中的描述符。

請注意，它 super()是作為顯式點分屬性來尋找( 例如 super().__getitem__(name). 它透過實作自己的__getattribute__()方法來實現這一點，該方法以支援協作多重繼承的可預測順序搜尋類別。因此，super()對於使用語句或運算子（例如 ）的隱式查找， 是未定義的 super()[name]。

另請注意，除了零參數形式之外，super()不限於使用內部方法。兩個參數形式準確地指定參數並進行適當的引用。零參數形式僅適用於類別定義內部，因為編譯器會填寫必要的詳細資訊以正確檢索正在定義的類，以及存取普通方法的當前實例。

有關如何使用 super() 設計協作類別的實用建議 super()，請參閱使用 super() 指南。(https://rhettinger.wordpress.com/2011/05/26/super-considered-super/)

## classtuple

## classtuple(iterable)

它不是一個函數，tuple 實際上是一個不可變的序列類型，如元組和序列類型 --- list、tuple、range 中所述。

## class type(object)

## class type(name, bases, dict, **kwds)

使用一個參數，傳回物件的類型。傳回值是一個類型對象，通常與 所傳回的對象相同 object.__class__。

建議使用內建函數 isinstance()來測試物件的類型，因為它考慮了子類別。

使用三個參數，傳回一個新類型物件。這本質上是聲明的動態形式 class。名稱字串是類別名稱並成為__name__屬性。基元組包含基類並成為 __bases__屬性；如果為空，object 則新增所有類別的最終基礎 。dict 字典包含類別體的屬性和方法定義；它可以在成為屬性之前被複製或包裝__dict__。以下兩條語句建立相同的 type 物件：

```
>>>class X:
    a = 1
>>>X = type('X', (), dict(a=1))
```

## vars()

## vars(object)

傳回__dict__模組、類別、實例或任何其他具有__dict__屬性的物件的屬性。

模組和實例等物件具有可更新的__dict__ 屬性；但是，其他物件可能對其__dict__屬性有寫入限制（例如，類別使用 a types.MappingProxyType 來防止直接更新字典）。

沒有參數，vars()行為就像 locals()。請注意，本地字典僅對讀取有用，因為本地字典的更新會被忽略。

TypeError 如果指定了物件但它沒有__dict__屬性（例如，如果其類別定義了__slots__屬性），則會引發異常。

## zip(*iterables,strict=False)

並行迭代多個可迭代對象，產生元組，其中每個可迭代對象包含一個項目。

例如：

```
>>>for item in zip([1, 2, 3], ['sugar', 'spice', 'everything nice']):
    print(item)

(1, 'sugar')
(2, 'spice')
(3, 'everything nice')
```

更正式地說：zip()傳回元組的迭代器，其中第 i 個元組包含每個參數可迭代物件中的第 i 個元素。

## import (name, globals=None, locals=None, fromlist=(), level=0)

這是一個高階函數，與 importlib.import_module().，此函數由語句呼叫 import。可以替換它（透過導入模組 builtins 並分配給 builtins.__import__）以更改語句的語義 ，但強烈 import 建議不要這樣做，因為使用導入鉤子通常更簡單（請參閱 PEP 302）以實現相同的目標，並且不會導致假設正在使用預設導入實現的程式碼出現問題。直接使用 ，__import__()而贊成 importlib.import_module()。

此函數匯入模組 name，可能使用給定的全域變數 和局部變數來決定如何在套件上下文中解釋該名稱。 fromlist 給出了應該從 name 給定的模組匯入的物件或子模組的名稱。標準實作根本不使用其局部變量，而僅使用其全域變數來確定 import 語句的包上下文。

## Python 編譯器安裝

首先我們開啟瀏覽器,如下圖所示,本文使用 Chrome 瀏覽器,請開啟 Chrome 瀏覽器{曹永忠, 2024 #6844;曹永忠, 2024 #6845})]]))。

圖 1 開啟瀏覽器

如下圖所示,首先我們先進入到進入 Google 搜尋引擎,網址:https://www.google.com.tw/。

圖 2 進入 Google 搜尋引擎

如下圖所示，首先我們先進入到進入 Google 搜尋引擎，網址：https://www.google.com.tw/，輸入搜尋關鍵字『Python Download』，按下 Enter 鍵。

圖 3 輸入搜尋關鍵字

如下圖所示，在 Google 輸入關鍵字『Python Download』後，看到下圖之回應頁面。

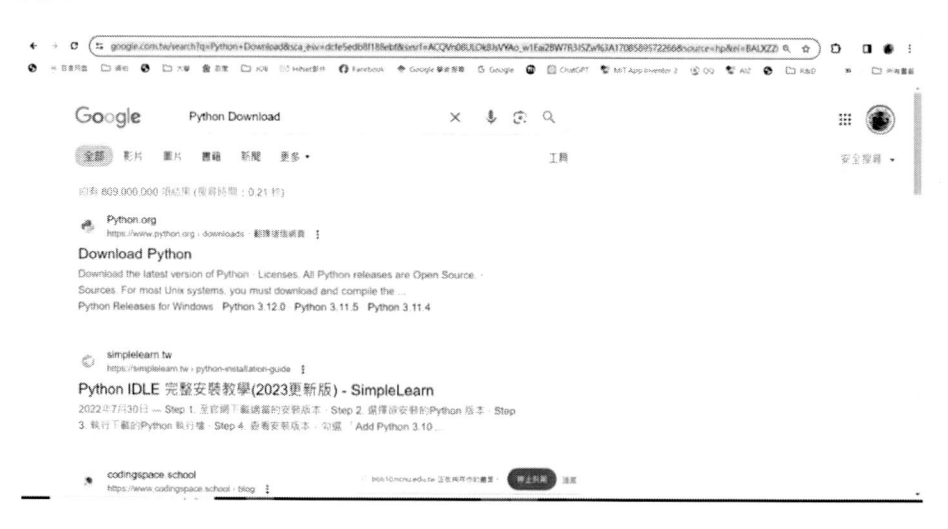

圖 4 找到資料

如下圖所示，由於 Python 非常熱門且受人歡迎，所以大部分在 Google 輸入關鍵字『Python Download』後，看到下圖之回應頁面，Python 官方網站大部分是排名第一位。所以如下圖標示處，點此『Download Python』的標示，可以進入到 Python 官方網站，網址：https://www.python.org/downloads/。

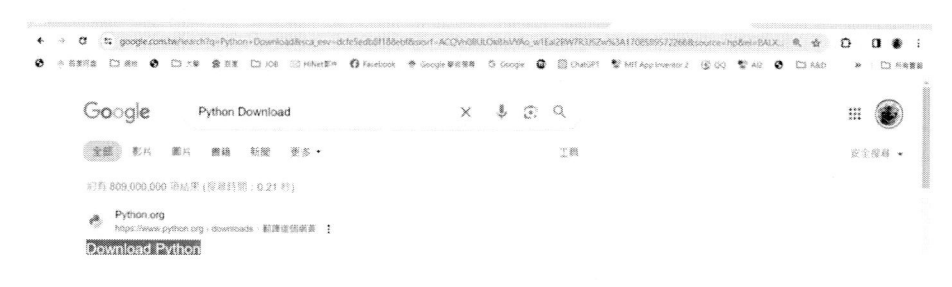

圖 5 選第一個

如下圖所示，首先我們先進入到 Python 官方網站，網址：https://www.python.org/downloads/。

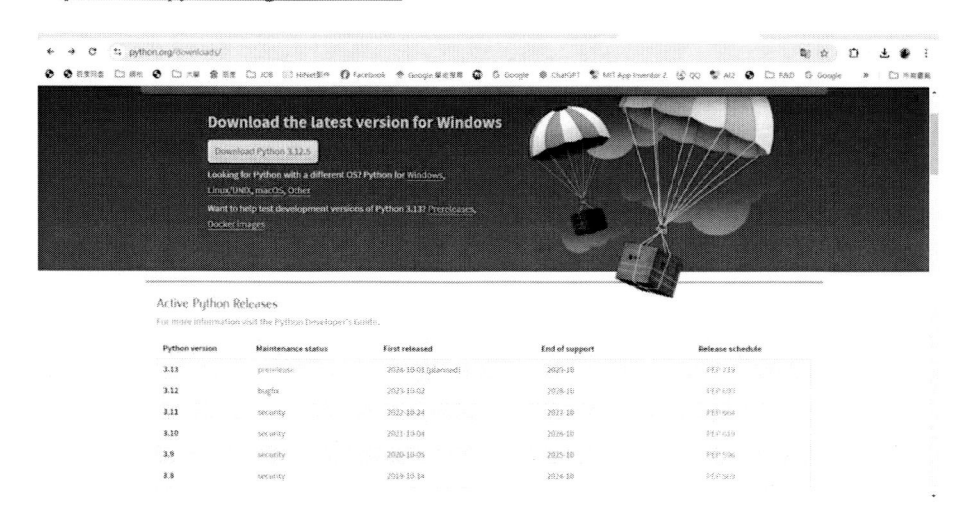

圖 6 進入 Python 官網下載處

如下圖所示，首先我們先進入 Python 官網下載處，Python 官網下載網址：

~ 60 ~

https://www.python.org/downloads/，第一眼可以看到最新版本的 Python 供使用者/開發者下載，筆者撰寫本文時，約為 Python 3.12.5 版本。

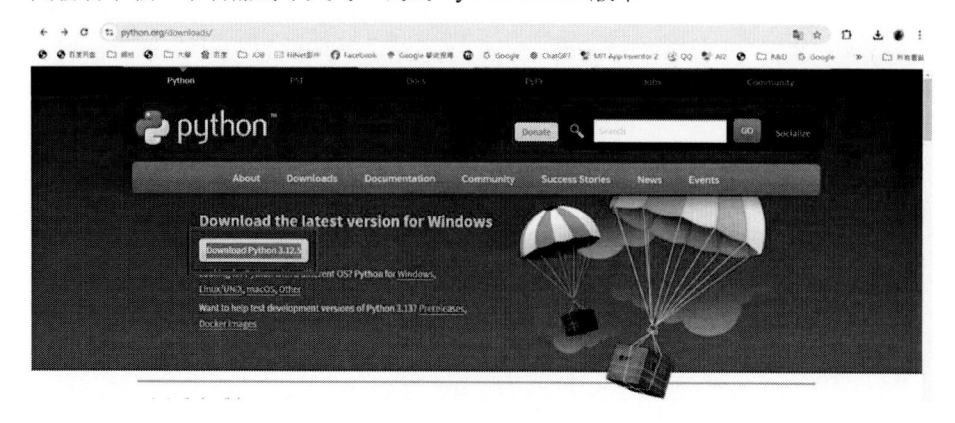

圖 7 下載目前最新版本

如下圖所示，我們先進入 Python 官網下載處，Python 官網下載網址：https://www.python.org/downloads/，第一眼可以看到最新版本的 Python 供使用者/開發者下載，筆者撰寫本文時，約為 Python 3.12.5 版本，點選這個版本後，由於筆者開發環境為 Windows10、64 位元繁體作業系統環境，所以選擇 window 的版本來準備下載。

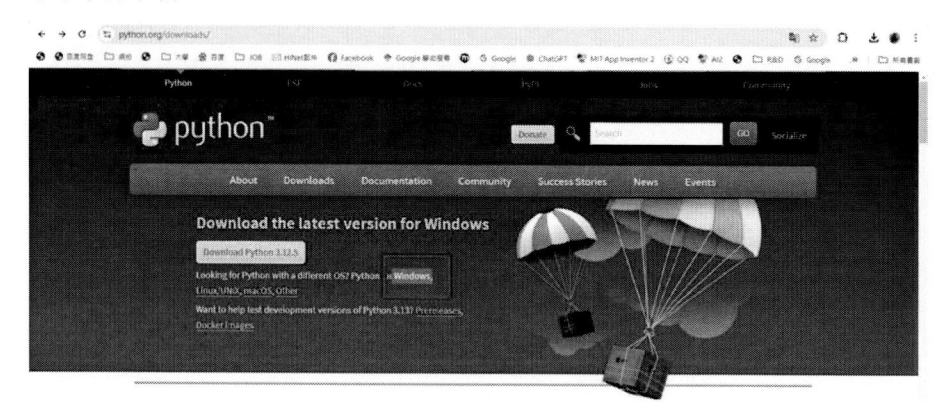

圖 8 選擇作業系統

如下圖所示，再點選 Window 版本的 Python 後，首先我們先進入到 Python 官

~ 61 ~

方網站 windows 版本下載處，網址：https://www.python.org/downloads/windows/，。

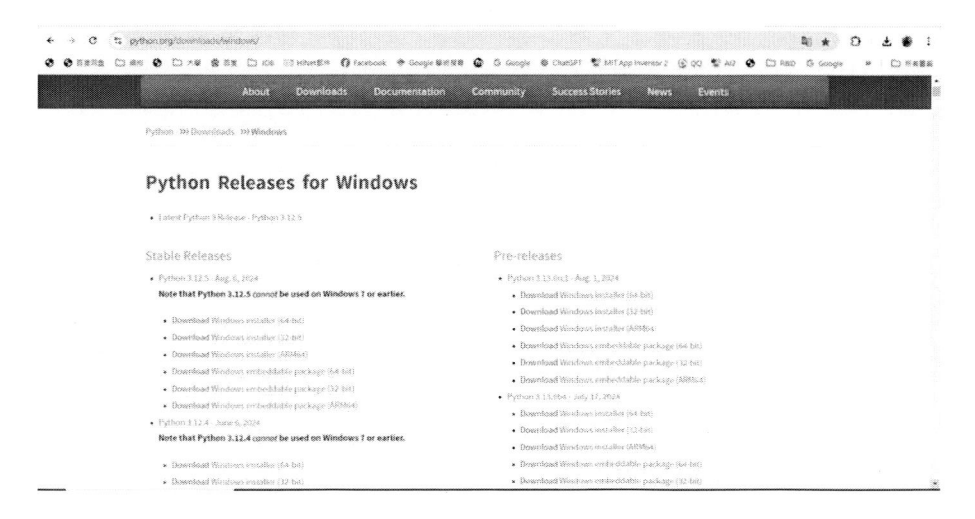

圖 9 進入 Windows 作業系統版本下載

如下圖所示，先我們先進入到 Python 官方網站 Window 版本下載處，網址：.python.org/downloads/windows/，可以看到下圖紅框處有最新版本：Python 3.12.5 所有作業系統的版本列示如下：

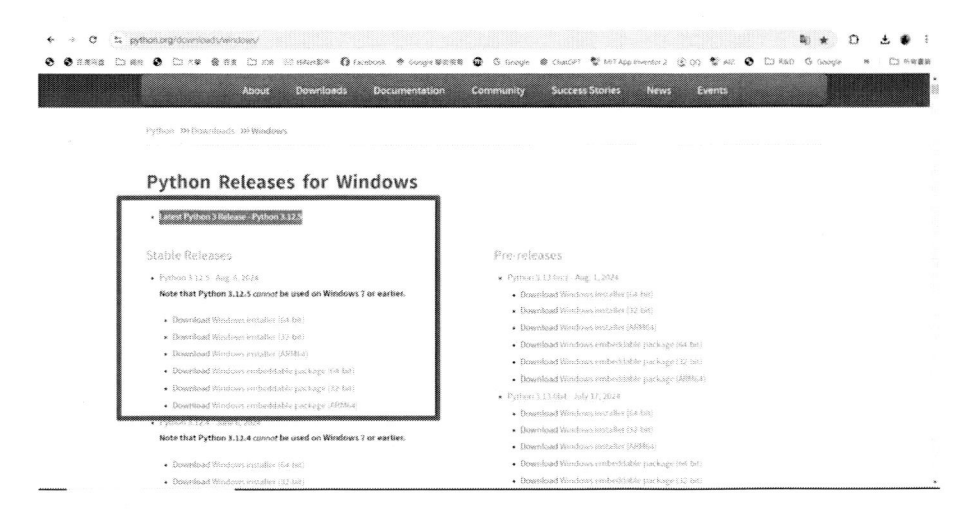

圖 10 選 Stable(穩定版本)

如下圖所示，我們點選下圖紅框處：『Download Windows installer (64-bit)』，準備下載最新版本：Python 3.12.5 ，Windows 10 、64 位元版本(64-bit)。

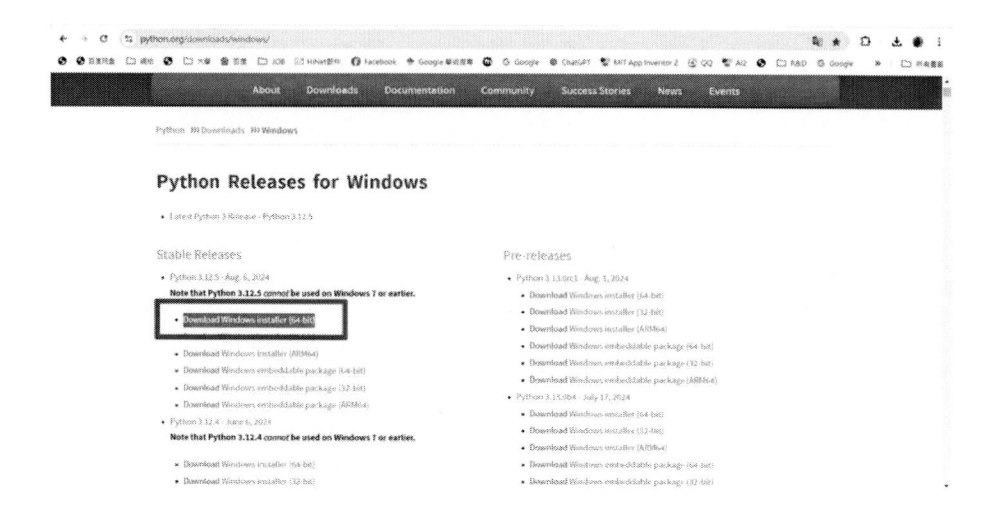

圖 11 選 win 64 位元版本

我們先進入到 Python 官網，網址：https://www.python.org/downloads/windows/，點選上圖紅框處：『Download Windows installer (64-bit)』，下載最新版本：Python 3.12.5 ，Windows 10 、64 位元版本(64-bit)後，Python 官網會下載 Python 3.12.5 的安裝執行檔到筆者作業系統預設之下載處，儲存該 Python 3.12.5 的安裝執行檔於此。

如下圖所示，筆者開啟筆者作業系統預設之下載處，路徑為：本機>下載>，可以看到系統出現該路徑後，請求下載儲存。

圖 12 下載後選擇下載目錄

如下圖所示，我們點選下圖紅框處，點選 存檔(S) 圖示，將檔案：python-3.12.5-amd64.exe 儲存。

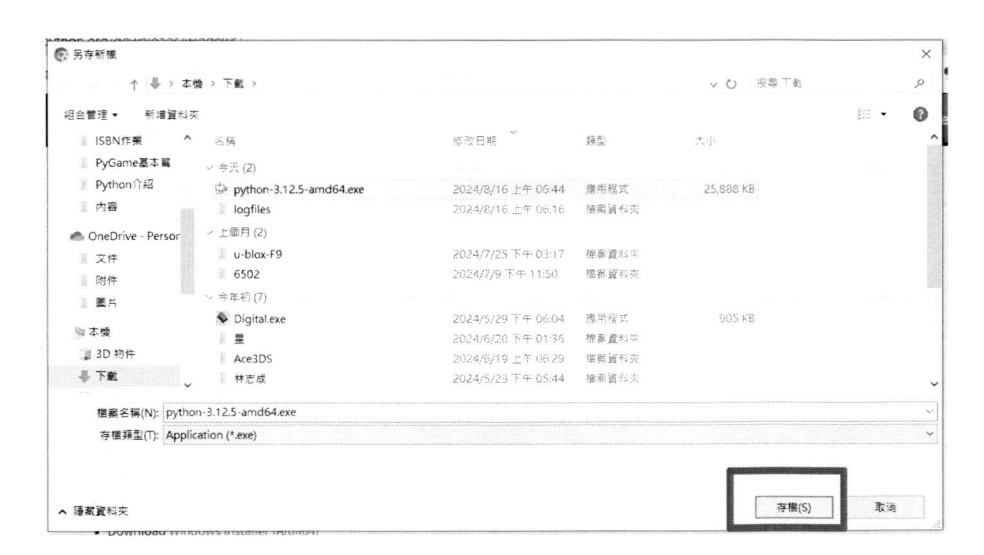

圖 13 儲存下載檔案

如下圖所示，筆者開啟檔案總管。

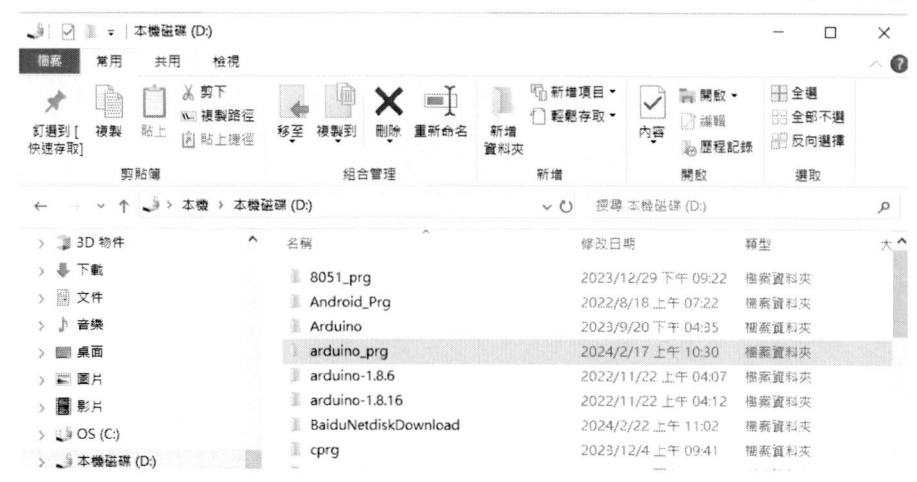

圖 14 開啟檔案總管

　　如下圖所示，筆者用檔案總管，開啟筆者作業系統預設之下載處，路徑為：本機>下載>，可以看到作業系統預設之下載處，可以看到剛剛下載檔案：『python-3.12.5-amd64.exe』，這裡請讀者注意，該檔案名稱要依讀者當時下載時機知所選擇的 Python 版本、作業系統版本、位元版本、其他關鍵因素等，會出現不同下載名稱，請讀者依實際情況，實際找出真正下載 Python 安裝檔的檔案名稱為主，切勿一昧以下圖所示之檔案名稱：『python-3.12.5-amd64.exe』為完全依據。

圖 15 開啟下載之目錄資料夾

如下圖所示，請先點選 1 號紅框處：檔案名稱：『python-3.12.5-amd64.exe』，在按下滑鼠右鍵，出現快捷選項後，請移動滑鼠游標到『以系統管理員身分執行』之 2 號紅框處之選項，按下滑鼠左鍵。

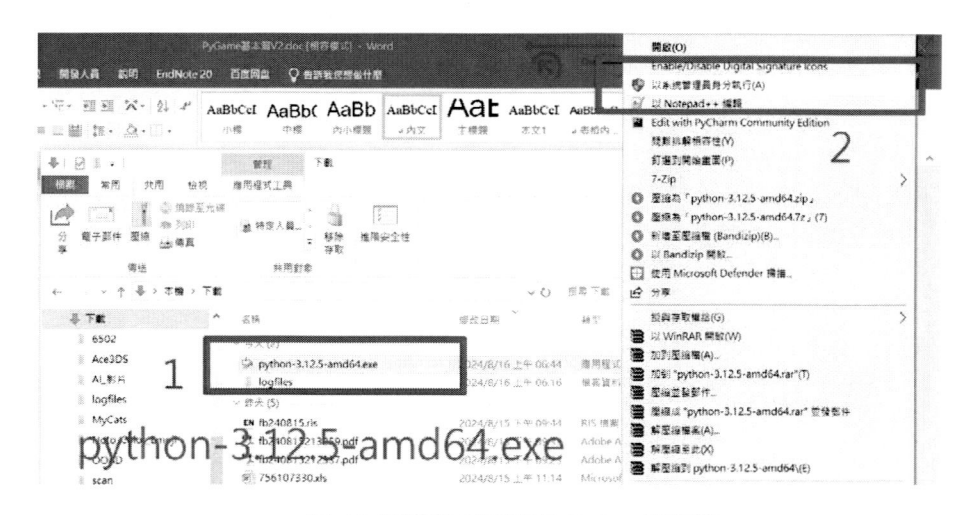

圖 16 開啟執行下載之 Python 安裝檔

如下圖所示、我們進入 Python 安裝畫面。

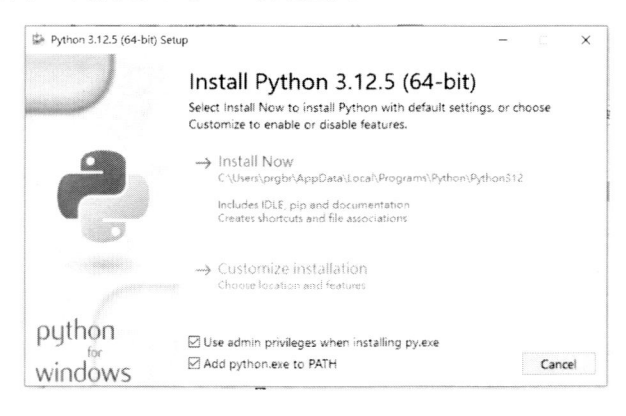

圖 17 進入 Python 安裝畫面

~ 66 ~

如下圖所示，首先我們必須將上圖畫面下方兩個選項，如下圖所示，都勾選☑其兩個選項。

☑ Use admin privileges when installing py.exe
☑ Add python.exe to PATH

圖 18 設定權限部分

如下圖所示，我們選擇『Install Now』的選項。

→ Install Now
C:\Users\prgbr\AppData\Local\Programs\Python\Python312

Includes IDLE, pip and documentation
Creates shortcuts and file associations

圖 19 選 install

如下圖所示，可以見到 Python 安裝中……。

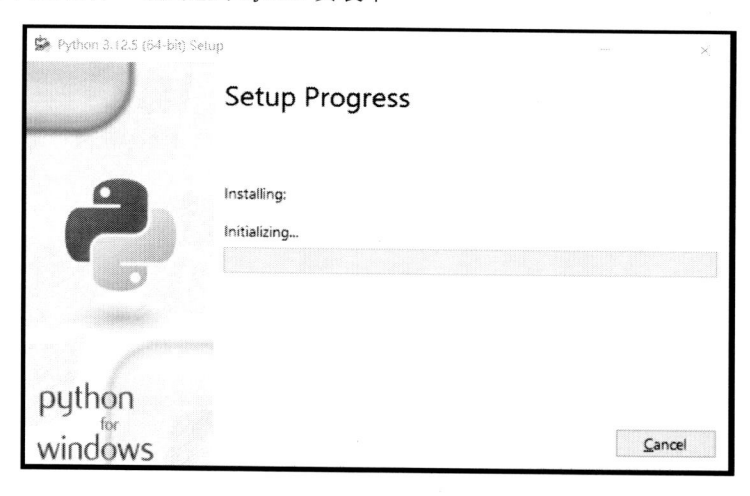

圖 20 Python 安裝中

~ 67 ~

如下圖所示，我們可以看到 Python 安裝完成。

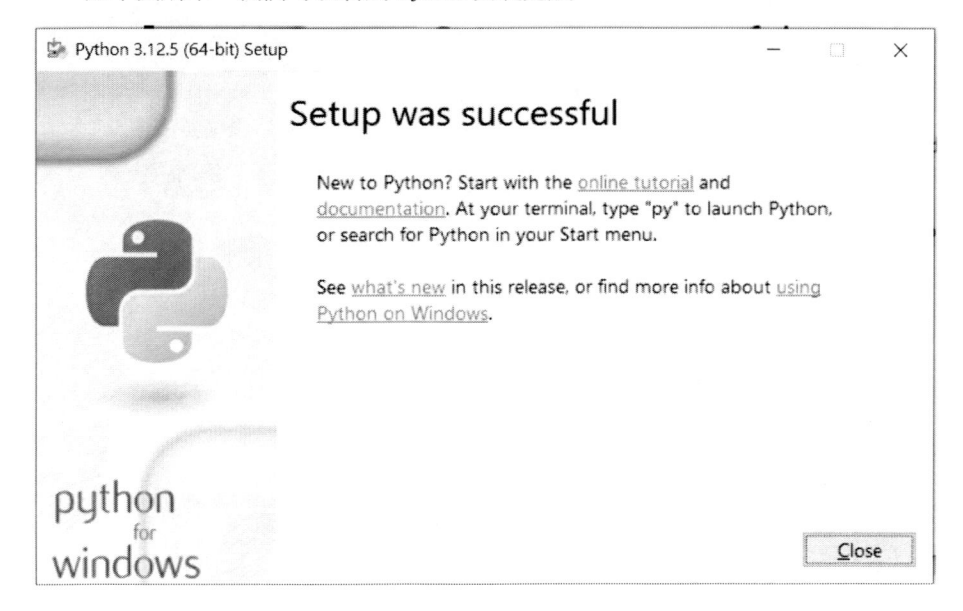

圖 21 Python 安裝完成

如下圖所示、我們點選下圖所示之 Close 圖示，完成 Python 開發編譯工具之安裝。

圖 22 關閉安裝畫面

## 測試 **Python** 是否安裝成功

如下圖所示，筆者在作業系統之執行列，輸入命令：『cmd』，準備開啟命令提示字元選項。

圖 23 開啟 CMD(DOS 提示視窗)

　　如下圖所示，我們開啟命令提示字元選項後，出現命令提示字元之視窗。

圖 24

　　如下圖所示，我們開啟命令提示字元選項後，出現命令提示字元之視窗後，請在命令提示字元之視窗內，輸入『python』命令。

圖 25 輸入 python，按下 Enter

如下圖所示，如果正確安裝與設定好 Python 的路徑與其他設定後，代表正確安裝 Python 開發編譯工具。

圖 26 成功安裝，會出現下列畫面

如下圖所示，我們點選下圖所示之 ✕ 圖示，關閉命令提示字元之視窗，完成測試 Python 開發編譯工具是否安裝成功與正確設定。

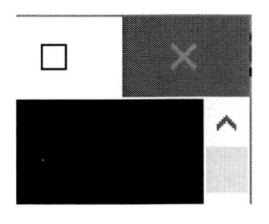

圖 27 關掉 python

# 安裝 PyCharm 整合工具安裝

如下圖所示，首先我們先開啟瀏覽器(曹永忠, 蔡英德, & 許智誠, 2024a, 2024b)。

圖 28 開啟瀏覽器

如下圖所示，我們在網址列，輸入：『https://www.google.com.tw/』，進入谷哥搜尋(Google Search)。

圖 29 進入 Google 搜尋引擎

如下圖所示，請在谷哥搜尋(Google Search)的中間畫面，關鍵字搜尋列中，輸入關鍵字：「pycharm community download」，按下 Enter 鍵。

圖 30 輸入搜尋關鍵字

如下畫面所示，在谷哥搜尋(Google Search)的中間畫面，關鍵字搜尋列中，輸入關鍵字：「pycharm community download」，按下 Enter 鍵，出現找到 pycharm community 的回應資料。

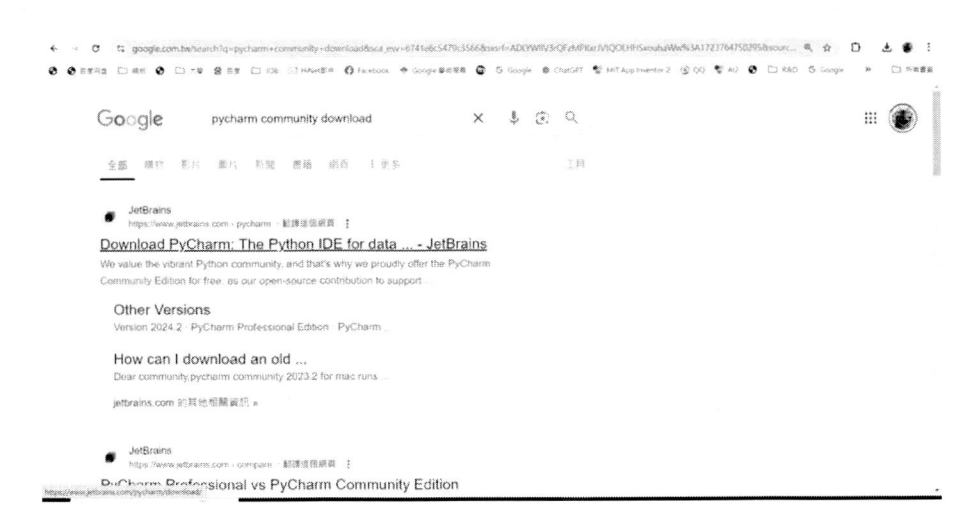

圖 31 找到 pycharm 資料

如下圖紅框所示，由於 PyCharm: The Python IDE 開發整合工具非常熱門且深受使用者/開發者喜愛，所以 PyCharm: The Python IDE 開發整合工具大部分會出現在第一個回應資料中。

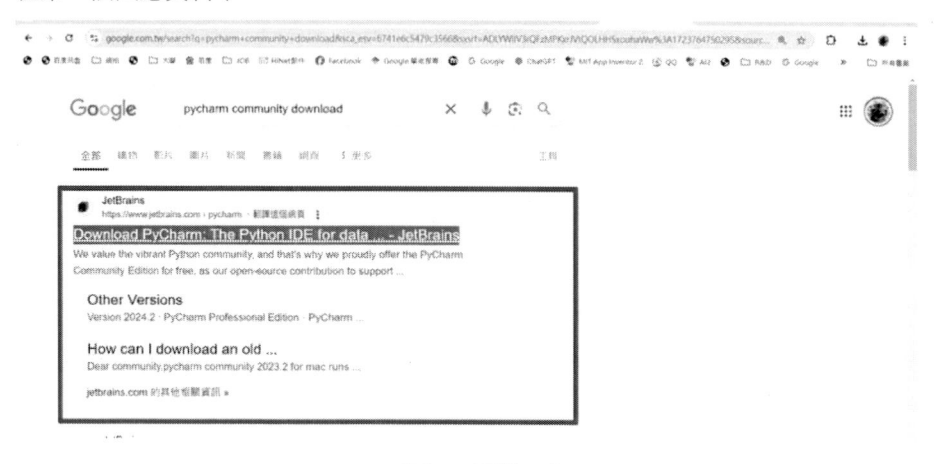

圖 32 選第一個

如上圖紅框所示，點選「Download PyCharm: The Python IDE for data ... - JetBrains」字樣後，可以進到進入 PyCharm 官網，網址為：「https://www.jetbrains.com/pycharm/download/?section=windows」。

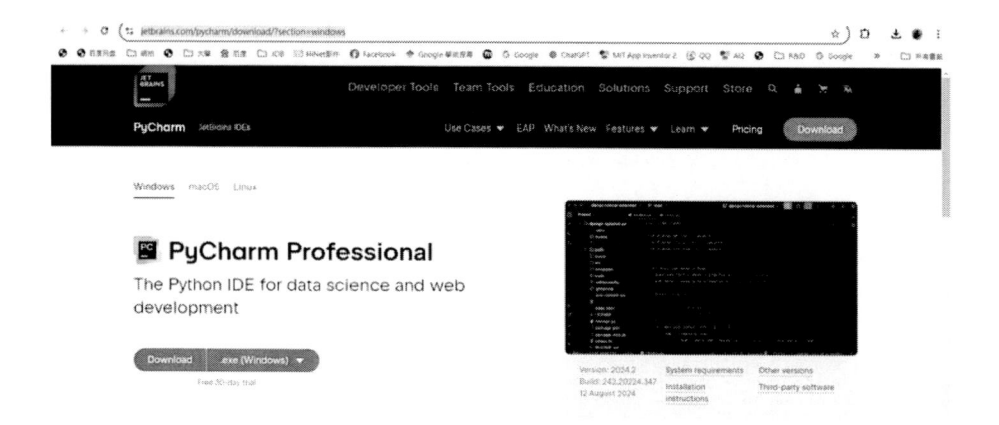

圖 33 進入 PyCharm 官網

~ 73 ~

如下圖所示，請利用滑鼠滾輪或著是右邊向下的卷軸列(Slide Bar)，往網頁下方前進。

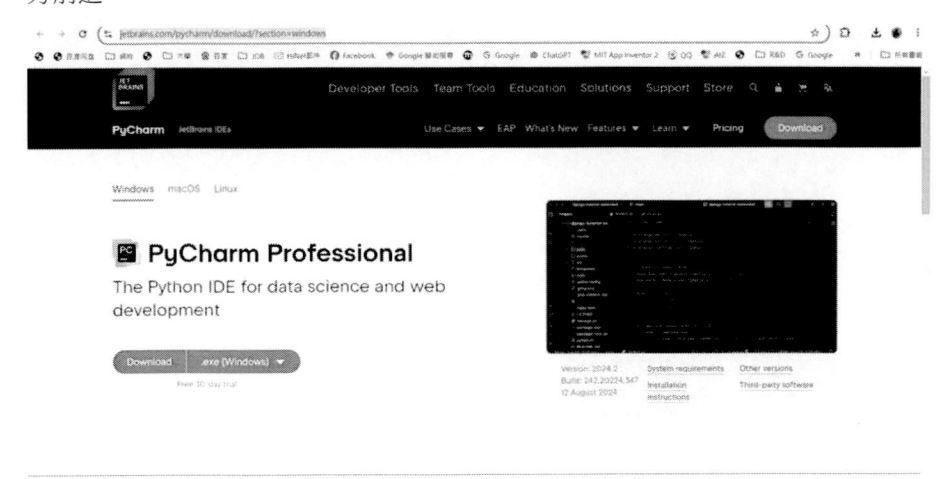

圖 34 請在該網頁往下捲動

如下圖所示，請在該網頁往下捲動，選到「PyCharm Community Edition」一段後，停止下捲，出現如下畫面：

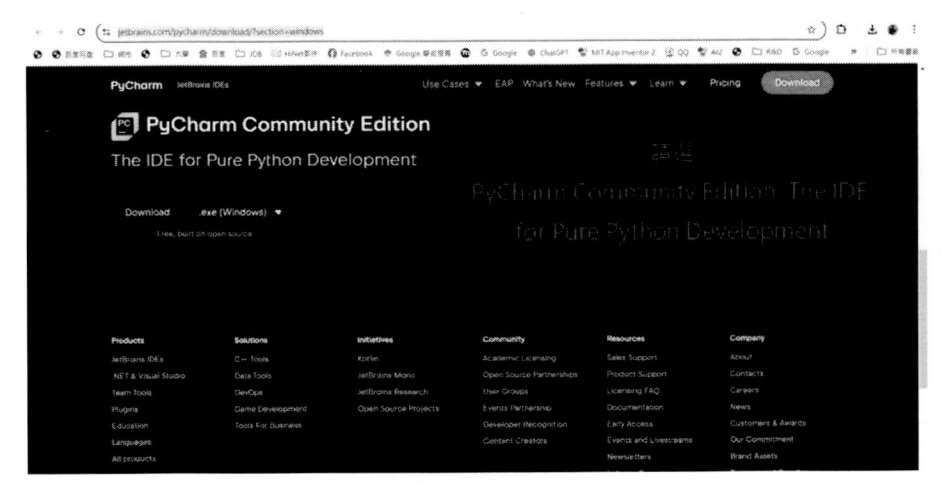

圖 35 選到 PyCharm Community Edition 一段

如下圖所示，請選 PyCharm Community Edition(The IDE for Pure Python Development)之 Download 選項。

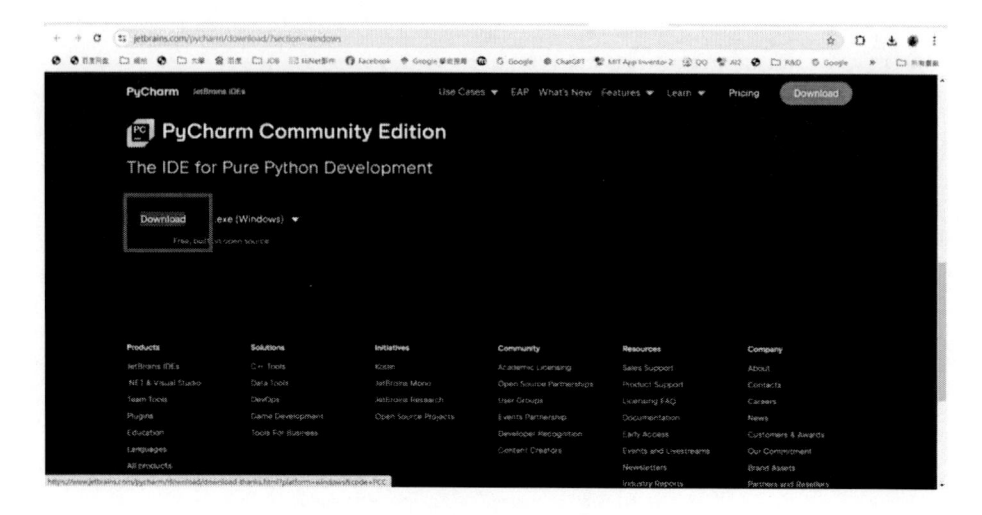

圖 36 選到 Download 選項

如下圖所示，會出現下載與儲存 pycharm 畫面。

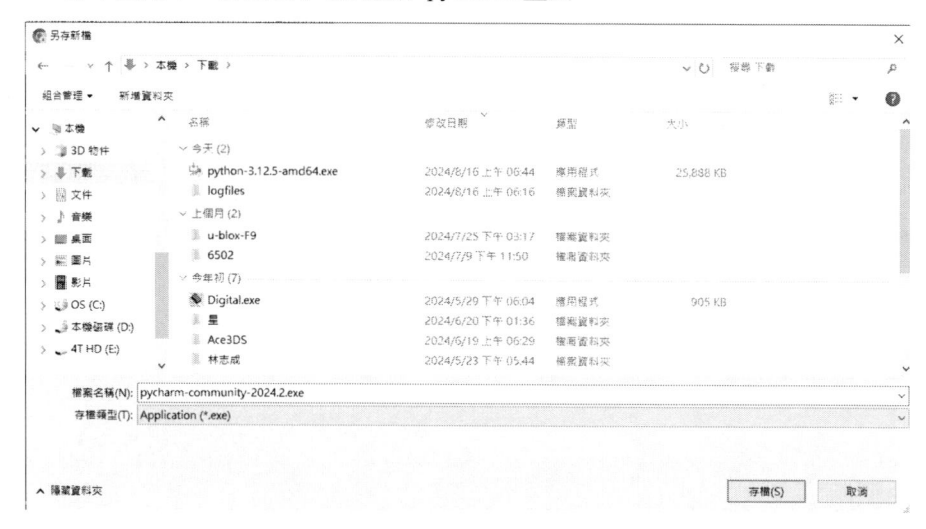

圖 37 出現下載與儲存 pycharm 畫面

如下圖所示，筆者開啟筆者作業系統預設之下載處，路徑為：本機>下載>

，可以看到系統出現該路徑後，請求下載儲存檔案：
『pycharm-community-2024.2.exe』

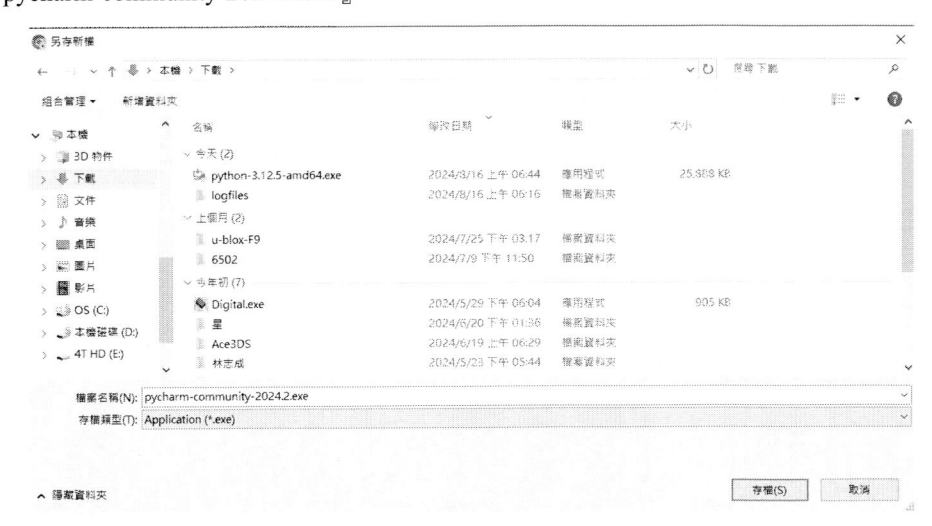

圖 38 下載後 選擇下載目錄

如下圖所示，系統會請求您選擇儲存檔案：『pycharm-community-2024.2.exe』的路徑，並要求您請求儲存檔案：『pycharm-community-2024.2.exe』，請按下 存檔(S) 圖示進行下載與儲存。

如下圖所示，筆者用檔案總管，開啟筆者作業系統預設之下載處，路徑為：本機>下載>，可以看到作業系統預設之下載處，可以看到剛剛下載檔案：『pycharm-community-2024.2.exe』，這裡請讀者注意，該檔案名稱要依讀者當時下載時機知所選擇的 PyCharm 版本、作業系統版本、位元版本、其他關鍵因素等，會出現不同下載名稱，請讀者依實際情況，實際找出真正下載 PyCharm 安裝檔的檔案名稱為主，切勿一昧以下圖所示之檔案名稱：『pycharm-community-2024.2.exe』為完全依據

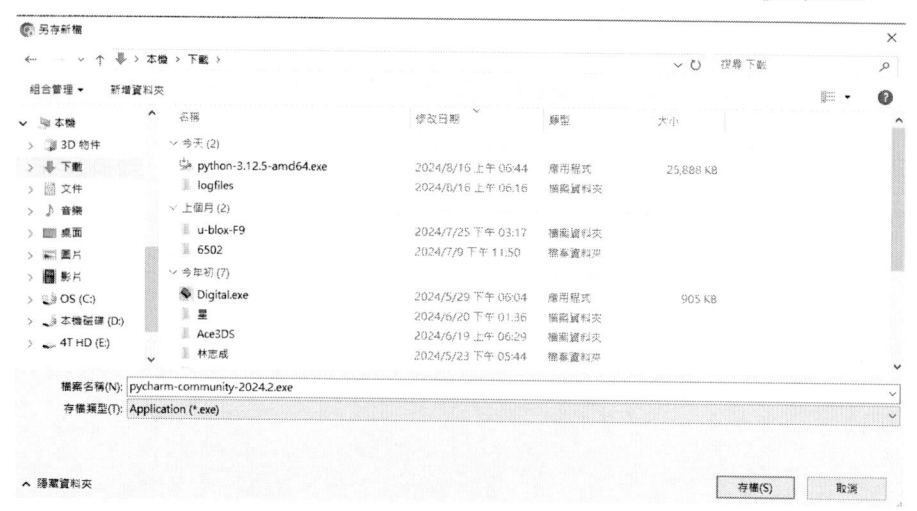

圖 39 儲存下載檔案

如下圖所示，開啟檔案總管。

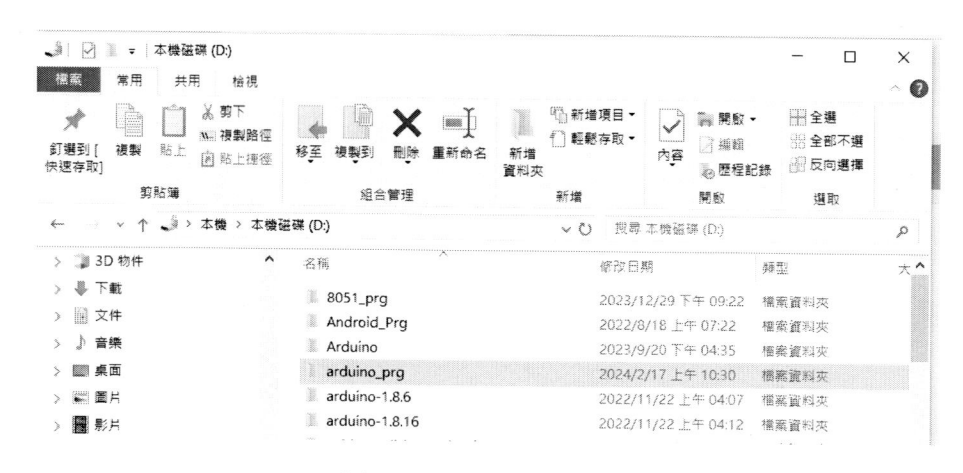

圖 40 開啟檔案總管

如下圖所示，筆者用檔案總管，開啟筆者作業系統預設之下載處，路徑為：本機>下載>，可以看到作業系統預設之下載處，可以看到剛剛下載檔案：『pycharm-community-2024.2.exe』。

~ 77 ~

圖 41 開啟 pycharm 下載之目錄資料夾

如下圖所示，筆者用檔案總管，開啟筆者作業系統預設之下載處，路徑為：本機>下載>，可以看到作業系統預設之下載處，可以看到剛剛下載檔案：『pycharm-community-2024.2.exe』。

如下圖 1 號紅框處，請用滑鼠點選下載檔案：『pycharm-community-2024.2.exe』後，按下滑鼠右鍵後，出現快捷選項，請選如下圖 2 號紅框處，選取『以系統管理員身分執行』的選項，來執行下載檔案：『pycharm-community-2024.2.exe』。

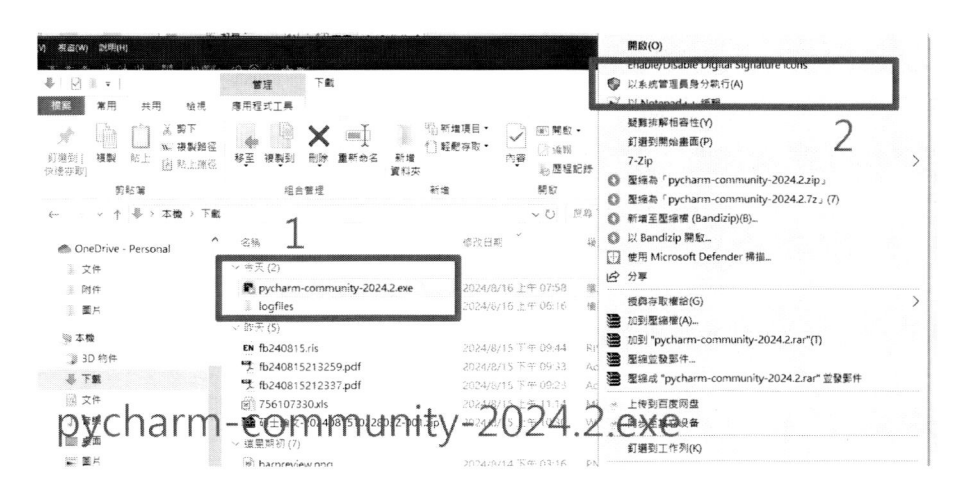

圖 42 開啟 PyCharm 下載檔

如下圖所示，您會進入到 PyCharm 的軟體開發環境的介面，如果有之前安裝

~ 78 ~

的畫面，會出現下圖所示之畫面。

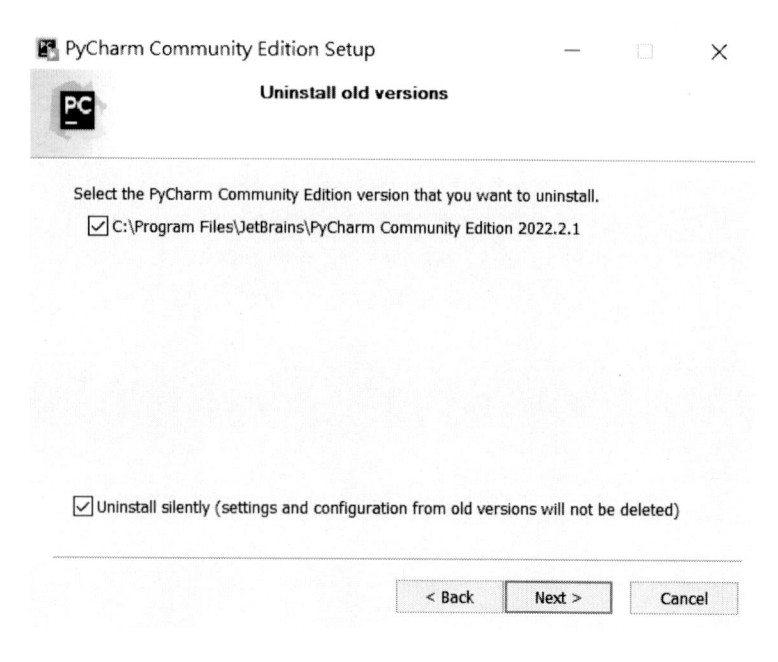

圖 43 如果有安裝前版本，會出現以下畫面

如下圖所示，PyCharm 安裝軟體會請您卸載先前的 PyCharm 軟體，請選擇下列選項：這裡只移除前面版本。

圖 44 這裡只移除前面版本

如下圖所示，請選擇保留舊版本設定。

圖 45 保留舊版本設定

如下圖所示，請選擇 [Next >] 圖示，進行下一步。

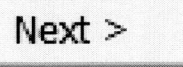

圖 46 下一步安裝

如下圖所示，在安裝 PyCharm 軟體之前，請將舊版本先行移除。

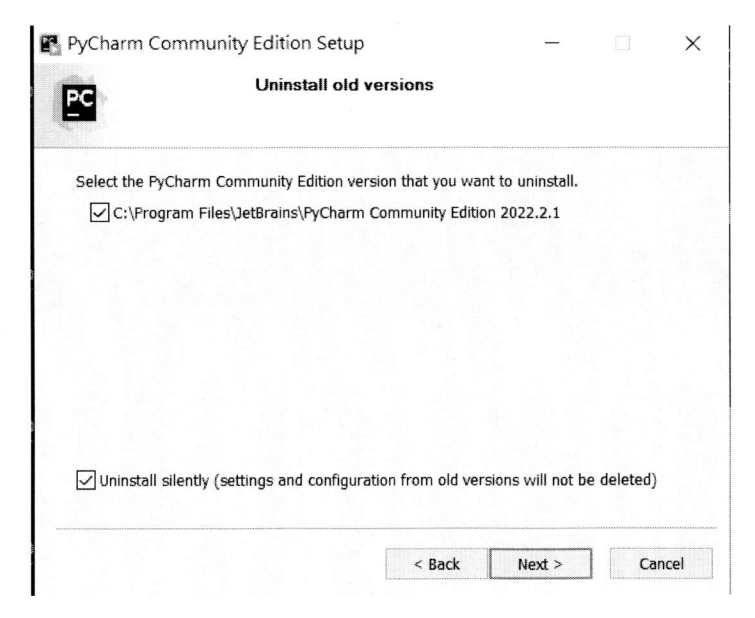

圖 47 請將舊版本先行移除

如上圖所示，如有舊版本，請先行移除將舊版本後。下圖所示，您會進入到 PyCharm 的軟體之安裝畫面，筆者選擇 [Next >] 圖示進行下一步。

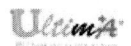

圖 48 新安裝，進入 pycharm 安裝畫面

如下圖所示，您會進入到 PyCharm 的安裝畫面，系統會出現預設安裝路徑，如讀者要變更安裝路徑，請點選下圖之 Browse... 圖示變更之，筆者選擇 Next > 圖示進行下一步。

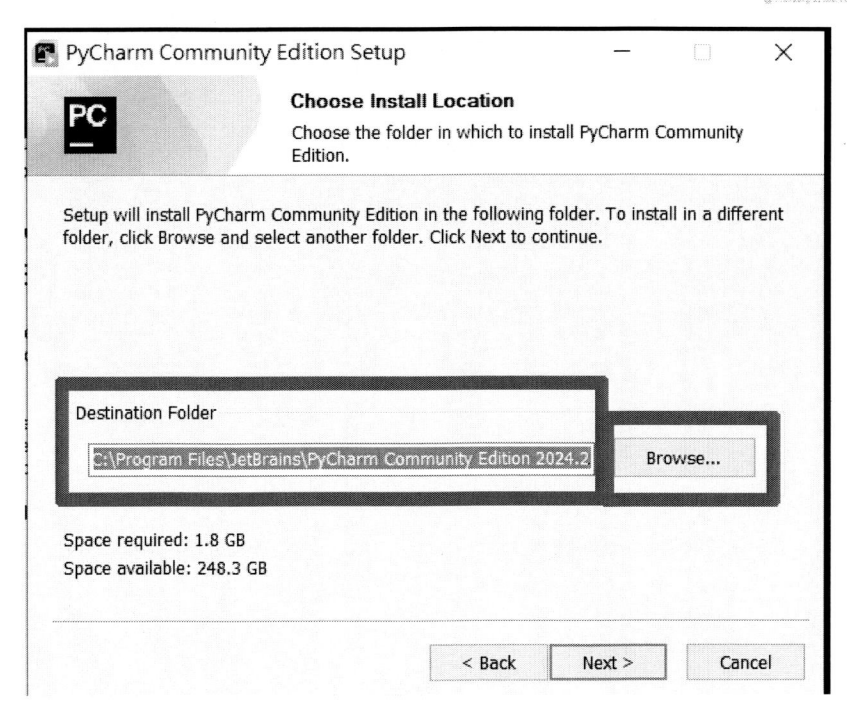

圖 49 選擇安裝目錄

如下圖所示，系統會出現預設安裝路徑，如讀者要變更安裝路徑，請點選下圖之 Browse... 圖示變更之，筆者選擇 Next > 圖示進行下一步安裝步驟。

圖 50 下一步

~ 82 ~

如下圖所示，您會進入到 PyCharm 安裝介面，出現 PyCharm 安裝選項，預設值都是沒有勾選☐。

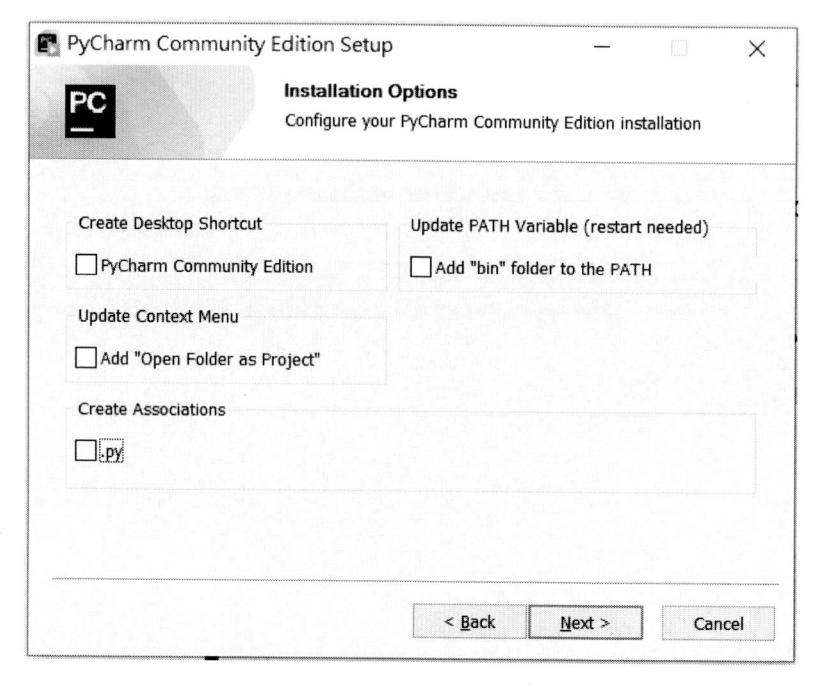

圖 51 PyCharm 安裝選項

如下圖所示，請選擇建立桌面 ICON，並選取☑勾選。

圖 52 建立桌面 ICON

如下圖所示，請選擇工具與 python 原始碼建立連結，並選取☑勾選。

圖 53 把 PyCharm 開發工具與 python 原始碼建立連結

如下圖所示，請選擇建立 PyCharm 執行檔路徑設定，並選取☑勾選。

圖 54 建立 PyCharm 執行檔路徑設定

如下圖所示，請選擇建立桌面 ICON，並選取☑勾選。

圖 55 建立專案資料夾的選項設定

如下圖所示，完成 PyCharm 安裝選項後，將全部選取☑勾選後，選擇 Next > 圖示進行下一步安裝步驟。

圖 56 下一步安裝

如下圖所示，請為 PyCharm 軟體開發環境建立安裝 Menu 選項，選擇 Install 圖示進行下一步安裝步驟。

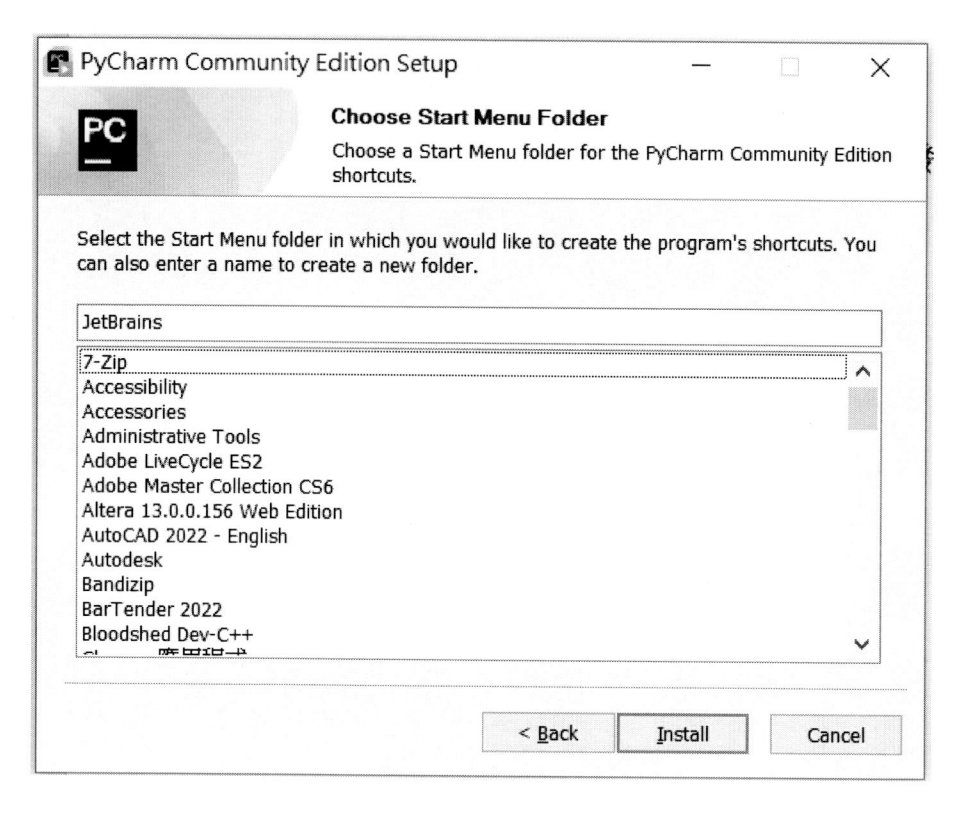

圖 57 安裝 Menu 選項

如下圖所示，請選擇 Install 圖示進行下一步安裝步驟。

~ 85 ~

圖 58 開始安裝

如下圖所示，您會進入到 PyCharm 安裝中的介面。

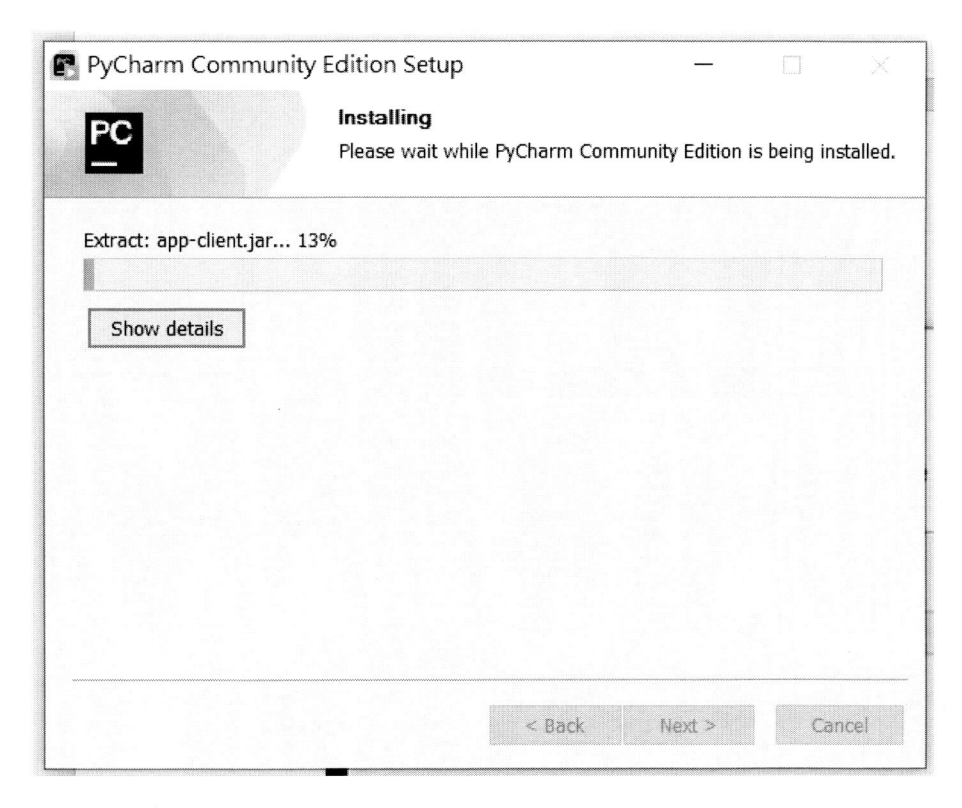

圖 59 PyCharm 安裝中

如下圖所示，您會看到 PyCharm 安裝完成的畫面，讀者可以選擇 Reboot now 馬上重啟系統，或是選擇 I want to manually reboot later 後續再自行選擇重啟系統。

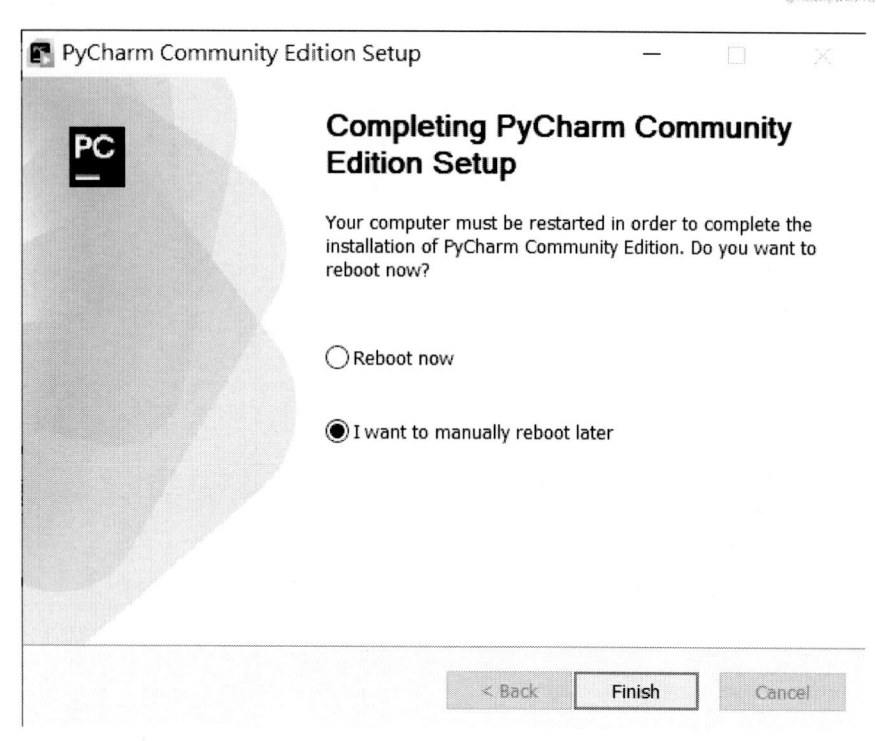

圖 60 PyCharm 安裝完成

如下圖所示，請點選 **Finish** 圖示完成 PyCharm 軟體安裝程序。

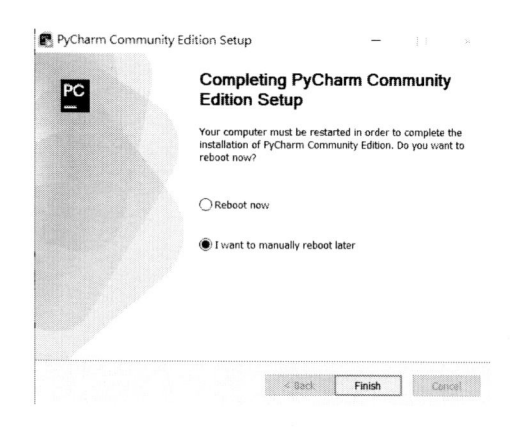

圖 61 按下 Finish 離開安裝畫面

如下圖所示，如果安裝完成，可以在桌面看到 PyCharm ICON。

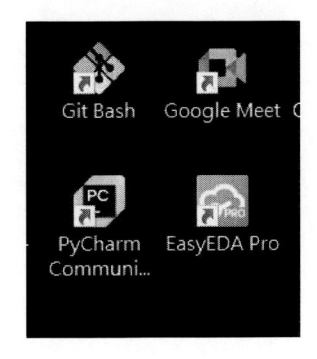

圖 62 可以在桌面看到 PyCharm ICON

## 測試 PyCharm 是否安裝成功

如果為了測試 PyCharm 是否安裝成功，如下圖所示，可以在執行列輸入"PyCharm"，如 PyCharm 安裝成功，會出現下列圖示。

圖 63 可以在執行列輸入"PyCharm"

如下圖所示，筆者執行列輸入"PyCharm"，可以看到 PyCharm 軟體執行圖示，為『PyCharm Community Edition』的文字與 圖示介面，代表 PyCharm 已經成功安裝，請可以運行。

圖 64 可以看到 PyCharm Community Edition

如下圖紅框處所示，請點選『PyCharm Community Edition』的文字與圖示介面，執行 PyCharm Community Editi。

圖 65 請執行 PyCharm Community Edition

如下圖所示，當執行 PyCharm Community Edition 後，會看到 PyCharm Community Edition 執行圖示畫面。

~ 89 ~

圖 66 PyCharm Community Edition 執行圖示

如下圖所示，如果讀者是第一次執行 PyCharm Community Edition，會出現下圖所示畫面，請問使用者是否匯入 Visual Studio Code 的系統選項，筆者選擇『Skip import』 的設定。

圖 67 選擇 Skip import

如下圖所示，由於首次執行 PyCharm Community Edition，會看到下列完全初始化畫面。

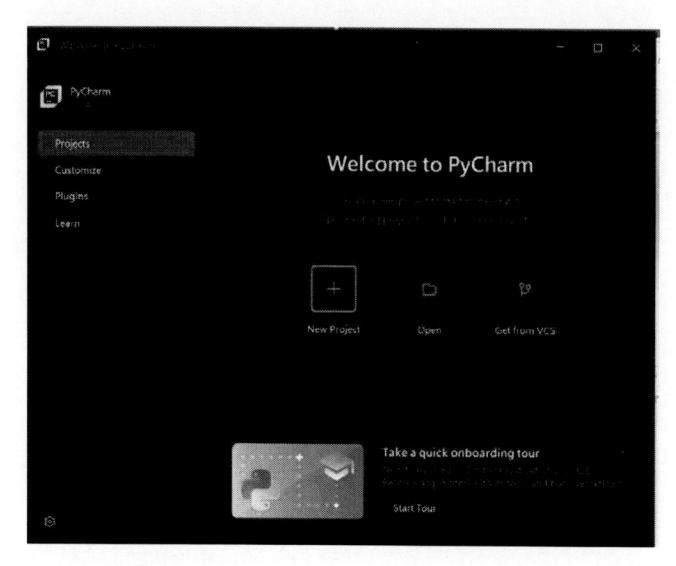

圖 68 首次執行 PyCharm Community Edition

如下圖所示，由於是首次執行 PyCharm Community Edition，請選 ![Open] 圖示，進入開啟已存在之 PyCharm 專案資料夾。

圖 69 開啟已存在之 PyCharm 專案資料夾

如下圖所示，請選 D:\pyprg 路徑，開啟已存在之 PyCharm

專案資料夾 D:\pyprg 資料夾。

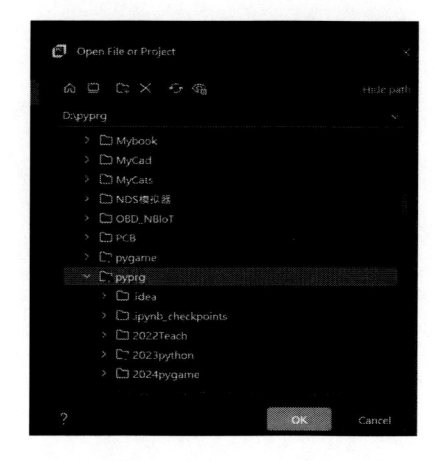

圖 70 選擇 Python 系統專案資料夾

如下圖所示，由於是首次執行 PyCharm Community Edition，請選 OK 圖示，設定 PyCharm 專案資料夾為 D:\pyprg 資料夾。

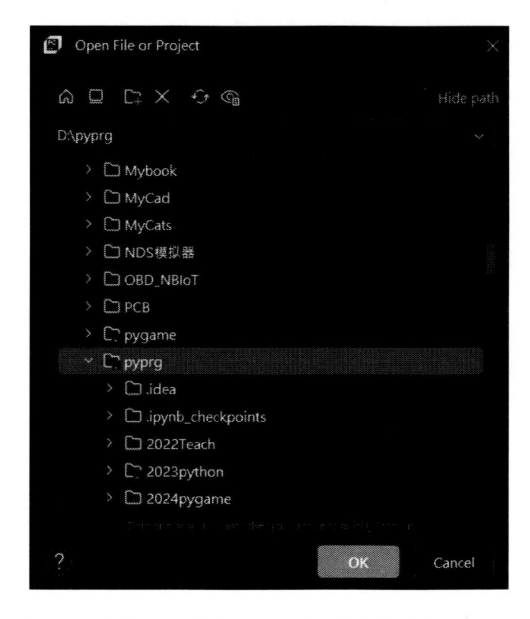

圖 71 設定 pyprg 為專案路徑

如下圖所示，請選 Trust Project 圖示，設定 PyCharm 專案資料夾為 D:\pyprg 資料夾，並開啟其讀寫權限。

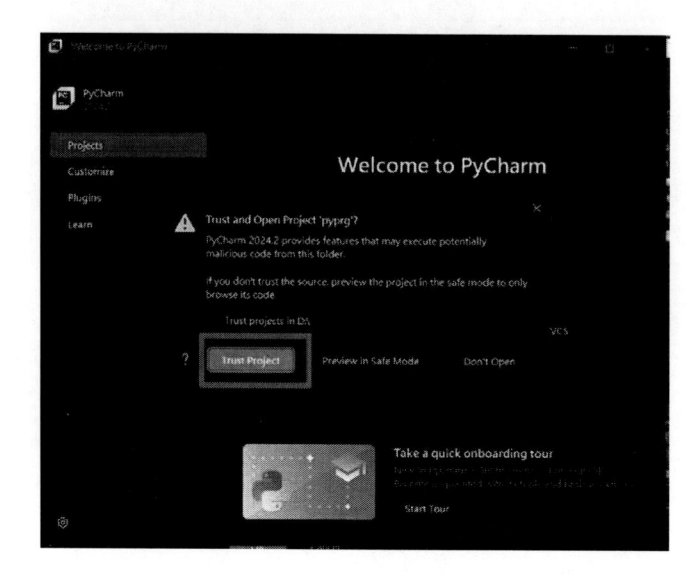

圖 72 設定 pyprg 為信任權限

如下圖所示，您會進入到首次執行 PyCharm 主畫面。

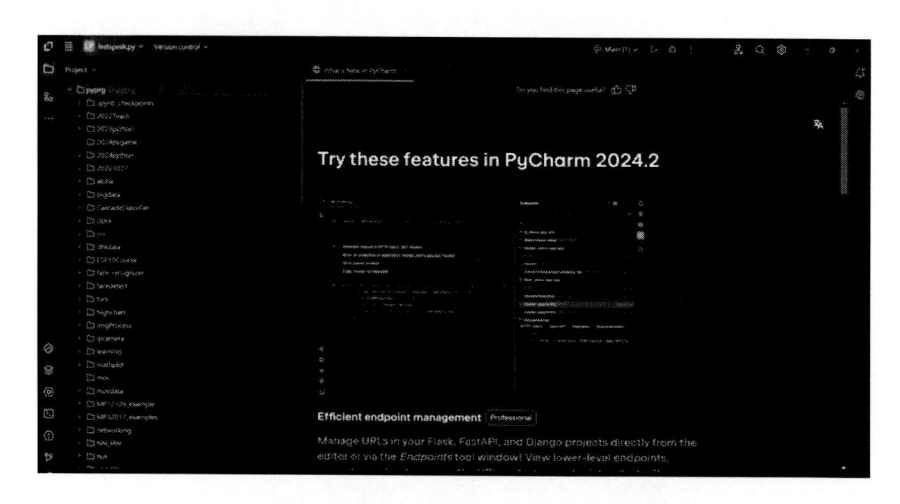

圖 73 首次執行 PyCharm 主畫面

## 建立開發基本專案環境

如下圖所示，為了建立開發基本專案環境，請選擇開啟檔案總管。

圖 74 開啟檔案總管

如下圖所示，請選擇非 C 磁碟之外的硬碟，這是筆者開發的習慣，不會將開發的原始碼與相關資輛儲存在 C 磁碟。

圖 75 在非 C 磁碟之外

如下圖所示，筆者選擇 D 磁碟。

~ 94 ~

圖 76 本文在 D 磁碟

如下圖所示，筆者使用檔案總管，在 D 磁碟根目錄下，建立一個資料夾並命名為『pyprg』，就是請建立『pyprg』資料夾

圖 77 建立一個資料夾

如下圖所示，筆者使用檔案總管，進入『D:\pyprg』的資料夾。

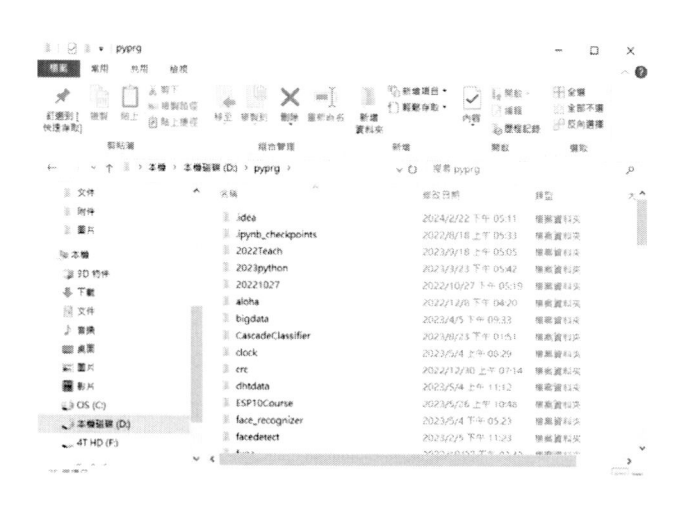

圖 78 選到 p y p r g

如下圖所示，您會看到『D:\pyprg』的資料夾。

圖 79 選到 p y p r g

如下圖所示，筆者使用檔案總管，進入『D:\pyprg』的資料夾後，選擇新增資料夾的功能。

圖 80 建立新資料夾

如下圖所示，您會進入到 PyCharm 的軟體開發環境的介面。建立 2024pygame，讀者也可以建立其他自己命名的專案資料夾

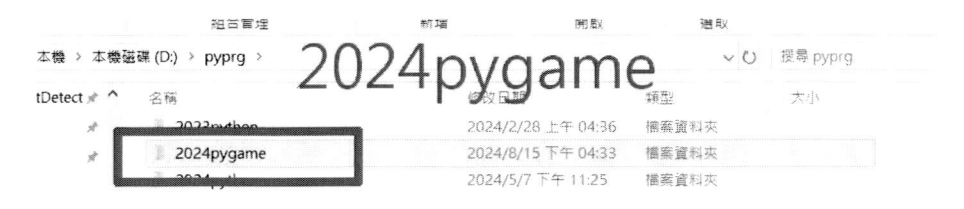

圖 81 建立 2024pygame 資料夾

如下圖所示，您會進入到 PyCharm 的軟體開發環境的主介面。

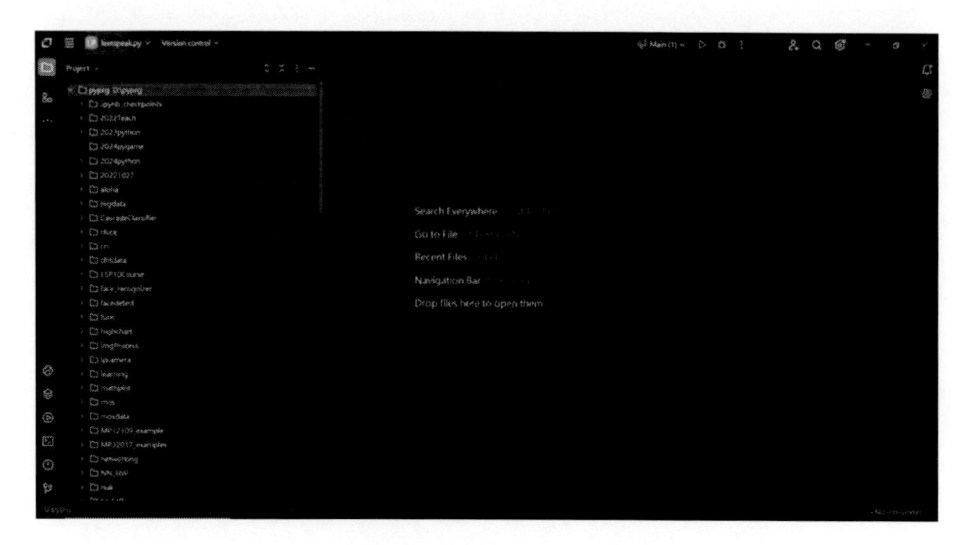

圖 82 回到 PyCharm 主畫面

如下圖所示，您請使用 Open... 開啟專案的選項。

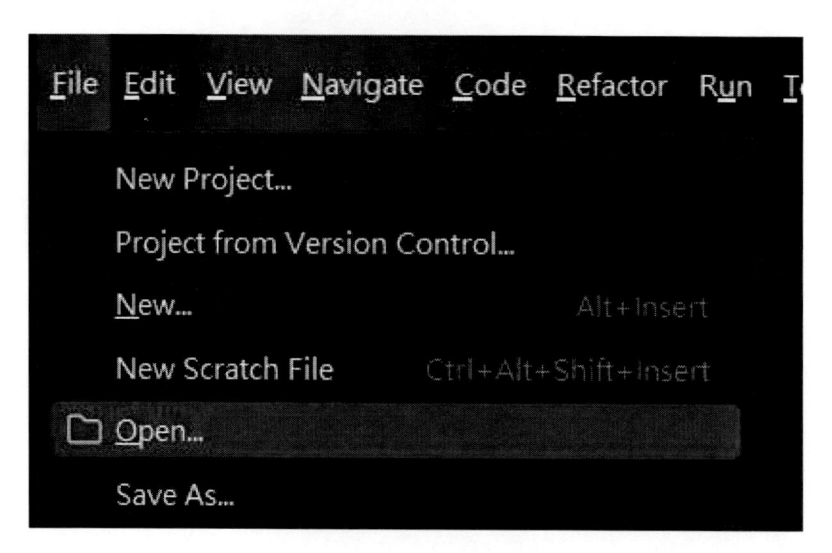

圖 83 選開啟專案

如下圖所示，選擇剛剛建立的ｐｙｐｒｇ資料夾後，點選 OK 圖示。

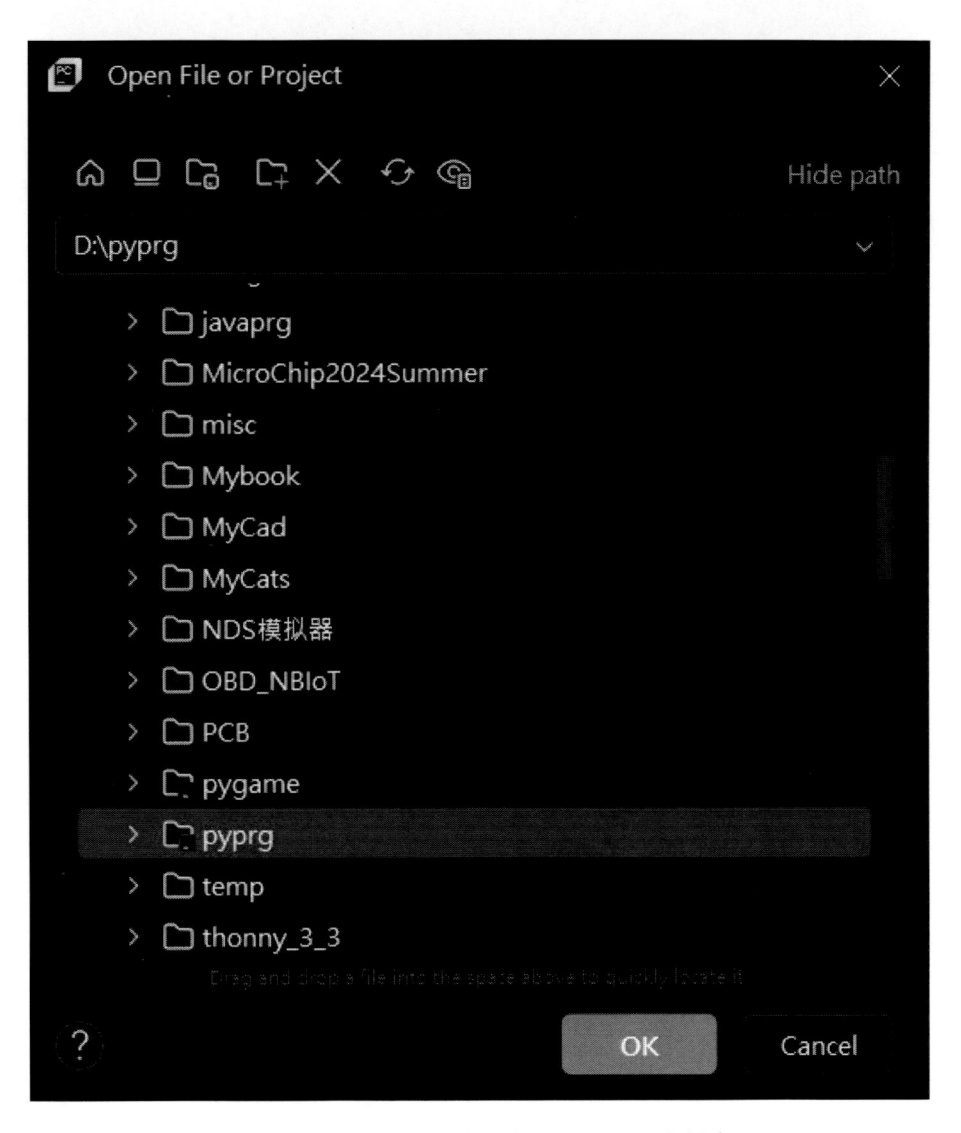

圖 84 選擇剛剛建立的ｐｙｐｒｇ資料夾

如下圖所示，您會進入到 PyCharm 的軟體開發環境的介面。

~ 98 ~

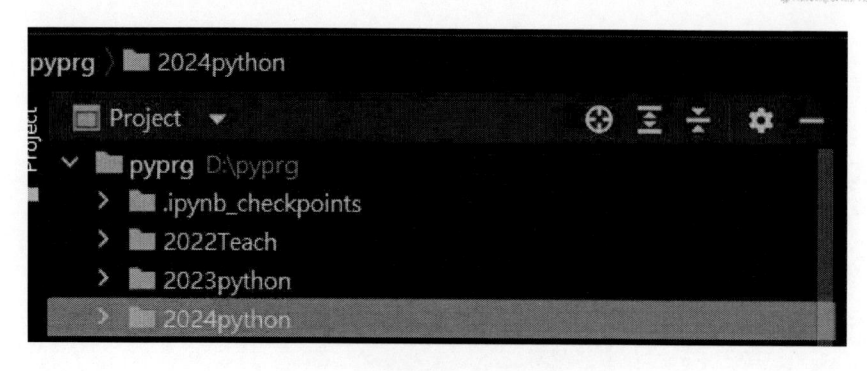

圖 85 在選剛剛建立之專案資料夾

如下圖所示，您會進入到 PyCharm 的軟體開發環境的介面按下 OK。

圖 86 按下 OK

如下圖所示，PyCharm 選到『D:\pyprg』的資料夾後，看到下列畫面。

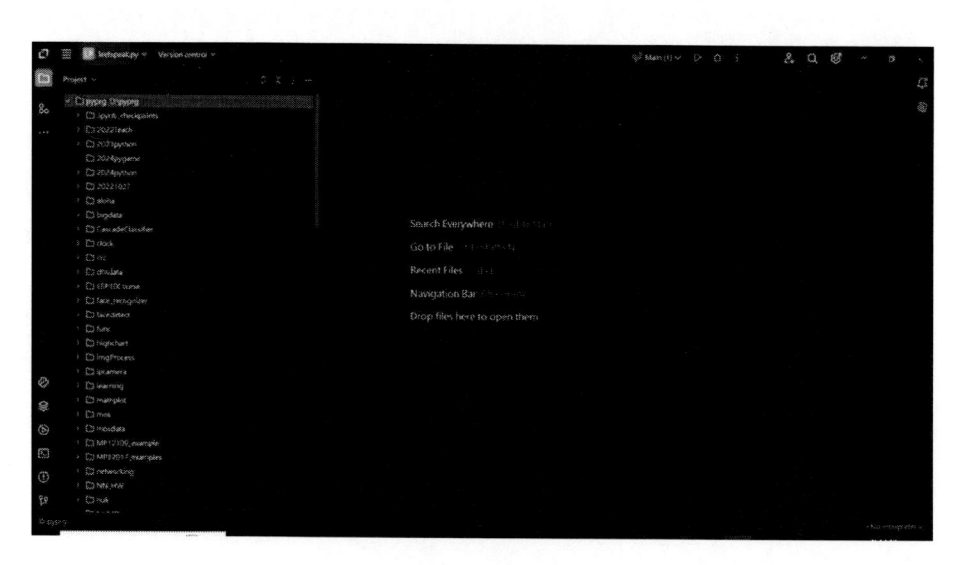

圖 87 選到 pyprg

~ 99 ~

如下圖所示，選到『D:\pyprg』的資料夾後，看到下列畫面，請在選擇『D:\pyprg』的資料夾下面的『pygame』的資料夾後會進入到 PyCharm 的軟體開發環境的介面。

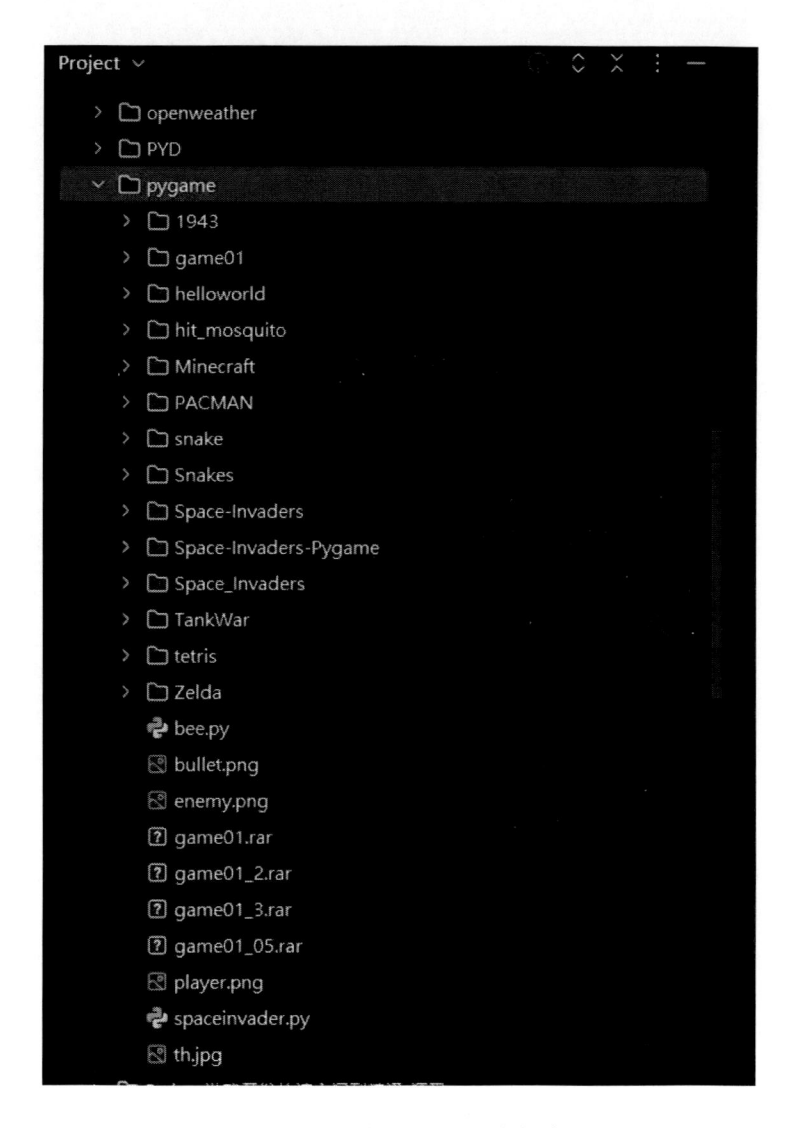

圖 88 點開 pygame 資料夾

如下圖所示，您選到 pygame 資料夾後，選取 圖示，開

啟 D:\pyprg\pygame 資料夾。

```
∨ ☐ pygame
  › ☐ 1943
  › ☐ game01
  › ☐ helloworld
  › ☐ hit_mosquito
  › ☐ Minecraft
  › ☐ PACMAN
  › ☐ snake
  › ☐ Snakes
  › ☐ Space-Invaders
  › ☐ Space-Invaders-Pygame
  › ☐ Space_Invaders
  › ☐ TankWar
  › ☐ tetris
  › ☐ Zelda
    🐍 bee.py
    🖼 bullet.png
    🖼 enemy.png
    ❓ game01.rar
    ❓ game01_2.rar
    ❓ game01_3.rar
    ❓ game01_05.rar
    🖼 player.png
    🐍 spaceinvader.py
    🖼 th.jpg
```

圖 89 開啟 D:\pyprg\pygame 資料夾

如下圖所示，您會進入到 D:\pyprg\pygame 資料夾下面所有子資料夾與檔案，這裡請讀者注意，由於筆者攥寫本書很長時間，D:\pyprg\pygame 資料夾有許多練習

~ 101 ~

與範例等資料夾與檔案，讀者面對的畫面應該是空的 D:\pyprg\pygame 資料夾。

```
∨ 📁 pygame
  > 📁 1943
  > 📁 game01
  > 📁 helloworld
  > 📁 hit_mosquito
  > 📁 Minecraft
  > 📁 PACMAN
  > 📁 snake
  > 📁 Snakes
  > 📁 Space-Invaders
  > 📁 Space-Invaders-Pygame
  > 📁 Space_Invaders
  > 📁 TankWar
  > 📁 tetris
  > 📁 Zelda
    🐍 bee.py
    🖼 bullet.png
    🖼 enemy.png
    ❓ game01.rar
    ❓ game01_2.rar
    ❓ game01_3.rar
    ❓ game01_05.rar
    🖼 player.png
    🐍 spaceinvader.py
    🖼 th.jpg
```

圖 90 出現專案資料夾下所有檔案與目錄

如下圖所示，請先選擇 D:\pyprg 資料夾後，在選擇 D:\pyprg\pygame 資料夾，如下圖 1 號紅框處，按下滑鼠右鍵，出現快捷選單，在選圖 2 號紅框處，選擇

~ 102 ~

的圖示後，會出現新的快捷選單，在移動滑鼠位置到下圖 3 號紅框處，選擇 Python File 圖示，建立一個新的 python 程式碼。

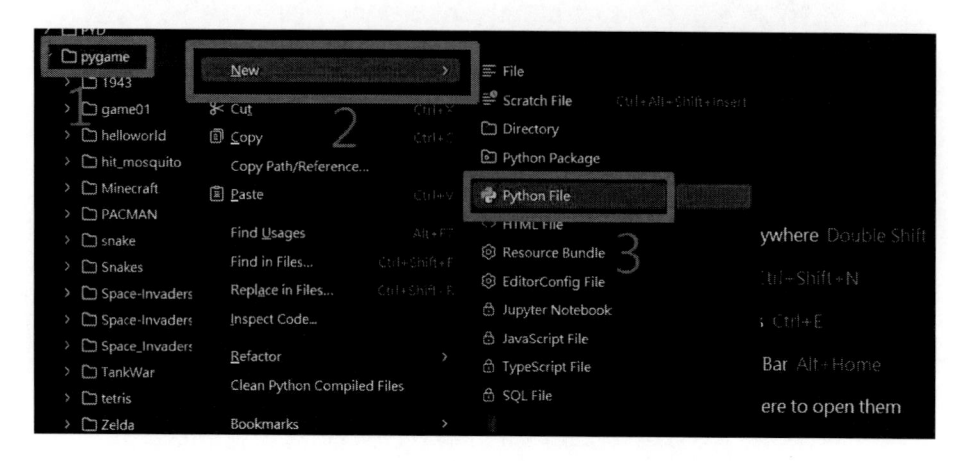

圖 91 建立一支新的 python 程式

　　如下圖所示，PyCharm 軟體開發環境會要求輸入新 Python 程式碼檔案名稱，請在下圖紅框處輸入一個檔名。

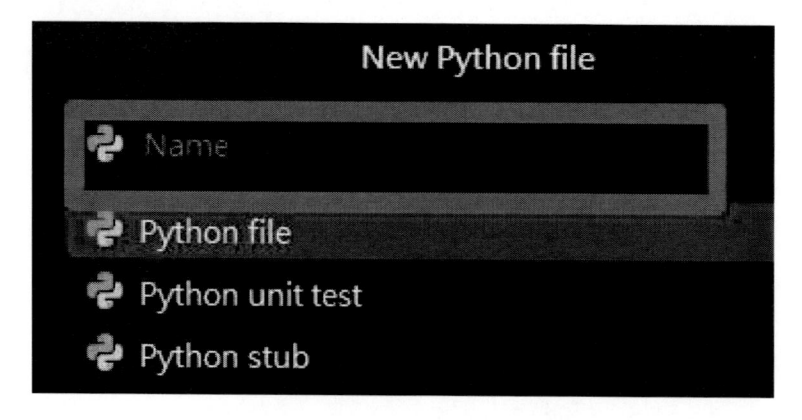

圖 92 要求輸入新 Python 程式碼檔案名稱

~ 103 ~

如下圖所示，PyCharm 軟體開發環境會要求輸入新 Python 程式碼檔案名稱，請在下圖紅框處輸入一個檔名，請輸入『myfirstpython』檔為該之 Python 原始碼檔案之檔案名稱，並按下 Enter 鍵。

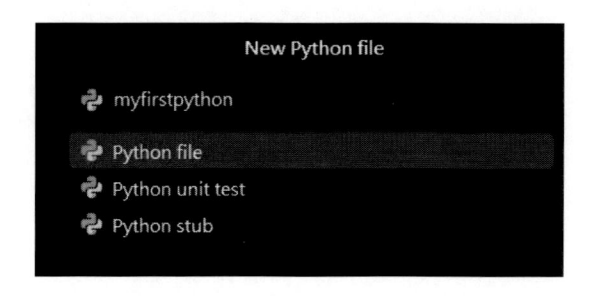

圖 93 輸入 myfirstpython 檔名

如下圖所示，您會進入到 myfirstpython 程式區編輯區介面。

圖 94 myfirstpython 程式區編輯區

~ 104 ~

如下圖所示，您會進入到 myfirstpython 程式區編輯區介面，攥寫第一支 myfirstpython 程式，輸入下表程式碼：

```
print("This is my first python program")
```

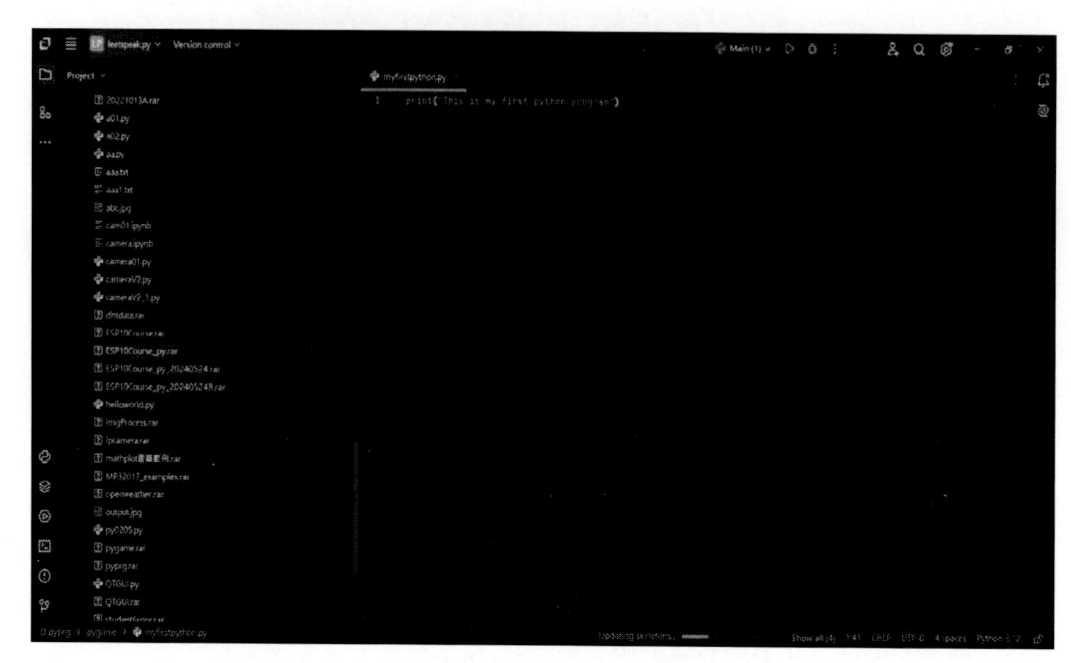

圖 95 攥寫第一支 myfirstpython 程式

如下圖所示，您會進入到 PyCharm 的軟體開發環境的介面，在 myfirstpython 程式編輯區內，按下滑鼠右鍵出現快捷選單。

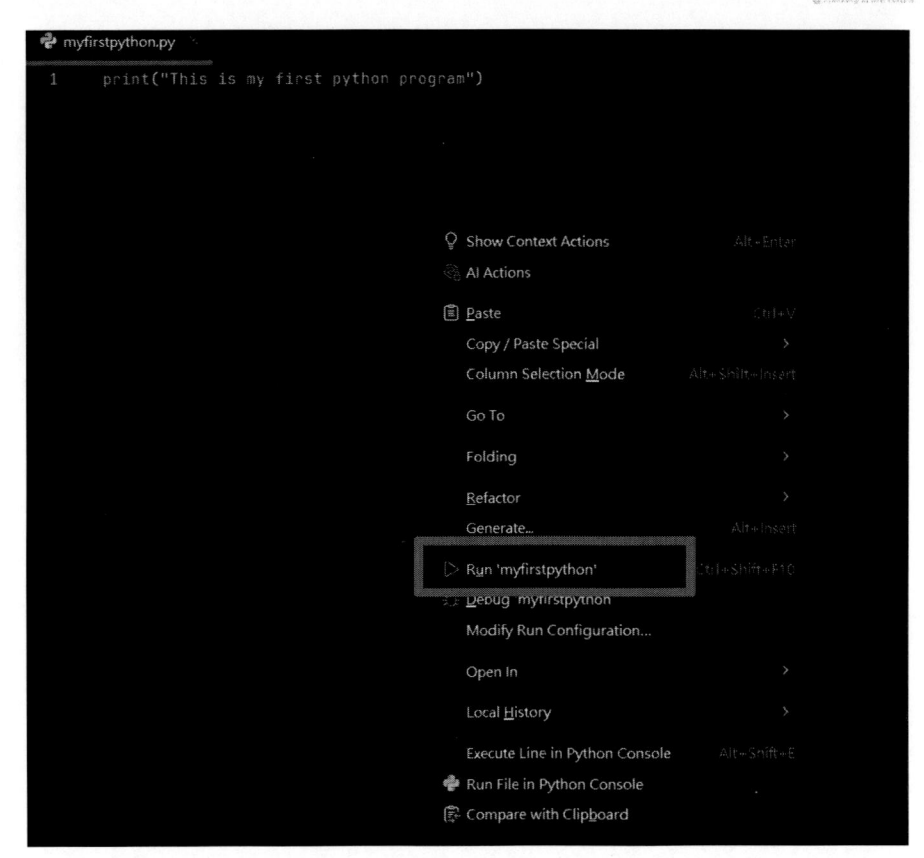

圖 96 按下滑鼠右鍵出現快捷選單

如下圖所示，出現執行功能的介面，可以看到 的圖示。

圖 97 出現 Run XXXXX

如下圖所示，您會進入到 PyCharm 的軟體開發環境的介面，XXXX 跟上方頁籤一樣名稱。

圖 98 XXXX 跟上方頁籤一樣名稱

如下圖所示，選擇 的圖示後執行該程式，出現結果視窗。

圖 99 執行該程式，出現結果視窗

如下圖所示，您看到 PyCharm 的軟體開發環境的介面，下方為 Outout Console，

~ 107 ~

會出現 myfirstpython 程式的執行結果之輸出內容。

```
C:\Users\prgbr\AppData\Local\Programs\Python\P
This is my first python pro  gram

Process finished with exit code 0
```

圖 100 有下面畫面

如下圖所示，在 PyCharm 的軟體開發環境的介面中可以產生程式執行解果，代表 Python 開發編譯工具與 PyCharm 整合開發工具已經完全整合，已經可以開始設計 python。

```
myfirstpython

C:\Users\prgbr\AppData\Local\Programs\Python\Python312\python.exe D:\pyprg\pygame\myfirstpython.py
This is my first python pro  gram

Process finished with exit code 0
```

圖 101 代表已可以開始設計 python

# 安裝套件

## Python 環境安裝 PyGame 套件

為了安裝本書所需要的套件，請在桌面執行列，本書環境為 Windows10/64 位元繁體版之作業系統環境，如下圖所示，請在桌面左下角，找到執行列一區。

~ 108 ~

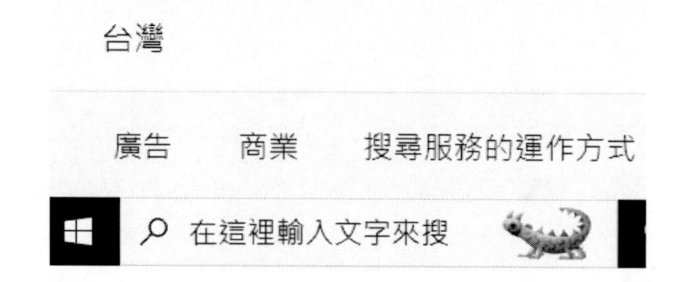

圖 102 桌面執行列

如下圖所示，請在桌面左下角，找到執行列一區輸入『dos』關鍵字，按下 enter 鍵。

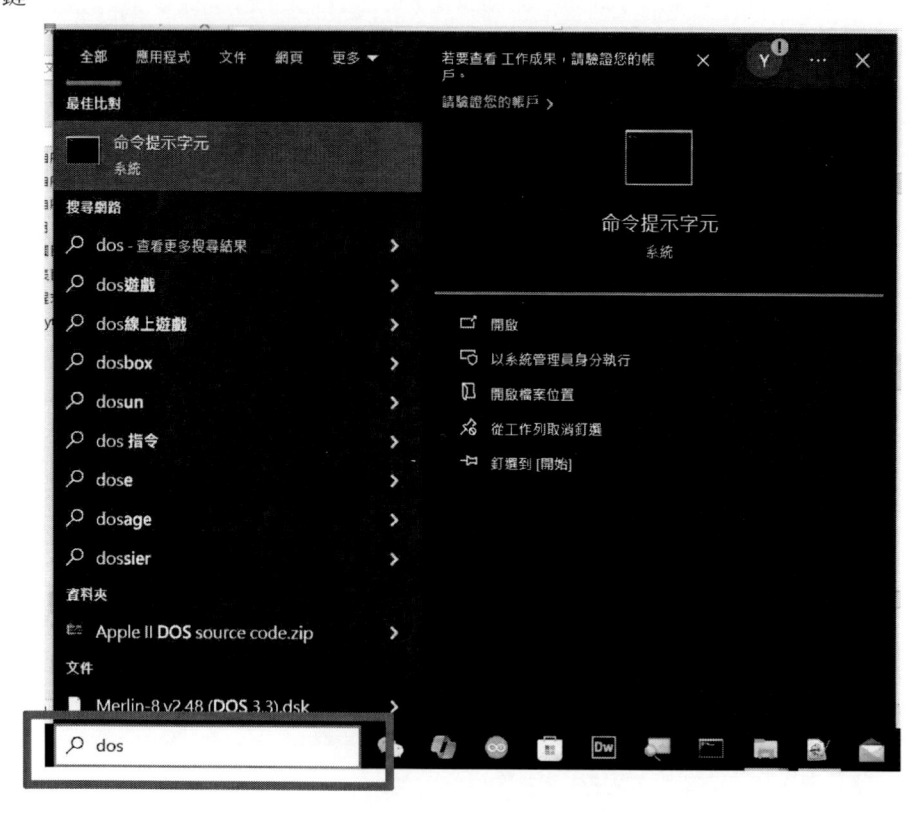

圖 103 Window 執行列輸入命令

如下圖所示，在執行列一區輸入『dos』關鍵字，按下 enter 鍵後，我們可以看

~ 109 ~

到命令提示字元圖示出現在下圖所示之紅框區。

圖 104 看到命令提示字元圖示

如下圖所示，我們可以看到命令提示字元圖示出現後，在下圖所示之右方，可以看到『以系統管理員身分執行』的選項，請點選下圖所示之紅框區，點選『以系統管理員身分執行』的選項。

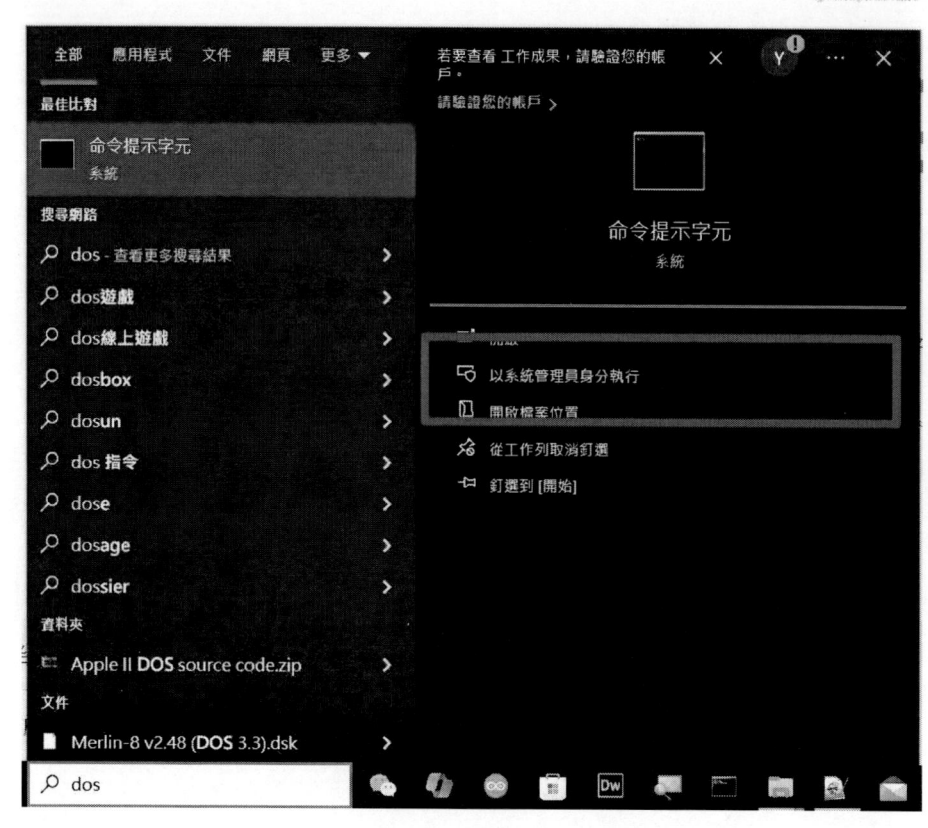

圖 105 請使用系統管理員身分執行

如下圖所示，我們可以看到出現系統管理員:命令提示字元視窗，系統會回到該視窗輸入處等待輸入。

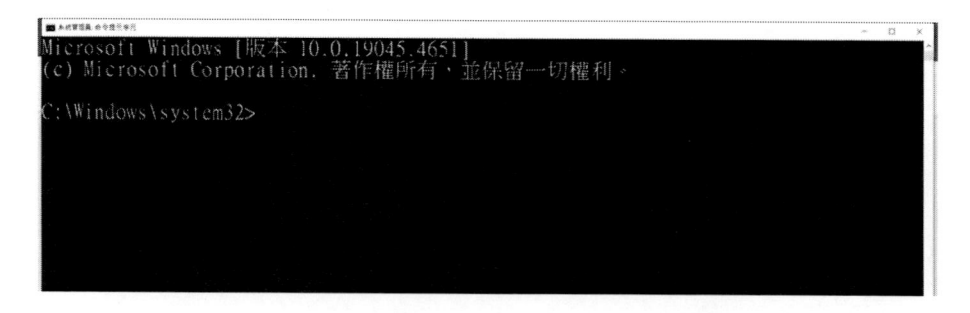

圖 106 出現系統管理員:命令提示字元視窗

~ 111 ~

如下圖所示，請在系統管理員:命令提示字元視窗中，輸入安裝 pygame 套件命令:『pip install pygame』後，按下 enter 鍵。

圖 107 輸入安裝 pygame 套件命令

如下圖所示，在系統管理員:命令提示字元視窗中，輸入安裝 pygame 套件命令:『pip install pygame』後，按下 enter 鍵，可以看到下圖紅框處，出現安裝 pygame 套件的提示後，會出現安裝程序，最後出現『Successfully installed pygame-2.6.0』，這裡請讀者注意，pygame-x.x.x 的 字眼，x.x.x 不一定是 2.6.0，會隨著讀者安裝時的作業系統版本、Python 版本或其他因素，會出現不同版本的數字，總體而言，如果安裝沒有錯誤的話，安裝軟體『pip』版本是最新的話，pygame-x.x.x 的 x.x.x 的數字應該會是最新的版本。

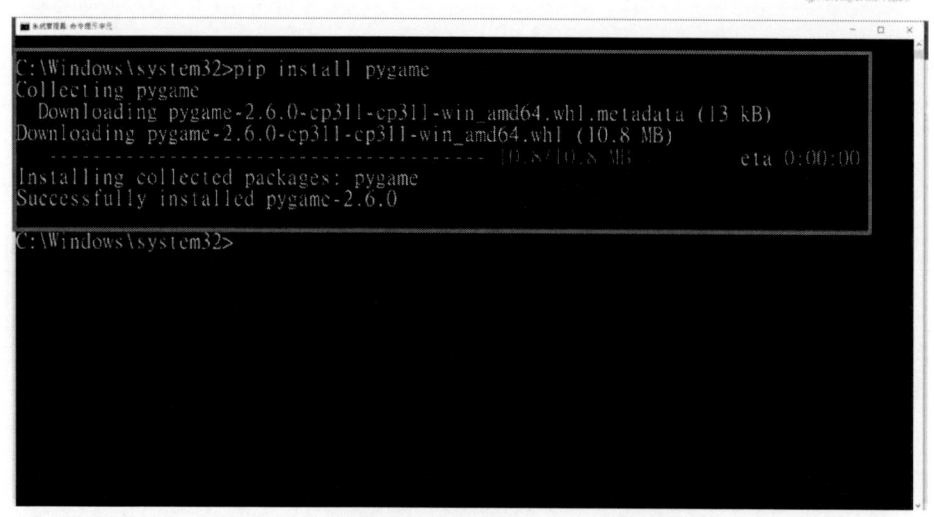

圖 108 完成安裝 pygame 套件

## Python 環境安裝 cocos2d 套件

　　為了安裝本書所需要的套件，請在桌面執行列，本書環境為 Windows10/64 位元繁體版之作業系統環境，如下圖所示，請在桌面左下角，找到執行列一區。

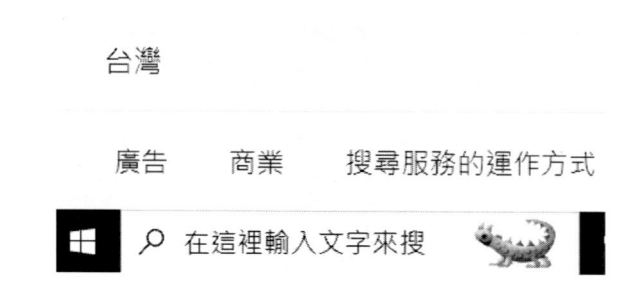

圖 109 桌面執行列

　　如下圖所示，請在桌面左下角，找到執行列一區輸入『dos』關鍵字，按下 enter 鍵。

圖 110 Window 執行列輸入命令

　　如下圖所示，在執行列一區輸入『dos』關鍵字，按下 enter 鍵後，我們可以看到命令提示字元圖示出現在下圖所示之紅框區。

圖 111 看到命令提示字元圖示

　　如下圖所示，我們可以看到命令提示字元圖示出現後，在下圖所示之右方，可以看到『以系統管理員身分執行』的選項，請點選下圖所示之紅框區，點選『以系統管理員身分執行』的選項。

圖 112 請使用系統管理員身分執行

如下圖所示,我們可以看到出現系統管理員:命令提示字元視窗,系統會回到該視窗輸入處等待輸入。

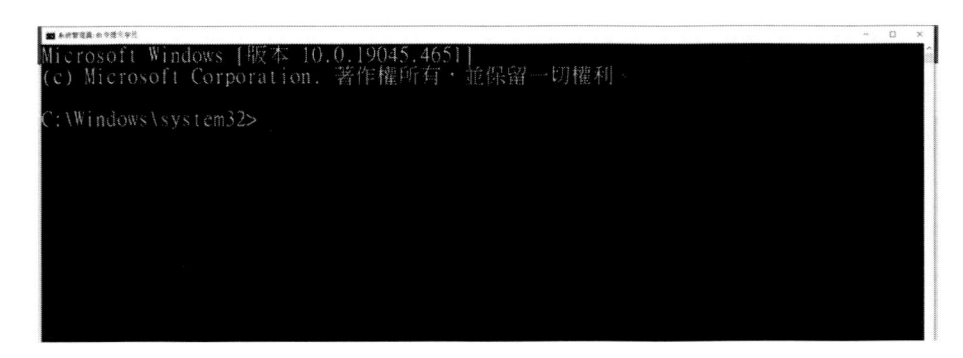

圖 113 出現系統管理員:命令提示字元視窗

~ 116 ~

如下圖所示，讀者會用到 Cocos2d 的遊戲開發軟體，可以在網址：https://www.cocos.com/cocos2d-x ，透過瀏覽器看到 cocos2d 官網畫面，此遊戲引擎在 2D 方面，成效非常好，筆者建議可以安裝 Cocos2d 的 2D 遊戲引擎。

圖 114 cocos2d 官網畫面

如下圖所示，請在系統管理員:命令提示字元視窗中，輸入安裝 Cocos2d 的 2D 遊戲引擎套件命令：『pip install cocos2d』後，按下 enter 鍵。

圖 115 輸入安裝 Cocos2d 的 2D 遊戲引擎套件命令

如下圖所示，在系統管理員:命令提示字元視窗中，輸入安裝 Cocos2d 的 2D 遊戲引擎套件命令：『pip install cocos2d』後，按下 enter 鍵，可以看到下圖紅框處，出現安裝 Cocos2d 的 2D 遊戲引擎套件的提示後，會出現安裝程序，最後出現『Successfully installed cocos2d-0.6.10 pyglet-1.5.29』，這裡請讀者注意，cocos2d-0.6.10 的 字眼，在 cocos2d-x.x.x 不一定是 0.6.10，會隨著讀者安裝時的作業系統版本、Python 版本或其他因素，會出現不同版本的數字，總體而言，如果安裝沒有錯誤的話，安裝軟體『pip』版本是最新的話，cocos2d-x.x.x 的 x.x.x 的數字應該會是最新的版本。

圖 116 完成安裝 Cocos2d 的 2D 遊戲引擎套件

## Python 環境安裝 numpy 套件

為了安裝本書所需要的套件，請在桌面執行列，本書環境為 Windows10/64 位元繁體版之作業系統環境，如下圖所示，請在桌面左下角，找到執行列一區。

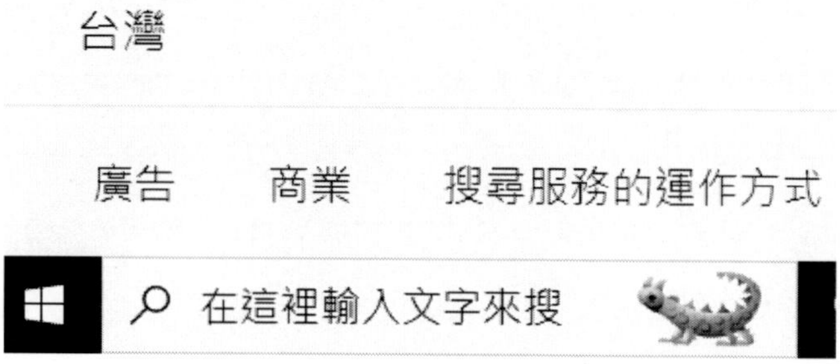

圖 117 桌面執行列

如下圖所示，請在桌面左下角，找到執行列一區輸入『dos』關鍵字，按下 enter 鍵。

圖 118 Window 執行列輸入命令

如下圖所示，在執行列一區輸入『dos』關鍵字，按下 enter 鍵後，我們可以看到命令提示字元圖示出現在下圖所示之紅框區。

圖 119 看到命令提示字元圖示

如下圖所示，我們可以看到命令提示字元圖示出現後，在下圖所示之右方，可以看到『以系統管理員身分執行』的選項，請點選下圖所示之紅框區，點選『以系統管理員身分執行』的選項。

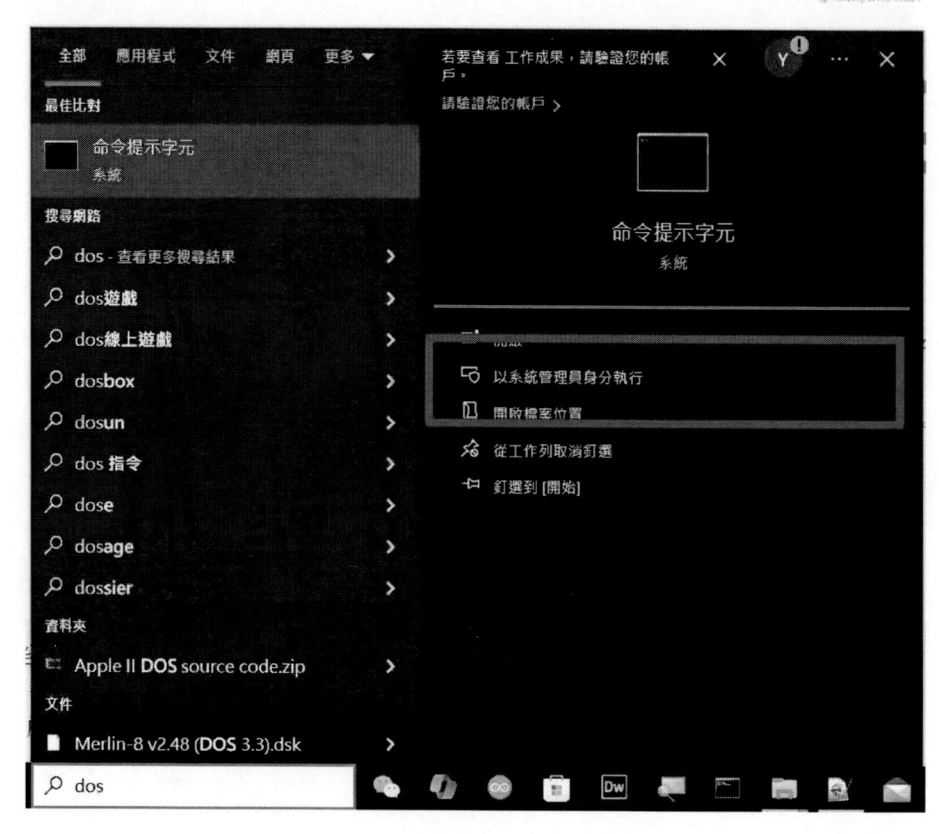

圖 120 請使用系統管理員身分執行

如下圖所示，我們可以看到出現系統管理員:命令提示字元視窗，系統會回到該視窗輸入處等待輸入。

圖 121 出現系統管理員:命令提示字元視窗

如下圖所示，請在系統管理員:命令提示字元視窗中，輸入安裝 numpy 套件命令：『pip install numpy』後，按下 enter 鍵。

圖 122 輸入安裝 numpy 套件命令

　　如下圖所示，在系統管理員:命令提示字元視窗中，輸入安裝 numpy 套件命令：『pip install numpy』後，按下 enter 鍵，可以看到下圖紅框處，出現安裝 numpy 套件的提示後，會出現安裝程序，最後出現『Successfully installed numpy-2.0.1』，這裡請讀者注意，numpy-2.0.1 的 字眼，numpy-x.x.x 不一定是 2.0.1，會隨著讀者安裝時的作業系統版本、Python 版本或其他因素，會出現不同版本的數字，總體而言，如果安裝沒有錯誤的話，安裝軟體『pip』版本是最新的話，numpy-x.x.x 的 x.x.x 的數字應該會是最新的版本。

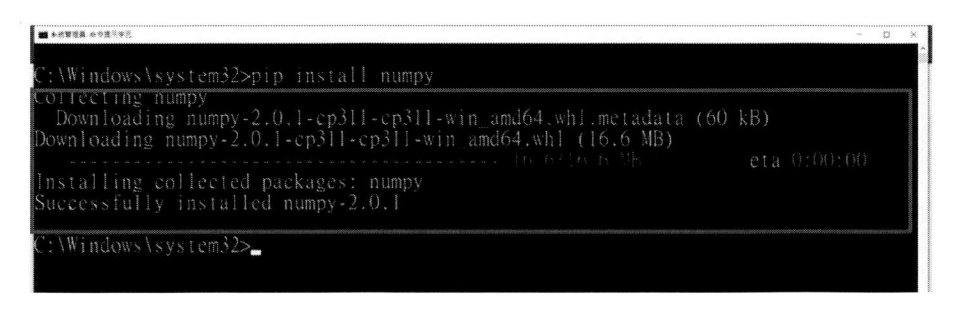

圖 123 完成安裝 numpy 套件

~ 122 ~

## PyCharm 環境安裝 PyGame 套件

為了安裝本書所需要的套件，請在桌面執行列，本書環境為 Windows10/64 位元繁體版之作業系統環境，如下圖所示，請在桌面左下角，找到執行列一區。

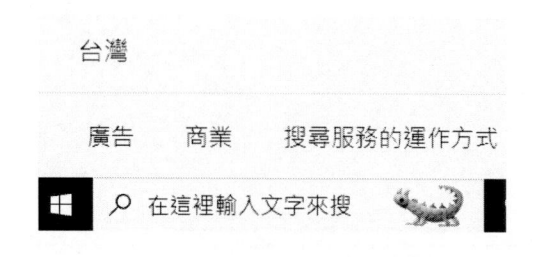

圖 124 桌面執行列

如下圖所示，請在桌面左下角，找到執行列一區輸入『pycharm』關鍵字，按下 enter 鍵。

圖 125 Window 執行列輸入 pycharm

如下圖所示，在執行列一區輸入『pycharm』關鍵字，按下 enter 鍵後，我們可以看到 PyCharm Community Edition 圖示出現在下圖所示之紅框區。

圖 126 看到 PyCharm Community Edition 圖示

　　如下圖所示，我們可以看到 PyCharm Community Edition 圖示出現後，在下圖所示之左方，請點選下圖所示之紅框區，點選『PyCharm Community Edition』的選項。

圖 127 請使用系統管理員身分執行

如下圖所示，我們可以進 PyCharm 編輯器的主畫面。

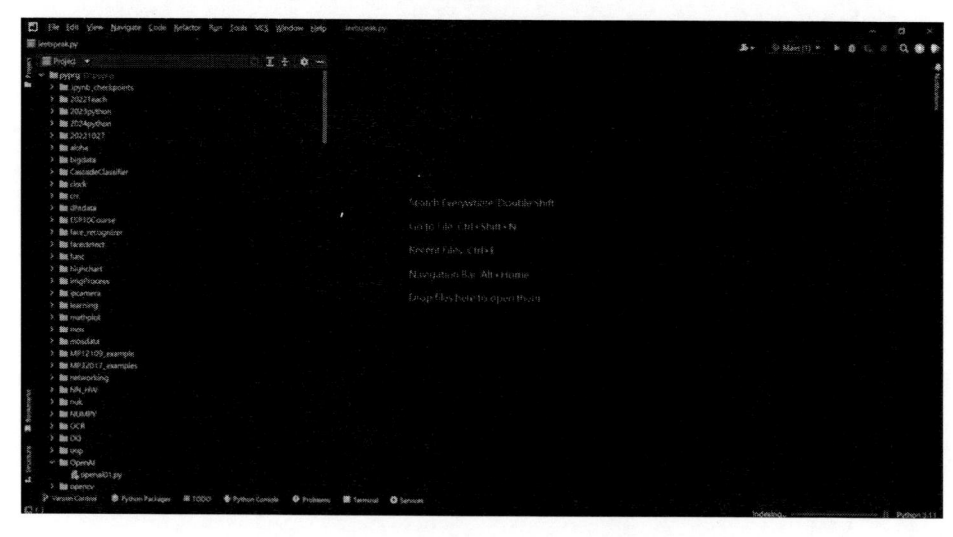

圖 128 出現 PyCharm 主畫面

~ 125 ~

如下圖所示，要進入 PyCharm 編輯器的設定選項，請先點選 1 號紅框後，再點選 2 號。

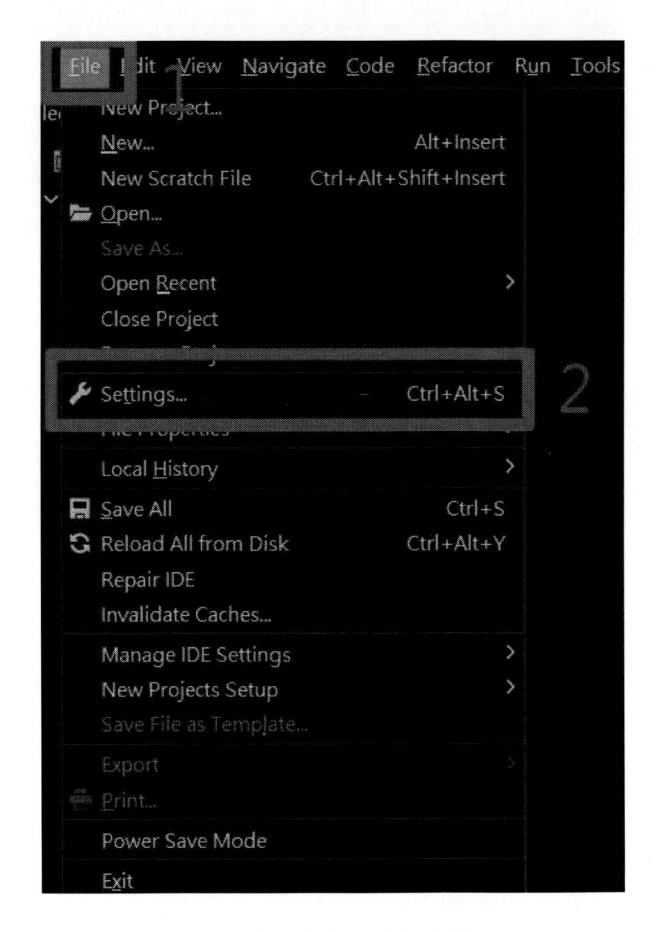

圖 129 進入設定選項

依上述動作後，如下圖所示，進入 PyCharm 編輯器的設定選項，出現 PyCharm 設定選項畫面。

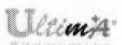

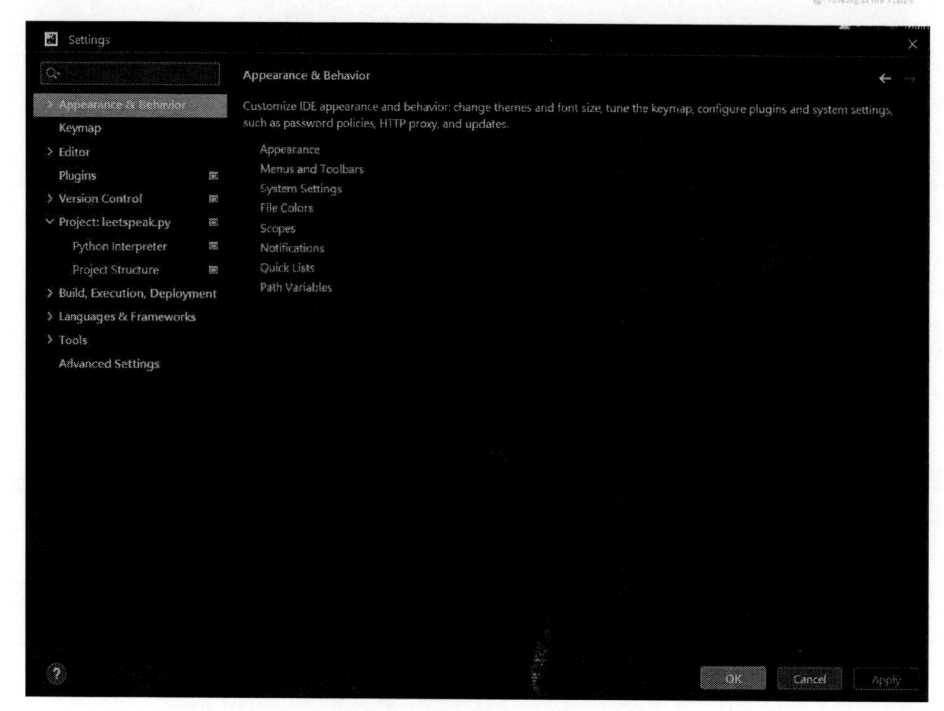

圖 130 PyCharm 設定選項畫面

　　如下圖所示，請點選下圖紅框處 1 後，再點選下圖紅框處 2 後，切換到 PyCharm 安裝套件畫面。

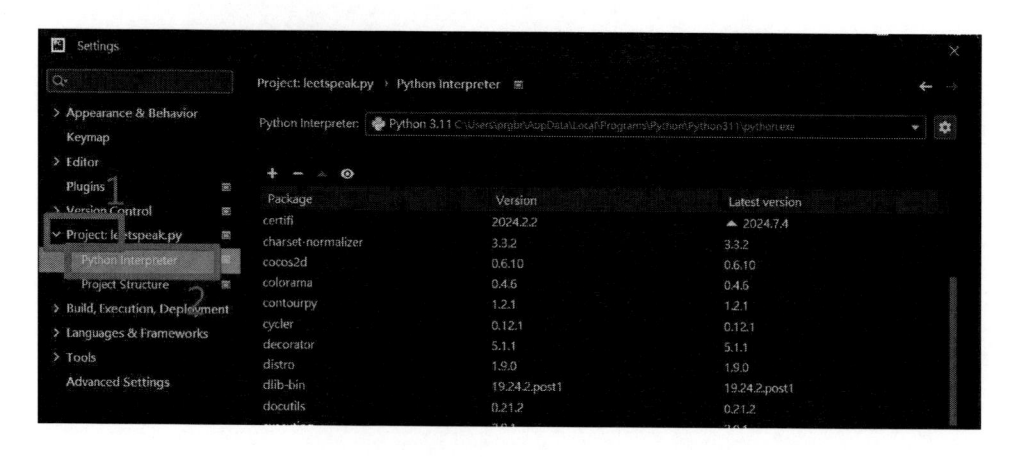

圖 131 切換到 PyCharm 安裝套件畫面

如下圖所示，我們進入到 PyCharm 安裝套件畫面，準備新增一個套件。

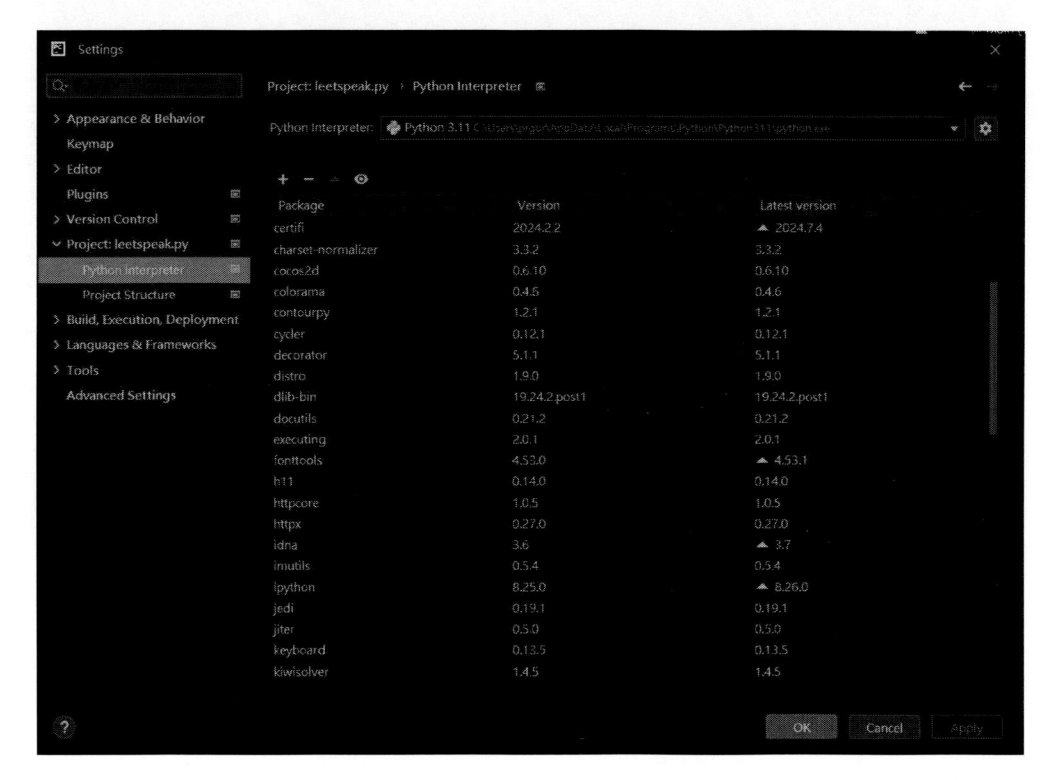

圖 132 PyCharm 安裝套件畫面

如下圖所示，我們選擇下圖紅框處之 ➕ 圖示，進入 PyCharm 新增套件畫面。

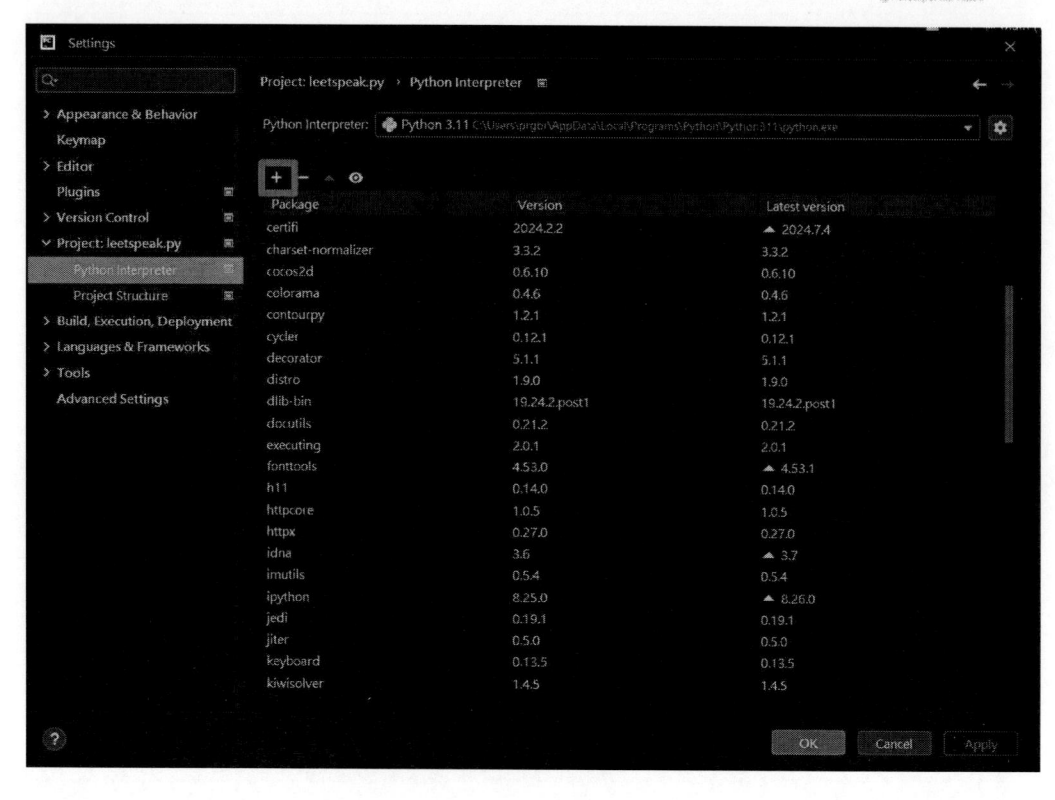

圖 133 進入 PyCharm 新增套件畫面

再點選如上圖紅框處所示之 ➕ 圖示，進入 PyCharm 新增套件畫面，可以進入 PyCharm 新增套件操作介面。

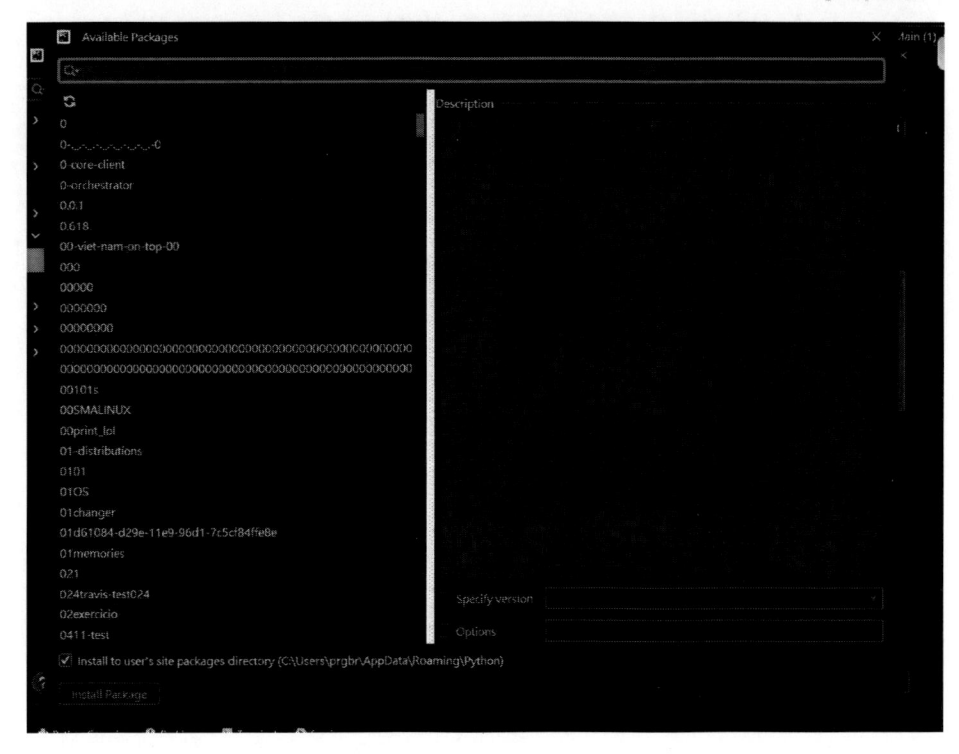

圖 134 PyCharm 新增套件畫面

如上圖所示，進入到 PyCharm 新增套件操作介面後，在搜尋列輸入『pygame』關鍵字後，按下 enter 鍵。

圖 135 搜尋列輸入 pygame

如下圖所示，在搜尋列輸入『pygame』關鍵字後，按下 enter 鍵後，可以看到出現 pygame 相關套件列示。

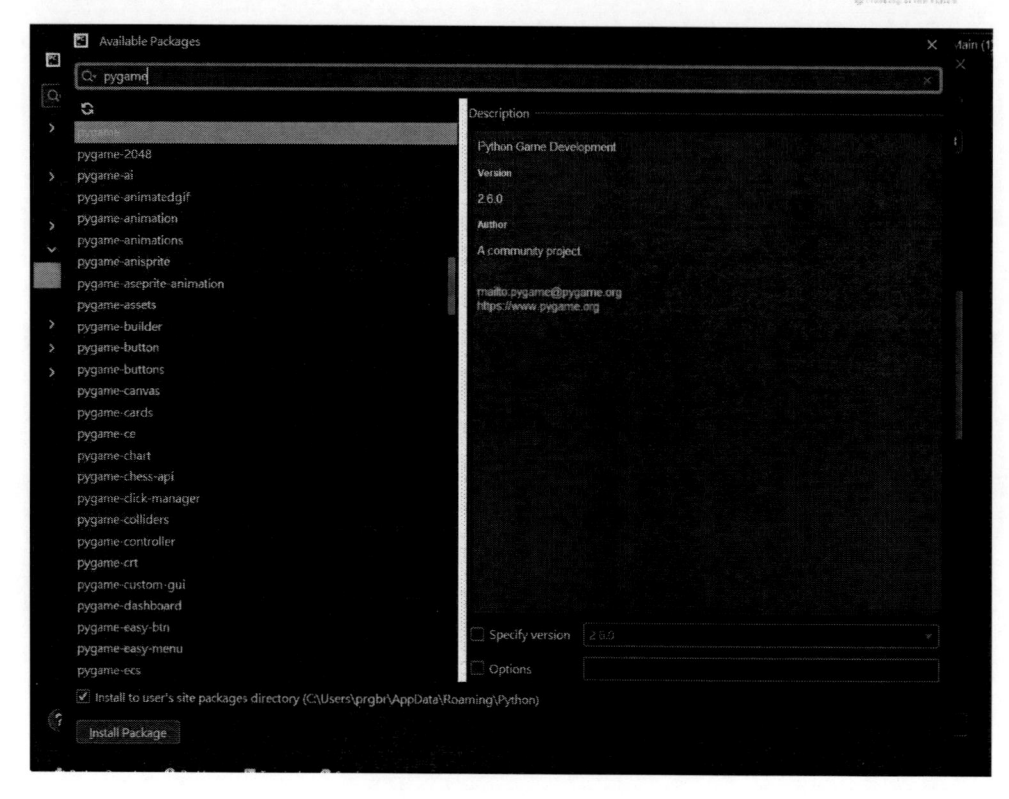

圖 136 出現 pygame 相關套件列示

如下圖所示，請使用滑鼠選取 pygame 套件，會出現下方的 Install Package 的圖示。

圖 137 選取 pygame 套件

如下圖所示，先點選下圖紅框 1 號處後，再點選下圖紅框 2 號之 Install Package 的圖示，準備開始安裝 pygame 套件。

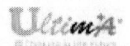

圖 138 進行安裝 pygame 套件

如上圖所示，當按下 Install Package 的圖示後，進行安裝 pygame 套件後，一段時間後，會在下圖紅框處出現『Package 'pygame' installed sucessfully』的提示字樣後，代表在 PyCharm 整合環境中完成安裝 pygame 套件。

~ 133 ~

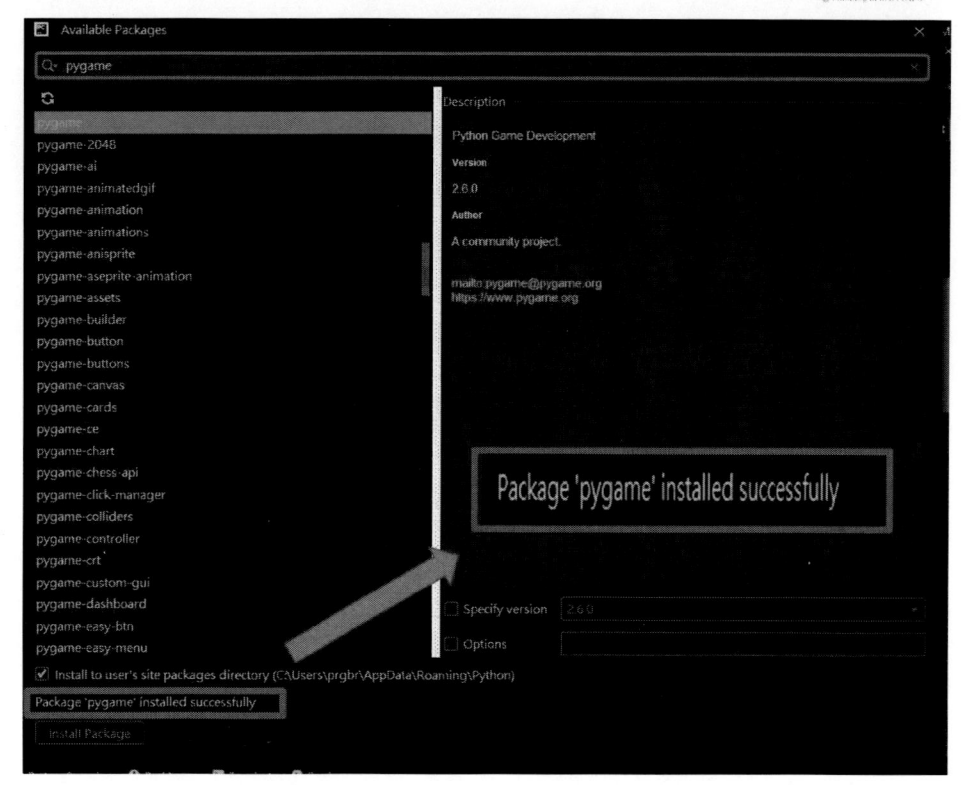

圖 139 在 PyCharm 中完成安裝 pygame 套件

如果讀者需要再安裝其它套件，只要在圖 134 的畫面中，依圖 135 方式，輸入想要安裝的套件名稱，當作搜尋的關鍵字，在搜尋到套件名稱的套件列示後，依本節步驟，選取整正確版本的套件名稱進行安裝，就可以安裝所需要套件名稱的套件了，之後就可以開始撰寫要開發的程式或系統了。

## 章節小結

本章主要介紹之 Python 開發工具安裝、設定與管理等介紹，至 PyCharm 整合開發環境安裝與設定，到開發套件等安裝/更新等皆一一介紹，透過本章節的解說，相信讀者會對 Python 開發工具與 PyCharm 整合開發工具的基本操作等，有更深入的了解與體認。

# 2
CHAPTER

# PyGame 基本介紹

PyGame 是一個用於開發 2D 遊戲的 Python 套件模組，它為遊戲開發者提供了簡單易用的 API。PyGame 這個套件建立在 SDL（Simple DirectMedia Layer[8]）之上，並且能夠處理多種多媒體任務，如音頻、視覺效果、輸入控制等，適合用來創建遊戲、模擬器或其他多媒體應用。

以下是 PyGame 的基本介紹：

1. PyGame 核心功能：

- 圖形處理(Image Process)：PyGame 提供了多種工具來處理圖形，例如載入和顯示圖片、繪製基本的幾何圖形（如矩形、圓形、多邊形）等。它支援常見的圖片格式如 PNG、JPEG 等。
- 事件處理(Event Handle)：PyGame 能夠處理來自鍵盤、滑鼠、手柄等輸入設備的事件。開發者可以監聽(Listen)這些事件(Event)並作出相應的回應(Response)。
- 音頻處理(Audio Process)：PyGame 支援播放音效和背景音樂。它支持多種音頻格式，包括 WAV、MP3 和 OGG，並允許同時播放多個

---

[8] SDL（全文是 Simple DirectMedia Layer）是一套開放原始碼的跨平台多媒體開發函式庫，使用 C 語言寫成。SDL 提供了數種控制圖像、聲音、輸出入的函式，讓開發者只要用相同或是相似的程式碼就可以開發出跨多個平台（Linux、Windows、Mac OS X 等）的應用軟體。目前 SDL 多用於開發遊戲、模擬器、媒體播放器等多媒體應用領域。

SDL（第一版）使用 GNU 較寬鬆公共許可證為授權方式，意指動態連結（dynamic link）其函式庫並不需要開放本身的原始碼。因此諸如《雷神之鎚 4》等商業遊戲也使用 SDL 來開發。而第二版的 SDL 則改用 Zlib 授權來授權。

音效。

- 精靈系統(Sprites Application)：PyGame 的精靈系統（Sprites）是一種管理和處理遊戲中多個對象的工具。它有助於簡化角色的移動、碰撞檢測等操作。
- 時間管理(Time Control)：PyGame 提供了時間模組，用於控制遊戲循環的速度。這有助於保持遊戲在不同設備上以相同的速率運行。

2. PyGame 優點

- 跨平臺：PyGame 是一個跨平臺的框架，支持 Windows、macOS 和 Linux。這意味著用戶可以在不同操作系統之間輕鬆移植遊戲。
- 易於學習：PyGame 的 API 設計簡單明瞭，這使得即使是初學者也能快速上手，開始創建基本的遊戲。
- 活躍的社群支持：PyGame 擁有一個活躍的開發者社群，這意味著在遇到問題時可以容易地找到幫助和教學與範例。

3. PyGame 基本用法

- 視窗建立：PyGame 可以輕鬆創建遊戲視窗，並設置視窗標題和視窗圖標。
- 主程序：每個 PyGame 遊戲都會有一個主程序(main procedure)，用於處理事件、更新遊戲邏輯、圖形繪製。
- 事件驅動模型：PyGame 的事件驅動模型(Event Driven)允許開發者處理用戶輸入事件，控制角色移動和遊戲狀態變化。
- 碰撞檢測(Collision Detection)：在遊戲中，檢測物體之間的碰撞是常見的需求，PyGame 提供了方便的功能來實現這些功能。

4. PyGame 常見應用

- 2D 平臺遊戲：如經典的瑪莉歐(Mario Bro)類型的橫向滾動遊戲。
- 開發遊戲模擬器：例如基於 2D 圖形的遊戲模擬器。
- 教學工具：PyGame 常被用來作為遊戲編程入門的教學工具。

5. PyGame 的未來

- PyGame 作為一個成熟的開放源始專案，雖然其核心功能相對穩定，但開發者仍然會定期發布更新，以修復漏洞和增強功能。隨著 Python 在遊戲開發領域的應用越來越廣泛，PyGame 仍然是一個受歡迎的選擇。

總結來說，PyGame 是一個功能強大且靈活的遊戲開發工具，特別適合 2D 遊戲的開發。對於那些對遊戲開發感興趣，並希望使用 Python 作為主要開發語言的人來說，PyGame 是一個很好的遊戲開發入門的法門，也可以讓更多人快速進入遊戲開發的世界。

# 如何使用 PyGame 套件

Pygame 程式環境設定，請讀者參考第一章環境設定等章節，筆者在本文就不再多贅敘。

在使用 PyGame 時，必須先匯入 PyGame 套件，語法如下:

```
import pygame    #匯入 PyGame 套件
```

# 如何建立繪圖視窗介面

使用 PyGame 時，所有 Pygame 遊戲都需要先啟動 PyGame 套件，語法如下:

```
pygame.init()    #啟動 PyGame 套件
```

# 設定視窗介面屬性

### 建立視窗大小

使用 PyGame 時，所有 Pygame 遊戲都需要建立一個視窗，由於視窗需要知道視窗的大小，所以必須告訴系統建立一個視窗變數，本文使用 screen 為視窗變數的名稱，來使用建立的視窗。

接下來我們必須使用視窗變數來承接建立建立繪圖視窗的大小，語法如下：

*視窗變數 = pygame.display.set_mode(視窗尺寸)*

最後使用 Python 程式碼，完成下列程式：

```
screen = pygame.display.set_mode((800,600))
#screen 為視窗變數，來使用建立的視窗
#視窗變數 = pygame.display.set_mode(視窗寬度尺寸:pixels，視窗高度尺寸:pixels)
```

使用視窗變數來承接建立建立繪圖視窗的大小，如果顯示本視窗，其語法結果如下圖所示：

圖 140 產生 800x600 寬度的 PyGame 視窗結果

## 建立視窗背景顏色

建立繪圖視窗之後，我們可以設定繪圖視窗的背景顏色，由於對於繪圖視窗的背景就是一個畫布，所以我們必須先取得畫布，語法如下：

*視窗變數.fill(RGB 變數參數)*

下列程式使用純綠色來填滿視窗背景，由於純綠色的變數可以使用(R,G,B)，也就是使用(256 階層紅色顏色數, 256 階層綠色顏色數, 256 階層藍色顏色數)來產生 RGB 顏色變數。

最後使用 Python 程式碼，完成下列程式：

```
screen.fill((0,255,0))
#視窗變數.fill(RGB 變數參數)
```

所以我們使用 Python 語言，運用 screen.fill((0,255,0))產生綠色變數，來繪製視窗背景顏色為綠色。

最後程式結果如下圖所示：

圖 141 設定視窗背景為綠色之結果畫面

## 透過畫布建立視窗背景顏色

### 建立畫布變數

建立繪圖視窗之後，我們可以設定繪圖視窗的背景顏色，由於對於繪圖視窗的背景就是一個畫布，所以我們必須先取得畫布，語法如下：

*畫布變數 = pygame.Surface(screen.get_size())*

最後使用 Python 程式碼，完成下列程式：

```
bg = pygame.Surface(screen.get_size())
#畫布變數 = pygame.Surface(screen.get_size())
```

### 轉換畫布變數為圖元格式

這時候才可以使用畫布變數 bg，來進行繪製，但是由於畫布記憶體原因，會與系統產生繪畫問題。

所以基於技巧，筆者建議使用將 convert 來配合繪圖，此方法主要用於將圖像轉換為指定的圖元格式。使用圖元格式可以指定一個特定的色彩深度(Color Depth)和圖元格式，以確保繪圖在顯示時具有最佳的效能和顏色精確性。

所以我們在建立畫布之後，產生的畫布變數必須使用內建方法：convert() ，讓畫布變數轉換為圖元格式，語法如下：

*畫布變數 = 畫布變數.convert()*

最後使用 Python 程式碼，完成下列程式：

```
bg = pygame.Surface(screen.get_size())
#畫布變數 = pygame.Surface(screen.get_size())
bg = bg.convert()
#畫布變數 = 畫布變數.convert()
```

**畫布填入背景顏色**

所以我們在轉換變數 bg 為圖元格式後，就可以使內建方法：fill(RGB 參數變數)來填入畫布的背景顏色，語法如下：

*畫布變數.fill(RGB 顏色變數參數)*

下列程式使用純綠色來填滿視窗背景，至於如何產收綠色的顏色變數參數，可以使用(R,G,B)的語法來產生 RGB 顏色變數，也就是使用(256 階層紅色顏色數, 256 階層綠色顏色數, 256 階層藍色顏色數)來產生 RGB 顏色變數。

最後使用 Python 程式碼，完成下列程式：

```
bg.fill((255,0,0))   #產生純綠色顏色變數
#畫布變數.fill(RGB 顏色變數參數)
#RGB 顏色變數參數 ==> 使用(256 階層紅色顏色數, 256 階層綠色顏色數, 256 階層藍色顏色數)來產生 RGB 顏色變數
```

**畫布填入視窗背景**

前面使用 bg.fill((255,0,0)) 來產生純綠色顏色變數，就可以將 bg 畫布變數

變成純綠色背景顏色，由於 bg 畫布變數的大小是 800x600 Pixels，參考前面，由於 bg 畫布變數是由 pygame.Surface(screen.get_size())建立畫布，而 bg 畫布變數的大小是透過 screen.get_size()得到的，而 screen.get_size()就是產生的 PyGame 的視窗大小，所以我們 bg 畫布變數畫 PyGame 的視窗的裡面，就是等同上節改變視窗背景一樣的效果。

為了將 bg 畫布變數畫 PyGame 的視窗的裡面，我們必須使用視窗變數的內部方法：blit(畫布變數, 繪製位置)來繪出到視窗內的背景上，其語法如下：

*視窗變數.blit(畫布變數, 繪製位置)*

最後使用 Python 程式碼，完成下列程式：

```
screen.blit(bg, (0,0))
#視窗變數.blit(畫布變數, 繪製位置)
#繪製位置 用 (x 座標, y 座標)來產生
```

但是，由於 PyGame 為了加快效率，並起在繪製過程不會影響 PyGame 視窗顯示，產生畫面產生更新式、下卷式的殘影在 PyGame 視窗顯示上，所以所有 PyGame 視窗的繪製動作，必須加上更新繪圖視窗內容，才能成功顯示繪製的圖形，語法為：

*視窗變數.display.update()*

最後使用 Python 程式碼，並整合上述的程式碼，完成下列程式：

表 4 透過繪圖方式設定視窗背景為綠色

| 透過繪圖方式設定視窗背景為綠色(py0201.py) |
| --- |
| bg.fill((255,0,0))　#產生純綠色顏色變數<br>#畫布變數.fill(RGB 顏色變數參數)<br>#RGB 顏色變數參數 ==> 使用(256 階層紅色顏色數, 256 階層綠色顏色數, 256 階層藍色顏色數)來產生 RGB 顏色變數<br>pygame.Surface(screen.get_size())<br>視窗變數 blit 方法繪製於視窗中<br>視窗變數.blit(畫布變數, 繪製位置)<br>#畫布變數 = 畫布變數.convert()<br>fill((255,0,0))<br>視窗變數.display.update()<br><br>bg.fill((0,255,0))　#產生純綠色顏色變數<br>#畫布變數.fill(RGB 顏色變數參數)<br>#RGB 顏色變數參數 ==> 使用(256 階層紅色顏色數, 256 階層綠色顏色數, 256 階層藍色顏色數)來產生 RGB 顏色變數<br><br>screen.blit(bg, (0,0))<br>#視窗變數.blit(畫布變數, 繪製位置)<br>#繪製位置 用 (x 座標，y 座標)來產生<br><br>pygame.display.update()<br>#視窗變數.display.update() |

程式下載區：https://github.com/brucetsao/pygame_basic

下列程式所以我們使用 Python 語言，bg 的畫布變數，繪圖在 screen 視窗變數裡面繪圖區上，來繪製視窗背景顏色為綠色。

最後程式結果如下圖所示：

圖 142 透過畫布繪製視窗繪圖區設定視窗背景為綠色之結果畫面

## pygame.display 相關函式介紹

由於本書會有許多地方使用到 pygame.display 的方法，所以本書參考：https://pyga.me/docs/ref/display.html，在此介紹一下 pygame.display 的相關函式的介紹與基本中文解釋，由於怕讀者中文與英文的差異，附上原文的介紹

- pygame.display.init：Initialize the display module，初始化 pygame 螢幕
- pygame.display.quit：Uninitialize the display module，不初始化 pygame 螢幕
- pygame.display.get_init：Returns True if the display module has been initialized，回傳 pygame 螢幕是否已經初始化完成
- pygame.display.set_mode：Initialize a window or screen for display，設定 pygame 螢幕模式

- pygame.display.get_surface：Get a reference to the currently set display surface，取得目前 pygame 螢幕的位址(取得 pygame 物件)
- pygame.display.flip：Update the full display Surface to the screen，將整個 pygame 螢幕直接更新到螢幕上
- pygame.display.update：Update all, or a portion, of the display. For non-OpenGL displays.，刷新 pygame 螢幕
- pygame.display.get_driver：Get the name of the pygame display backend，取得 pygame 螢幕的驅動方法或驅動程式
- pygame.display.Info：Create a video display information object，取得 pygame 螢幕的資訊物件
- pygame.display.get_wm_info：Get information about the current windowing system，取得目前視窗系統的資訊(非作業下統)
- pygame.display.get_desktop_sizes：Get sizes of active desktops，取得目前桌面大小的資訊
- pygame.display.list_modes：Get list of available fullscreen modes，取得目前視窗可以提供的畫面模式
- pygame.display.mode_ok：Pick the best color depth for a display mode，取得目前螢幕可以最大的顏色數
- pygame.display.gl_get_attribute：Get the value for an OpenGL flag for the current display，取得 OpenGL 的屬性資訊
- pygame.display.gl_set_attribute：Request an OpenGL display attribute for the display mode，設定 OpenGL 的屬性資訊
- pygame.display.get_active：Returns True when the display is active on the screen，傳回目前 pygame 螢幕是否在系統螢幕最上層，就是目前 pygame 螢幕是否運作當中
- pygame.display.iconify：Iconify the display surface，將 pygame 螢幕縮

小到最小化，就是 ICON 表示型態

- pygame.display.toggle_fullscreen：Switch between fullscreen and windowed displays，切會視窗模式與全頁面模式

- pygame.display.set_gamma：Change the hardware gamma ramps，取得伽瑪斜面

- pygame.display.set_gamma_ramp：Change the hardware gamma ramps with a custom lookup，設定伽瑪斜面

- pygame.display.set_icon：Change the system image for the display window，設定 pygame 螢幕的左上角 ICON 圖示

- pygame.display.set_caption：Set the current window caption，設定 pygame 螢幕的抬頭文字

- pygame.display.get_caption：Get the current window caption，取得 pygame 螢幕的抬頭文字

- pygame.display.set_palette：Set the display color palette for indexed displays，設定 pygame 螢幕的顏色調色盤

- pygame.display.get_num_displays：Return the number of displays，取得系統擁有的螢幕數，如果執行的電腦系統有使用多個螢幕

- pygame.display.get_window_size：Return the size of the window or screen，取得 pygame 螢幕的視窗尺寸資訊

- pygame.display.get_window_position：Return the position of the window or screen，取得目前 pygame 螢幕在電腦系統的桌面上的實體位置

- pygame.display.set_window_position：Set the current window position，設定目前 pygame 螢幕在電腦系統的桌面上的實體位置

- pygame.display.get_allow_screensaver：Return whether the screensaver is allowed to run.，取得目前 pygame 螢幕在電腦系統的桌面上，其螢幕程式是否被啟動

- pygame.display.set_allow_screensaver：Set whether the screensaver may run，設定目前 pygame 螢幕在電腦系統的桌面上，其螢幕程式是否啟動或關閉

- pygame.display.is_fullscreen：Returns True if the pygame window created by pygame.display.set_mode() is in full-screen mode：，判斷目前 pygame 螢幕在電腦系統的桌面上，其 pygame 螢幕是否是全螢幕畫狀態

- pygame.display.is_vsync：Returns True if vertical synchronisation for pygame.display.flip() and pygame.display.update() is enabled，判斷電腦系統的螢幕是否同步

- pygame.display.get_current_refresh_rate：Returns the screen refresh rate or 0 if unknown，取得目前 pygame 螢幕在目前電腦系統的桌面上更新畫面頻率(Frame Per Second)

- pygame.display.get_desktop_refresh_rates：Returns the screen refresh rates for all displays (in windowed mode).，取得目前 pygame 螢幕在電腦系統的桌面上更新畫面頻率(Frame Per Second)

- pygame.display.message_box：Create a native GUI message box，建立一個目前 pygame 螢幕之電腦系統的對話窗物件

# 使用圖片繪製視窗背景

## 載入圖片

使用 PyGame 時，因為 Pygame 內建的幾何圖形比較簡單與陽春，若要畫出精緻的圖案或是畫面，筆者建議使用其他專業繪圖軟體製作完成後，將之儲存為常見的 jpg/png/bmp 等檔案類型，再透過 PyGame 套件將上面所述之現成的圖片檔案匯入 Pygmae 套件使用。

匯入圖片的語法為：

*圖片變數 = pygame.image.load(圖片檔案路徑)*

最後使用 Python 程式碼，完成下列程式：

```
pic1 = pygame.image.load('ultimalogo800w.jpg')
#透過 pygame 套件載入圖片 'ultimalogo800w.jpg'，並將圖片轉成繪圖畫
布，並儲存在 pic1 名稱
```

## 繪製圖片到視窗

前面使用 pic1 = pygame.image.load('ultimalogo800w.jpg') 載入圖片 'ultimalogo800w.jpg'，並將圖片轉成繪圖畫布，並儲存在 pic1 名稱，為了將 pic1 畫布變數畫 PyGame 的視窗的裡面，我們必須使用視窗變數的內部方法：blit(畫布變數, 繪製位置)來繪出到視窗內的背景上，其語法如下：

*視窗變數.blit(畫布變數, 繪製位置)*

最後使用 Python 程式碼，完成下列程式：

```
screen.blit(pic1, (0,0))
#視窗變數.blit(畫布變數, 繪製位置)
#繪製位置 用 (x 座標，y 座標)來產生
```

但是，由於 PyGame 為了加快效率，並起在繪製過程不會影響 PyGame 視窗顯示，產生畫面產生更新式、下卷式的殘影在 PyGame 視窗顯示上，所以

所有 PyGame 視窗的繪製動作，必須加上更新繪圖視窗內容，才能成功顯示繪製的圖形，語法為：

***視窗變數*.display.update()**

最後使用 Python 程式碼，並整合上述的程式碼，完成下列程式：

表 5 透過繪圖方式繪到視窗頁面上

```
透過繪圖方式繪到視窗頁面上(py0202.py)

    bg = pygame.Surface(screen.get_size())

    #畫布變數 = pygame.Surface(screen.get_size())

    bg = bg.convert()

    #畫布變數 = 畫布變數.convert()


    pic1 = pygame.image.load('ultimalogo800w.jpg')

    #透過 pygame 套件載入圖片'ultimalogo800w.jpg'，並將圖片轉成繪圖
    畫布，並儲存在 pic1 名稱


    screen.blit(pic1, (0,0))

    #視窗變數.blit(畫布變數, 繪製位置)

    #繪製位置 用 (x 座標, y 座標)來產生


    pygame.display.update()

    #視窗變數.display.update()
```

程式下載區：https://github.com/brucetsao/pygame_basic

下列程式所以我們使用 Python 語言，bg 的畫布變數，繪圖在 screen 視窗變數裡面繪圖區上，來繪製視窗背景顏色為綠色。

最後程式結果如下圖所示：

圖 143 透過繪圖方式繪到視窗頁面上之結果畫面

## 繪製文字到視窗背景

### 系統字型

使用 PyGame 時，由於 Pygame 為了統一繪圖與文字通用性，所以都用繪圖的方式繪製文字，如此就可以將文字與圖形合為一體，繪製文字前需先指定文字字型，所以必須要先取得字型，由於我們使用電腦，其電腦有安裝其作業系統，筆者 Python 開發用的電腦，安裝 Window 10、64 位元繁體中文版，也安裝不少字型，如下圖所示，可以在控制台->字型的選項中，看到目前作業下統已安裝的所有字型的視窗。

圖 144 開發電腦系統擁有的作業系統之控制台字型畫面

由於我們需要取得所有系統字型的內容(陣列)，所以取得所有系統字型的內容的語法為：

*pygame.font.get_fonts()*

最後使用 Python 程式碼，完成下列程式：

```
pygame.font.get_fonts():    #取得目前系統擁有的字型
```

由於筆者 Python 開發用的電腦，安裝 Window 10、64 位元繁體中文版，也安裝不少字型，為了瞭解目前有多少字型安裝在開發用的電腦中，筆者使用下列

~ 152 ~

Python 程式碼,列印目前作業系統所有已安裝的字型清單,程式如下:

表 6 列印系統所有字型

| 列印系統所有字型(listfont.py) |
|---|
| import pygame　　　#匯入 PyGame 套件<br>pygame.init()　 #啟動 PyGame 套件<br>screen = pygame.display.set_mode((800,600))<br>#screen 為視窗變數,來使用建立的視窗<br>#視窗變數 = pygame.display.set_mode(視窗寬度尺寸:pixels,視窗高度尺寸:pixels)<br><br>pygame.display.set_caption("曹建國老師第一個繪圖視窗標題")<br>#pygame.display.set_caption(視窗標題的內容)<br>print("Current font amount is %d" % len(pygame.font.get_fonts()))<br>#印出目前系統字型總個數<br>print("-------------------------------------------------------------")<br>for fontname in pygame.font.get_fonts():　　#取得目前系統擁有的字型<br>　　#從取得目前系統擁有的字型 一一取出,存在 fontname 變數內<br>　　print(fontname) #列印取到的字型 |

程式下載區:https://github.com/brucetsao/pygame_basic

　　使用上述 Python 程式,可以透過系統功能,取得筆者 Python 開發用的電腦(安裝 Window 10、64 位元繁體中文版),取得目前作業系統所有已安裝的字型清單,透過 for 迴圈,一一取得已安裝的字型清單的每一個元素,再透過 print()函式,列印出所有目前作業系統所有已安裝的字型清單,其列印出所有目前作業系統所有已安裝的字型清單之結果如下圖所示。

```
Current font amount is 501
---------------------------------------------------
arial
arialblack
bahnschrift
calibri
cambria
cambriamath
candara
comicsansms
consolas
constantia
corbel
couriernew
ebrima
franklingothicmedium
gabriola
gadugi
georgia
impact
```

圖 145 列印系統所有字型之結果畫面

## 載入系統字型

使用 PyGame 時，由於 Pygame 為了統一繪圖與文字通用性，所以都用繪圖的方式繪製文字，如此就可以將文字與圖形合為一體，繪製文字前需先指定文字字型，由於我們不是使用外在字型，使用開發電腦內涵的系統字型，本文使用" timesnewroman"系統字型，載入系統字型的語法為：

*字體變數 = pygame.font.SysFont(字體名稱, 字體尺寸)*

*#需使用系統字體*

最後使用 Python 程式碼，完成下列程式：

```
font1 = pygame.font.SysFont("timesnewroman", 14)
#字體變數 = pygame.font.Font(路徑+字體名稱, 字體尺寸)
```

## 載入字型

使用 PyGame 時，由於 Pygame 為了統一繪圖與文字通用性，所以都用繪圖的方式繪製文字，如此就可以將文字與圖形合為一體，繪製文字前需先指定文字字型，所以必須要先取得字型，本文使用瀨户字体 SetoFont.ttf 的字型，請到瀨户字体的網站：http://www.ziti.net.cn/mianfeiziti/1113.html，先行下載瀨户字体 SetoFont.ttf，並儲存到 Python 程式相同目錄，如果將瀨户字体 SetoFont.ttf 儲存在特定目錄之資料夾，請在瀨户字体 SetoFont.ttf 前自行加上瀨户字体 SetoFont.ttf 儲存資料夾之路徑全名。

載入字型的語法為：

*字體變數 = pygame.font.Font(路徑+字體名稱, 字體尺寸)*

最後使用 Python 程式碼，完成下列程式：

```
font1 = pygame.font.Font("SetoFont.ttf", 24)
#字體變數 = pygame.font.Font(路徑+字體名稱, 字體尺寸)
```

## 設定字型屬性

使用 PyGame 套件的 font 字型，大部分的字型都有粗體、斜體、加底線、加刪除線…等功能。

接下來筆者介紹這些屬性設定：

設定字型粗體的語法為：

*字體變數.set_bold(True)*

最後使用 Python 程式碼，完成下列程式：

~ 155 ~

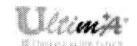

```
font1.set_bold(True)#設定字型粗體的語法
```

設定字型斜體的語法為:

*字體變數.set_italic(True)*

最後使用 Python 程式碼,完成下列程式:

```
font1.set_italic(True)#設定字型斜體的語法
```

設定字型加上底線的語法為:

*字體變數.set_underline(True)*

最後使用 Python 程式碼,完成下列程式:

```
font1.set_underline(True)#設定字型加上底線的語法
```

設定字型刪除線的語法為:

*字體變數.set_strikethrough(True)*

最後使用 Python 程式碼,完成下列程式:

```
font1.set_strikethrough(True)#設定字型刪除線的語法
```

## 產生字型內容

前面提到使用 PyGame 時,由於 Pygame 為了統一繪圖與文字通用性,所以都用繪圖的方式繪製文字，如此就可以將文字與圖形合為一體，繪製文字前需先指定文字字體，透過 pygame 內部 font()函式，載入字型後，產生該字型的字體變數，然後在透過字體變數的內部 render()函式，透過指定字體顏色與字體背景顏色，將指定文字內容繪製到畫布上。

指定文字內容繪製到畫布上的語法為：

*文字變數 = 字體變數.render(文字內容, 平滑值, 文字顯示顏色之 RGB 變數, 文字背景顯示顏色之 RGB 變數)*

*PS.如果繪製文字，以透明色為文字背景，就是只有將文字本體繪製在目前畫布上，則使用下列方式*

*文字變數(背景透明) = 字體變數.render(文字內容, 平滑值, 文字顯示顏色之 RGB 變數)*

最後使用 Python 程式碼，完成下列程式：

```
text1 = font1.render("這是曹建國老師寫的字", True, (255,0,0)) #繪製紅色文字，但文字背景不繪製
#文字變數(背景透明) = 字體變數.render(文字內容, 平滑值, 文字顯示顏色之 RGB 變數)
```

## 繪製文字內容到視窗上

前面使用文字變數 text1 = font1.render("這是曹建國老師寫的字", True, (255,0,0))，並將繪製的文字內容轉成文字變數的繪圖畫布，這時候文字變數就是上述顯示文字："這是曹建國老師寫的字"，並用紅色方式繪出該文字內容並

並儲存在文字變數 text1，為了將 text1 文字變數之畫布畫 PyGame 的視窗的裡面，我們必須使用視窗變數的內部方法：blit(畫布變數, 繪製位置)來繪出到視窗內的背景上，其語法如下：

*視窗變數.blit(畫布變數, 繪製位置)*

最後使用 Python 程式碼，完成下列程式：

```
screen.blit(text1, (20,10))
#將"這是曹建國老師寫的字"繪製在(x=20,y=10)的位置上
screen.blit(text1, (30,100))
#將"這是曹建國老師寫的字"繪製在(x=30,y=100)的位置上

#視窗變數.blit(畫布變數, 繪製位置)
#繪製位置 用 (x 座標，y 座標)來產生
```

但是，由於 PyGame 為了加快效率，並起在繪製過程不會影響 PyGame 視窗顯示，產生畫面產生更新式、下卷式的殘影在 PyGame 視窗顯示上，所以所有 PyGame 視窗的繪製動作，必須加上更新繪圖視窗內容，才能成功顯示繪製的圖形，語法為:

*視窗變數.display.update()*

最後使用 Python 程式碼，並整合上述的程式碼，完成下列程式：

表 7 透過繪圖方式繪製文字到視窗頁面上

| 透過繪圖方式繪製文字到視窗頁面上(py0203.py) |
|---|
| bg = pygame.Surface(screen.get_size()) |

```
#畫布變數 = pygame.Surface(screen.get_size())
bg = bg.convert()
#畫布變數 = 畫布變數.convert()

font1 = pygame.font.Font("SetoFont.ttf", 24)
#字體變數 = pygame.font.Font(路徑+字體名稱, 字體尺寸)

text1 = font1.render("這是曹建國老師寫的字", True, (255,0,0)) #繪製紅
色文字，但文字背景不繪製
#文字變數(背景透明) = 字體變數.render(文字內容, 平滑值, 文字顯示
顏色之 RGB 變數)

screen.blit(text1, (20,10))
#將"這是曹建國老師寫的字"繪製在(x=20,y=10)的位置上
screen.blit(text1, (30,100))
#將"這是曹建國老師寫的字"繪製在(x=30,y=100)的位置上

#視窗變數.blit(畫布變數, 繪製位置)
#繪製位置 用 (x 座標, y 座標)來產生

pygame.display.update()
#視窗變數.display.update()
```

程式下載區：https://github.com/brucetsao/pygame_basic

下列程式所以我們使用 Python 語言，透過 font1 字型變數，產生 text1 的文字變數，使用紅色，繪製"這是曹建國老師寫的字"的內容，繪圖在 screen 視窗變數裡面繪圖區上，並將上面內容繪製在(x=20,y=10)與(x=30,y=100)的位置上。

最後程式結果如下圖所示：

圖 146 透過繪圖方式繪製這是曹建國老師寫的字到窗頁面上之結果畫面

# 產生結束圖示與正確離開系統

## 缺乏結束程序產生之系統錯誤

　　前面幾節最後產生的 pygame 視窗，如下圖紅框處的 ✕ 圖示，試圖關閉產生的 pygame 視窗，結果會產生下圖右方所示的錯誤訊息視窗，這是因為缺乏結束程序產生之系統錯誤，因為在上面的程式，在 pygame 套件產生視窗後，會針對 pygame 視窗，每一個部分的都有對應的處理程序，然而對於下圖紅框處的 ✕ 圖示，是一個視窗結束的方法，需要對應的結束 pygame 視窗的程式，然而因為我們多寫了許多程序，使原始的 pygame 視窗的結束程式無法正確關閉 pygame 視窗內產生許多物件，並釋放對應物件的記憶體，產生下圖右方所示的錯誤訊息視窗。

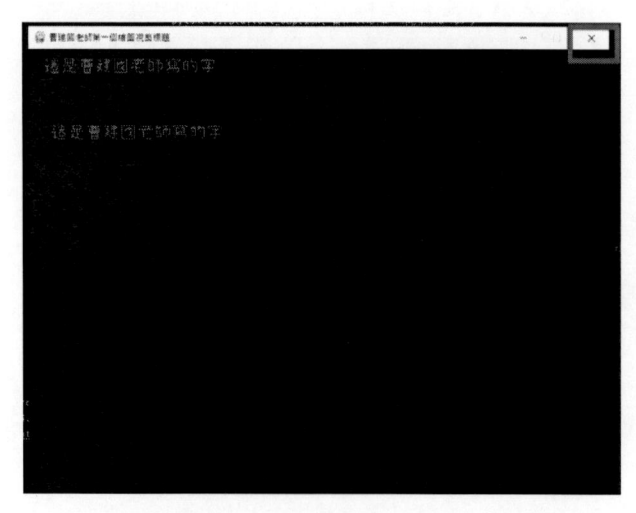

圖 147 無法正確結束 pygame 視窗

## 捕抓所有滑鼠相關動作引發的事件

使用 PyGame 套件時，在產生 pygame 視窗後，我們必須要取得滑鼠是否按到上圖紅框處的 ✕ 圖示，所以我們必須使用 pygame 視窗的內建方法：event()來取得取得滑鼠事件 get()的方法，所以這些取得滑鼠事件的方法如下所示：

*pygame.event.get()*

但是，由於滑鼠移動、動作、按下、放開....等有太多的事件被系統捕抓，所以 pygame.event.get()是一個事件集合，所以我們必須要用 for 迴圈，來一一抓出每一個單一事件，最後使用 Python 程式碼，完成下列程式：

```
for event in pygame.event.get():
#pygame.event.get()是一個滑鼠移動、動作、按下、放開....等所有事件集合
```

~ 161 ~

## 判斷是否是按下系統結束按鈕

前面提到使用 PyGame 時,在產生 pygame 視窗後,我們透過 for event in pygame.event.get()取得滑鼠移動、動作、按下、放開….等所有事件集合,透過 for 迴圈來逐一取出每一個滑鼠動作事件。

當使用者按到上圖紅框處的 ╳ 圖示,而這一件事件的名稱就是:pygame.QUIT 的名稱。

而上述程式中,用 for 迴圈來取得每一個滑鼠移動、動作、按下、放開….等所有事件集合地元素,並將此元素是儲存在 event 變數之中,而如何判別 event 變數的型態,我們可以使用 event 變數的內建屬性:type 來取的該 event 變數的事件型態名稱,最後我們用 if 判斷式來決定是否離開 pygame 視窗。

綜合上述內容與需求,我們可以瞭解判斷語法為:

*if event.type == pygame.QUIT*

最後使用 Python 程式碼,完成下列程式:

```
for event in pygame.event.get():
#pygame.event.get()是一個滑鼠移動、動作、按下、放開….等所有事件
集合
    if event.type == pygame.QUIT:
        #pygame.QUIT 就是按到系統結束按鈕
            pygame.quit()
```

## 確認常在狀態與系統離開狀態

上面的程式,使用 for 迴圈來取得每一個滑鼠移動、動作、按下、放開….

等所有事件集合地元素，並將每一個元素是儲存在 event 變數之中，在判斷 event 變數的型態(type)，比較是否是使用者按到上圖紅框處的 ✕ 圖示：pygame.QUIT，但是我們發現，所有遊戲進行時，pygame 視窗必須存在，而使用者按到上圖紅框處的 ✕ 圖示，就是事件.type 等於 pygame.QUIT，才會離開 pygame 視窗，所以我們必須建立一個變數，讓這個變數控制永久迴圈來保持 pygame 視窗一直運作正常。

所以我們使用一個變數，來設定出到視窗內的背景上，其語法如下：

*運行狀態= true*
*While 運行狀態:*
    *Pygame 視窗運行*

最後使用 Python 程式碼，完成下列程式：

```
running = True
#設定 pygame 視窗正常運行之控制參數，並設為 True 不會離開迴圈
while running:
pygame 視窗運行
判斷是否按下離開按鈕:
    running = False

pygame.quit()
```

最後在整合上述程式與上上述程式，可以透過下圖所示之正確運行 pygame 視窗流程圖：

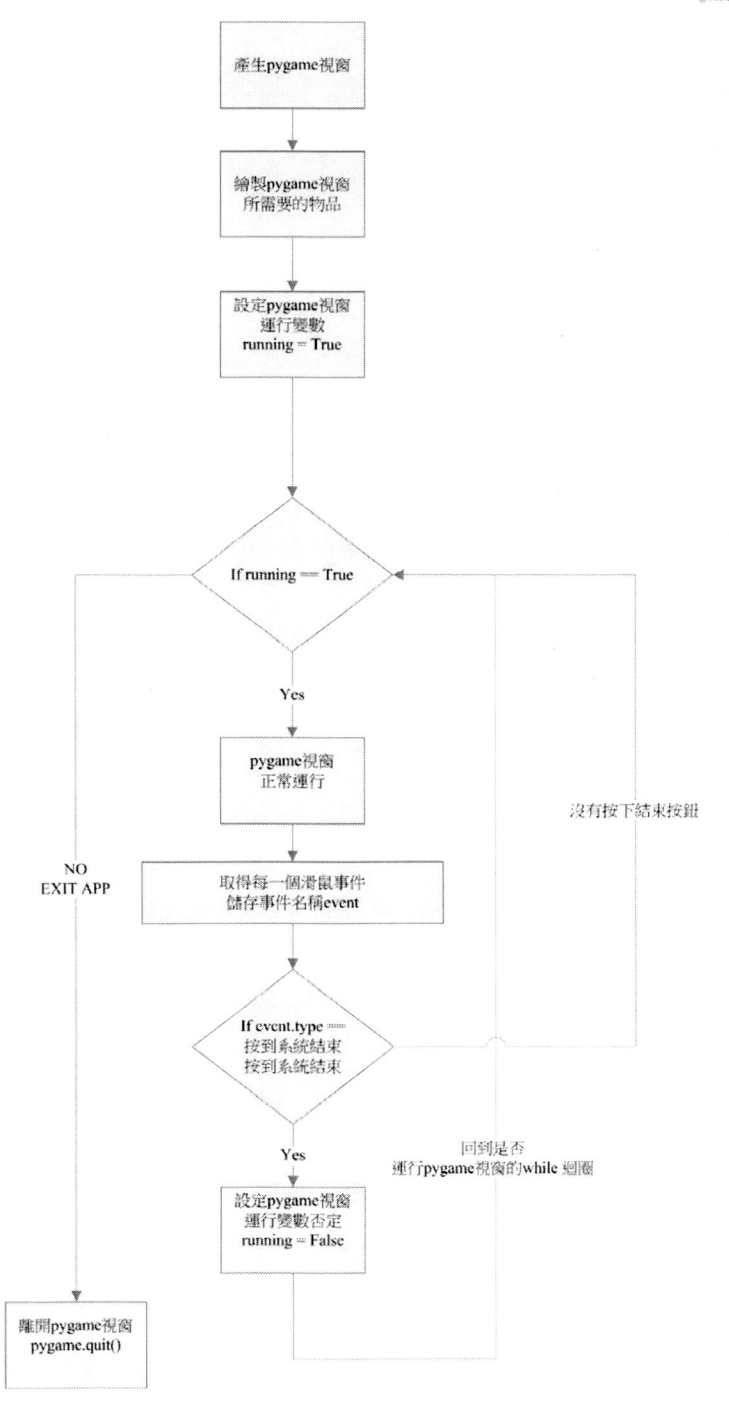

圖 148 正確運行 pygame 視窗之流程圖

最後使用 Python 程式碼，並整合上述的程式碼，完成下列程式：

表 8 可以正常離開系統之透過繪圖方式繪製文字到視窗頁面上

可以正常離開系統之透過繪圖方式繪製文字到視窗頁面上(py0204.py)

```
import pygame     #匯入 PyGame 套件
pygame.init()   #啟動 PyGame 套件
screen = pygame.display.set_mode((800,600))
#screen 為視窗變數，來使用建立的視窗
#視窗變數 = pygame.display.set_mode(視窗寬度尺寸:pixels，視窗高度
尺寸:pixels)

pygame.display.set_caption("曹建國老師第一個繪圖視窗標題")
#pygame.display.set_caption(視窗標題的內容)

screen.fill((0,0,0))
#視窗變數.fill(RGB 變數參數)


bg = pygame.Surface(screen.get_size())
#畫布變數 = pygame.Surface(screen.get_size())
bg = bg.convert()
#畫布變數 = 畫布變數.convert()


font1 = pygame.font.Font("SetoFont.ttf", 24)
#字體變數 = pygame.font.Font(路徑+字體名稱, 字體尺寸)


text1 = font1.render("這是曹建國老師寫的字", True, (255,0,0)) #繪製紅
色文字，但文字背景不繪製
#文字變數(背景透明) = 字體變數.render(文字內容，平滑值，文字顯示
顏色之 RGB 變數)


screen.blit(text1, (20,10))
#將"這是曹建國老師寫的字"繪製在(x=20,y=10)的位置上
screen.blit(text1, (30,100))
#將"這是曹建國老師寫的字"繪製在(x=30,y=100)的位置上

#視窗變數.blit(畫布變數，繪製位置)
#繪製位置 用 (x 座標，y 座標)來產生
```

```
pygame.display.update()
#視窗變數.display.update()

running = True
#設定 pygame 視窗正常運行之控制參數，並設為 True 不會離開迴圈
while running:    #用 running 來控制 pygame 視窗使否正常運行
    for event in pygame.event.get():
    # pygame.event.get()是一個滑鼠移動、動作、按下、放開….等所有事件集合
        #event 迴圈找出每一個事件變數
        if event.type == pygame.QUIT:
            # pygame.QUIT 就是按到系統結束按鈕
            running = False #設定 pygame 視窗正常運行之控制參數，並設為 False
            #設定 pygame 視窗正常運行之控制參數，並設為 False，會離開迴圈
pygame.quit()    #離開且關閉 pygame 視窗
```

程式下載區：https://github.com/brucetsao/pygame_basic

下列程式所以我們使用 Python 語言，透過 font1 字型變數，產生 text1 的文字變數，使用紅色，繪製"這是曹建國老師寫的字"的內容，繪圖在 screen 視窗變數裡面繪圖區上，並將上面內容繪製在(x=20,y=10)與(x=30,y=100)的位置上,而且可以按下 × 圖示來關閉與結束 pygame 視窗，離開系統。

最後程式結果如下圖所示：

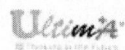

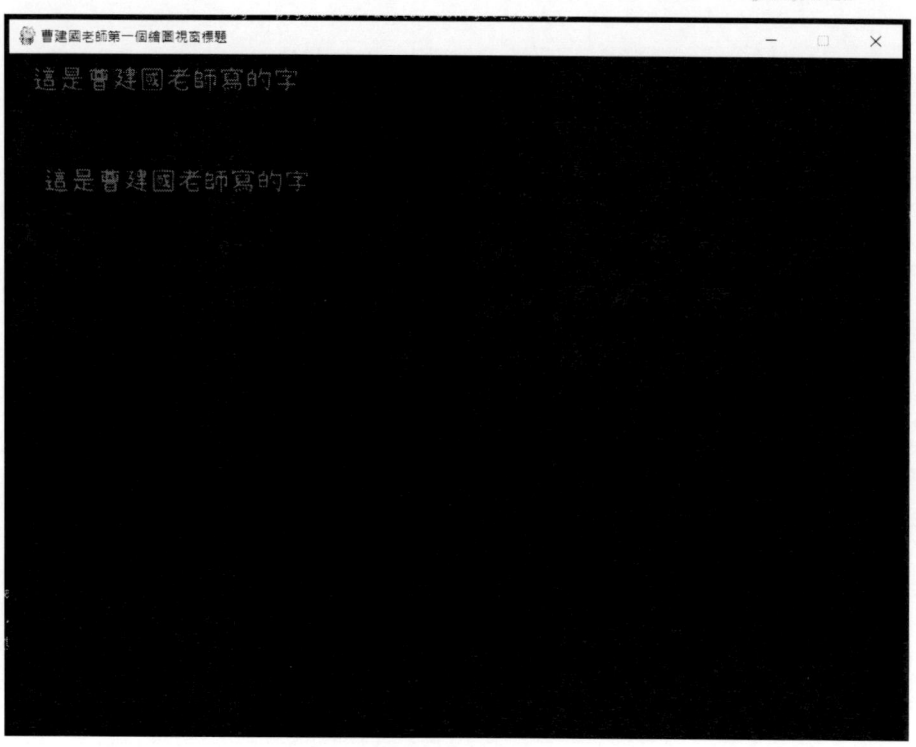

圖 149 透過繪圖方式繪製這是曹建國老師寫的字到窗頁面上之結果畫面

# 章節小結

本章主要介紹 pygame 視窗的建立、離開、關閉到 pygame 視窗內之設定標題、背景設定、繪製圖片到 pygame 視窗，繪製文字到 pygame 視窗，最後控制 pygame 視窗正常運行與正常按下結束按鈕離開 pygame 視窗等一系列的操作，相信讀者會對 pygame 視窗強大功能與方便性與基本運作，有更深入的了解與體認。

# 3
CHAPTER

# PyGame 繪圖功能介紹

PyGame 套件是一個用於開發 2D 遊戲的 Python 套件模組,它為遊戲開發者提供了簡單易用的 API。PyGame 這個套件建立在 SDL(Simple DirectMedia Layer)之上,並且能夠處理多種多媒體任務,如音頻、視覺效果、輸入控制等,適合用來創建遊戲、模擬器或其他多媒體應用。

PyGame 套件的畫布繪圖功能是遊戲開發中非常重要的一部分,通過它可以實現各種圖形的繪製,從簡單的幾何圖形到複雜的圖像處理。這些功能對於構建遊戲場景、角色動畫和交互效果非常關鍵。

以下是 PyGame 套件畫布繪圖功能的詳細介紹:

## Surface 對象:

Surface 是什麼?:在 PyGame 套件中,所有的繪圖操作都在 Surface 物件上進行。Surface 可以理解為一個空白的畫布(Canvas)或一張圖片(Image Memory),開發者可以在其上繪製圖形(Draw any shapes)、繪製文字(Print Text)或顯示圖像(Display Image)。

在 PyGame 套件中,創建 Surface 物件可以使用 pygame.Surface() 函數創建一個新的 Surface 物件。如下列命令

*surface = pygame.Surface((width, height))*

這樣就創建了一個寬度為 width、高度為 height 的 Surface 物件(空白畫布)。

## 基本繪圖功能

PyGame 套件提供了許多方便的函數來繪製基本的幾何圖形。

繪製矩形：

  *pygame.draw.rect(surface, color, rect, linewidth)*

color 是顏色（可以是 RGB 變數值）。

rect 是矩形的尺寸和位置，可以使用 pygame.Rect(x, y, width, height) 來定義。

linewidth 表示矩形的邊框線條寬度，如果省略或設為 0，則繪製填充 color 顏色矩形。

繪製圓形：

  *pygame.draw.circle(surface, color, center, radius, linewidth)*

color 是顏色（可以是 RGB 變數值）。

center 是圓心的位置 (x, y)。

radius 是圓的半徑。

linewidth 表示圓的邊框寬度，如果為 0，則繪製填充 color 顏色的圓形。

繪製線條：

  *pygame.draw.line(surface, color, start_pos, end_pos, linewidth)*

color 是顏色（可以是 RGB 變數值）。

start_pos 和 end_pos 是線段的起點的位置 (x, y)和終點的位置 (x, y)。

linewidth 是線條的寬度。

繪製多邊形：

  *pygame.draw.polygon(surface, color, pointlist, linewidth)*

color 是顏色（可以是 RGB 變數值）。

pointlist 是頂點位置 (x, y)列表，例如 [(x1, y1), (x2, y2), (x3, y3)]。

linewidth 表示圓的邊框寬度，如果為 0，則繪製填充 color 顏色的多邊形。

## 處理顏色

PyGame 套件使用 RGB 顏色模型來定義顏色，每個顏色由三個整數（範圍從 0 到 255）色階階層來表示，例如紅色 (255, 0, 0)、綠色 (0, 255, 0)、藍色 (0, 0, 255)。此外，還可以定義透明度（alpha 通道階層），使得圖形部分透明。

## 渲染圖像

PyGame 允許你將圖像加載到 Surface 上，然後將其繪製到另一個 Surface 或屏幕上。

### 加載圖像：

*image = pygame.image.load('image.png')*

*surface.blit(image, (x, y))*

這會將 image 圖像繪製到 surface 上的 (x, y) 位置上。

## 繪製文字

PyGame 支持使用字體來渲染文字。首先需要初始化字體模組，然後加載字體並渲染文本。

初始化字體模組：

*pygame.font.init()*

加載字體：

*font = pygame.font.Font(None, size)*

None 表示使用默認字體，也可以指定字體文件。

size 是字體大小。

渲染文字：

*text_surface = font.render('Hello, PyGame!', True, color)*

True 表示啟用平滑功能（Anti-aliasing）。

color 是顏色（可以是 RGB 變數值）。

繪製文字：

*surface.blit(text_surface, (x, y))*

# 更新顯示

在 PyGame 中，繪製完所有圖形後，需要使用

*pygame.display.update()*

或

*pygame.display.flip()*

來更新屏幕上的顯示內容。


# 性能優化

使用 Surface.convert()：在加載圖像後，可以使用 convert() 方法將其轉換為與顯示相同的像素格式的圖元格式，這樣使用圖元格式的畫布變數顯著提升渲染速

度。

部分更新：如果只改變了屏幕的一部分，可以使用

  *pygame.display.update(rect)*

只更新那一部分，這樣會提高性能。

總結來說，PyGame 套件的畫布繪圖功能非常靈活且功能齊全，適合各種 2D 遊戲的開發。通過熟練掌握這些功能，開發者可以創建出豐富多彩的遊戲畫面

# 如何繪製線條

  Pygame 套件環境設定，請讀者參考第一章環境設定等章節，筆者在本文就不再多贅敘。

  接下來使用 Pygame 套件時，匯入 PyGame 套件與初始化與產生 pygame 視窗與基本設定，請參閱上『PyGame 基本介紹』一章，筆者不再重複介紹，

### 建立與視窗大小一致畫布

#### 建立畫布變數

    建立繪圖視窗之後，我們可以設定繪圖視窗的背景顏色，由於對於繪圖視窗的背景就是一個畫布，所以我們必須先取得畫布，語法如下：

*畫布變數 = pygame.Surface(screen.get_size())*

最後使用 Python 程式碼，完成下列程式：

```
bg = pygame.Surface(screen.get_size())
#建立畫布變數(與視窗一樣大小) = pygame.Surface(screen.get_size())
```

```
#與視窗一樣大小 ==>pygame.Surface(screen.get_size()
```

## 轉換畫布變數為圖元格式

這時候才可以使用畫布變數 bg，來進行繪製，但是由於畫布記憶體原因，會與系統產生繪畫問題。

所以基於技巧，筆者建議使用將 convert 來配合繪圖，此方法主要用於將圖像轉換為指定的圖元格式。使用圖元格式可以指定一個特定的色彩深度(Color Depth)和圖元格式，以確保繪圖在顯示時具有最佳的效能和顏色精確性。

所以我們在建立畫布之後，產生的畫布變數必須使用內建方法：convert() ，讓畫布變數轉換為圖元格式，語法如下：

***畫布變數 = 畫布變數.convert()***

最後使用 Python 程式碼，完成下列程式：

```
bg = pygame.Surface(screen.get_size())
#建立畫布變數(與視窗一樣大小) = pygame.Surface(screen.get_size())
#與視窗一樣大小 ==>pygame.Surface(screen.get_size()
bg = bg.convert()
#畫布變數 = 畫布變數.convert()
```

## 直接在 pygame 視窗繪製 X 的直線

首先，我們可以再產生的 pygame 視窗，使用其視窗基本畫布來繪製直線，語法如下：

***pygame.draw.line(畫布名稱，繪製線條顏色,(起點座標 x1, 起點座標 y1), (結束點座標 x2, 結束點座標 y2), 線寬)***

- 畫布名稱是指 pygame 用 pygame.Surface(寬度與高度)產生的畫布變數。
- color 是顏色（可以是 RGB 變數值），可以用使用(R,G,B)的語法來產生 RGB 顏色變數，也就是使用(256 階層紅色顏色數, 256 階層綠色顏色數, 256 階層藍色顏色數)來產生 RGB 顏色變數。
- 座標點，可以用(X 座標,Y 座標)的資料填入座標位置值
- 線框：0 則不畫線，大於 0 的值，以像數(Pixels)為單位。

最後使用 Python 程式碼，完成下列程式：

表 9 用畫線功能畫一個 X 到視窗頁面上

```
用畫線功能畫一個 X 到視窗頁面上(py0301.py)
import pygame     #匯入 PyGame 套件
pygame.init()   #啟動 PyGame 套件
screen = pygame.display.set_mode((800,600))
#screen 為視窗變數，來使用建立的視窗
#視窗變數 = pygame.display.set_mode(視窗寬度尺寸:pixels，視窗高度尺寸:pixels)

pygame.display.set_caption("PyGame 繪圖功能介紹")
#pygame.display.set_caption(視窗標題的內容)

screen.fill((0,0,0))
#視窗變數.fill(RGB 變數參數)

bg = pygame.Surface(screen.get_size())
#建立畫布變數(與視窗一樣大小) = pygame.Surface(screen.get_size())
```

```
#與視窗一樣大小  ==>pygame.Surface(screen.get_size()

bg = bg.convert()
#畫布變數 = 畫布變數.convert()



pygame.draw.line(bg,(0,0,255),(0,0),(screen.get_width(),screen.get_height()),3)
#(0,0)為左上角座標,(screen.get_width(),screen.get_height())為右下角座標
pygame.draw.line(bg,(0,0,255),(0,screen.get_height()),(screen.get_width(),0),3)
#(0,screen.get_height()為左下角座標,screen.get_width(),0 為右上角座標

screen.blit(bg, (0,0))
#將 bg 畫布繪製在視窗上，就是把 X 圖片畫到視窗
pygame.display.update()
#視窗變數.display.update()

running = True
#設定 pygame 視窗正常運行之控制參數，並設為 True 不會離開迴圈
while running:    #用 running 來控制 pygame 視窗使否正常運行
    for event in pygame.event.get():
    # pygame.event.get()是一個滑鼠移動、動作、按下、放開….等所有事件集合
        #event 迴圈找出每一個事件變數
        if event.type == pygame.QUIT:
            # pygame.QUIT 就是按到系統結束按鈕
            running = False #設定 pygame 視窗正常運行之控制參數，並設為 False
            #設定 pygame 視窗正常運行之控制參數，並設為 False，會離開迴圈
pygame.quit()    #離開且關閉 pygame 視窗
```

程式下載區：https://github.com/brucetsao/pygame_basic

下列程式所以我們使用 Python 語言，劃出從(0,0):左上角座標到

(screen.get_width(),screen.get_height()):右下角座標,以藍色:(0,0,255),劃出第一條直線。

接下來劃出從(0,screen.get_height()):左下角座標到(screen.get_width(),0):右上角座標,以藍色:(0,0,255),劃出第二條直線。

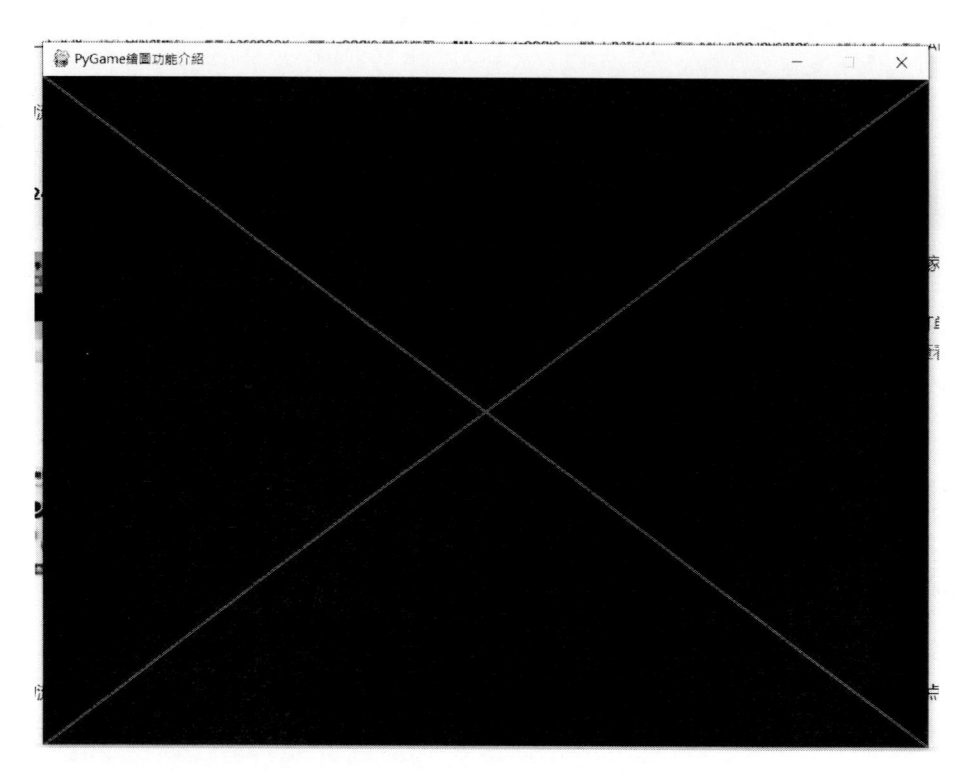

圖 150 用畫線功能畫一個 X 到視窗頁面上之結果畫面

## 直接在 pygame 視窗繪製一個格盤

首先,我們可以再產生的 pygame 視窗,使用其視窗基本畫布來繪製直線,語法如下:

*pygame.draw.line(畫布名稱, 繪製線條顏色,(起點座標 x1, 起點座標 y1),*

*(結束點座標 x2, 結束點座標 y2), 線寬)*

- 畫布名稱是指 pygame 用 pygame.Surface(寬度與高度)產生的畫布變數。
- color 是顏色(可以是 RGB 變數值),可以用使用(R,G,B)的語法來產生 RGB 顏色變數,也就是使用(256 階層紅色顏色數, 256 階層綠色顏色數, 256 階層藍色顏色數)來產生 RGB 顏色變數。
- 座標點,可以用(X 座標,Y 座標)的資料填入座標位置值
- 線框:0 則不畫線,大於 0 的值,以像數(Pixels)為單位。

最後使用 Python 程式碼,並整合上述的程式碼,完成下列程式:

表 10 用畫線功能畫一個 X 到視窗頁面上

| 用畫線功能畫一個 X 到視窗頁面上(py0301.py) |
| --- |
| import pygame    #匯入 PyGame 套件<br>pygame.init()    #啟動 PyGame 套件<br>screen = pygame.display.set_mode((800,600))<br>#screen 為視窗變數,來使用建立的視窗<br>#視窗變數 = pygame.display.set_mode(視窗寬度尺寸:pixels,視窗高度尺寸:pixels)<br><br>pygame.display.set_caption("PyGame 繪圖功能介紹")<br>#pygame.display.set_caption(視窗標題的內容)<br><br>screen.fill((0,0,0))<br>#視窗變數.fill(RGB 變數參數)<br><br>bg = pygame.Surface(screen.get_size())<br>#建立畫布變數(與視窗一樣大小) = pygame.Surface(screen.get_size())<br>#與視窗一樣大小 ==>pygame.Surface(screen.get_size()<br><br>bg = bg.convert()<br>#畫布變數 = 畫布變數.convert() |

```
pygame.draw.line(bg,(0,0,255),(0,0),(screen.get_width(),screen.get_height()),0)
#(0,0)為左上角座標,(screen.get_width(),screen.get_height())為右下角座標
pygame.draw.line(bg,(0,0,255),(0,screen.get_height()),(screen.get_width(),0),0)
#(0,screen.get_height())為左下角座標,screen.get_width(),0 為右上角座標

screen.blit(bg, (0,0))
#將 bg 畫布繪製在視窗上，就是把 X 圖片畫到視窗
pygame.display.update()
#視窗變數.display.update()

running = True
#設定 pygame 視窗正常運行之控制參數，並設為 True 不會離開迴圈
while running:   #用 running 來控制 pygame 視窗使否正常運行
    for event in pygame.event.get():
    # pygame.event.get()是一個滑鼠移動、動作、按下、放開….等所有事件集合
        #event 迴圈找出每一個事件變數
        if event.type == pygame.QUIT:
            # pygame.QUIT 就是按到系統結束按鈕
            running = False #設定 pygame 視窗正常運行之控制參數，並設為 False
            #設定 pygame 視窗正常運行之控制參數，並設為 False，會離開迴圈
pygame.quit()     #離開且關閉 pygame 視窗
```

程式下載區：https://github.com/brucetsao/pygame_basic

　　下列程式所以我們使用 Python 語言，劃出從(0,0):左上角座標到(screen.get_width(),screen.get_height()):右下角座標，以藍色：(0,0,255)，劃出第一條直線。

　　接下來劃出從(0,screen.get_height()):左下角座標到(screen.get_width(),0):

右上角座標,以藍色:(0,0,255),劃出第二條直線。

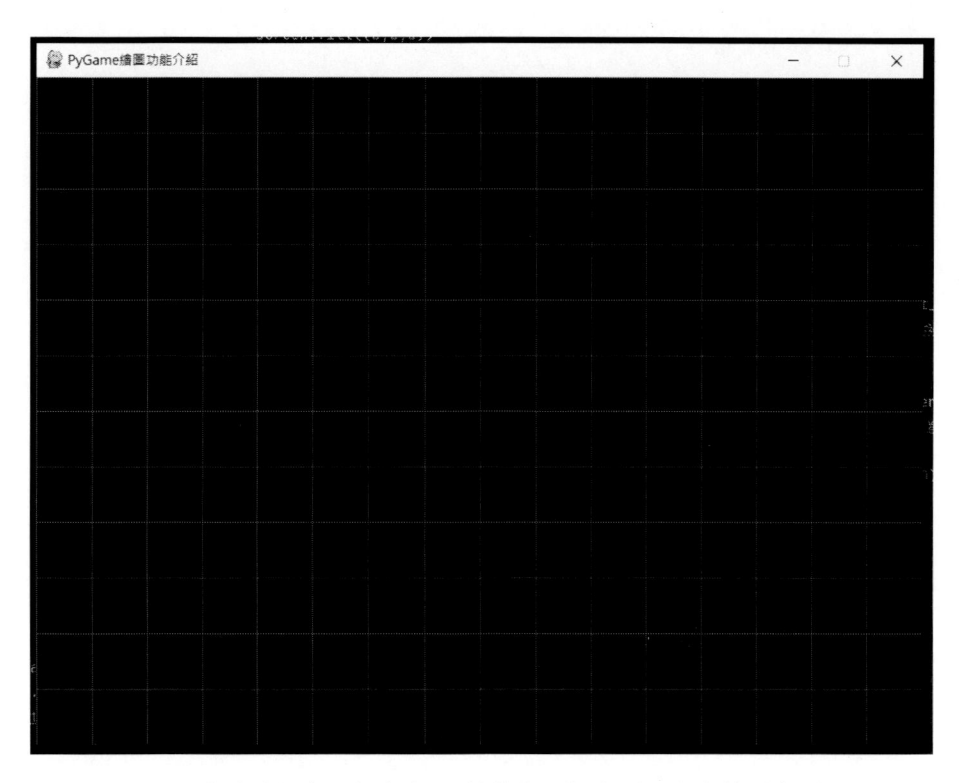

圖 151 用畫線功能畫一個寬度 50 的格盤到視窗頁面上之結果畫面

# 如何繪製矩形

　　Pygame 套件環境設定,請讀者參考第一章環境設定等章節,筆者在本文就不再多贅敘。

　　接下來使用 Pygame 套件時,匯入 PyGame 套件與初始化與產生 pygame 視窗與基本設定,請參閱上『PyGame 基本介紹』一章,筆者不再重複介紹,

## 建立與視窗大小一致畫布

### 建立畫布變數

建立繪圖視窗之後,我們可以設定繪圖視窗的背景顏色,由於對於繪圖視窗的背景就是一個畫布,所以我們必須先取得畫布,語法如下:

*畫布變數* = *pygame.Surface(screen.get_size())*

最後使用 Python 程式碼,完成下列程式:

```
bg = pygame.Surface(screen.get_size())
#建立畫布變數(與視窗一樣大小) = pygame.Surface(screen.get_size())
#與視窗一樣大小 ==>pygame.Surface(screen.get_size())
```

### 轉換畫布變數為圖元格式

這時候才可以使用畫布變數 bg,來進行繪製,但是由於畫布記憶體原因,會與系統產生繪畫問題。

所以基於技巧,筆者建議使用將 convert 來配合繪圖,此方法主要用於將圖像轉換為指定的圖元格式。使用圖元格式可以指定一個特定的色彩深度(Color Depth)和圖元格式,以確保繪圖在顯示時具有最佳的效能和顏色精確性。

所以我們在建立畫布之後,產生的畫布變數必須使用內建方法:convert() ,讓畫布變數轉換為圖元格式,語法如下:

*畫布變數* = *畫布變數.convert()*

最後使用 Python 程式碼，完成下列程式：

```
bg = pygame.Surface(screen.get_size())
#建立畫布變數(與視窗一樣大小) = pygame.Surface(screen.get_size())
#與視窗一樣大小  ==>pygame.Surface(screen.get_size())
bg = bg.convert()
#畫布變數 = 畫布變數.convert()
```

## 直接在 pygame 視窗繪製三分之一的矩形框

首先，我們可以再產生的 pygame 視窗，使用其視窗基本畫布來繪製直線，語法如下：

***pygame.draw.rect(畫布名稱, 顏色, [x 坐標 y 坐標  寬度, 高度], 線寬)***

- 畫布名稱是指 pygame 用 pygame.Surface(寬度與高度)產生的畫布變數。
- color 是顏色（可以是 RGB 變數值），可以用使用(R,G,B)的語法來產生 RGB 顏色變數，也就是使用(256 階層紅色顏色數, 256 階層綠色顏色數, 256 階層藍色顏色數)來產生 RGB 顏色變數。
- 座標點 X: X 座標,Y 座標位置值
- 座標點 Y: Y 座標,Y 座標位置值
- 寬度 W: 畫出矩形寬度尺寸
- 高度 H: 畫出矩形高度尺寸
- 線框：0 則畫圖色之矩形，大於 0 的值，以像數(Pixels)為單位。

我們要畫出一個三分之一視窗大小的矩形之尺寸，如下圖所示，很快我們

可以得到下列參數：

- 座標點 X: screen.get_width()/3 之整數值
- 座標點 Y: screen.get_height()/3
- 寬度 W: screen.get_width()/3 之整數值
- 高度 H: screen.get_height()/3

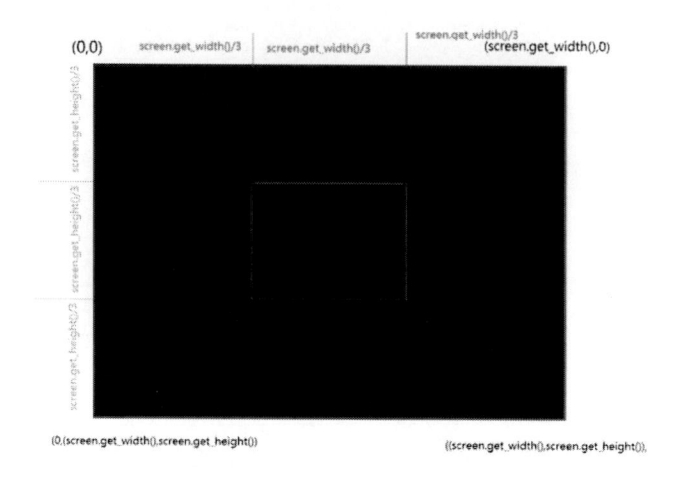

圖 152 畫三分之一視窗大小的矩形之尺寸大小

最後使用 Python 程式碼，完成下列程式：

表 11 用畫矩形功能畫三分之一視窗大小的矩形到視窗頁面上

| 用畫矩形功能畫三分之一視窗大小的矩形到視窗頁面上(py0311.py) |
|---|
| import pygame     #匯入 PyGame 套件 |
| pygame.init()   #啟動 PyGame 套件 |
| screen = pygame.display.set_mode((800,600)) |
| #screen 為視窗變數，來使用建立的視窗 |
| #視窗變數 = pygame.display.set_mode(視窗寬度尺寸:pixels，視窗高度尺寸:pixels) |
| |
| pygame.display.set_caption("PyGame 繪圖功能介紹:矩形功能") |
| #pygame.display.set_caption(視窗標題的內容) |
| |
| screen.fill((0,0,0)) |

```python
#視窗變數.fill(RGB 變數參數)


bg = pygame.Surface(screen.get_size())
#建立畫布變數(與視窗一樣大小) = pygame.Surface(screen.get_size())
#與視窗一樣大小 ==>pygame.Surface(screen.get_size()


bg = bg.convert()
#畫布變數 = 畫布變數.convert()


pygame.draw.rect(bg, (0,0,255), [int(screen.get_width()/3),
int(screen.get_height()/3), int(screen.get_width()/3),
int(screen.get_height()/3)], 3)
#視窗畫面三分之一的位置：x=int(screen.get_width()/3) , y=
int(screen.get_height()/3)
#視窗畫面三分之一矩形：width=int(screen.get_width()/3) , height=
int(screen.get_height()/3)

screen.blit(bg, (0,0))
#將 bg 畫布繪製在視窗上，就是把 X 圖片畫到視窗
pygame.display.update()
#視窗變數.display.update()


running = True
#設定 pygame 視窗正常運行之控制參數，並設為 True 不會離開迴圈
while running:    #用 running 來控制 pygame 視窗使否正常運行
    for event in pygame.event.get():
    # pygame.event.get()是一個滑鼠移動、動作、按下、放開….等所有
事件集合
        #event 迴圈找出每一個事件變數
        if event.type == pygame.QUIT:
            # pygame.QUIT 就是按到系統結束按鈕
            running = False #設定 pygame 視窗正常運行之控制參數，
並設為 False
            #設定 pygame 視窗正常運行之控制參數，並設為 False，
會離開迴圈
pygame.quit()    #離開且關閉 pygame 視窗
```

程式下載區：https://github.com/brucetsao/pygame_basic

下列程式所以我們使用 Python 語言，劃出位置：(int(screen.get_width()/3), int(screen.get_height()/3)，寬度為：int(screen.get_width()/3)，高度為：int(screen.get_height()/3 的大小之矩形，以藍色: (0,0,255)，線條寬度：3 的矩形於視窗內，其結果如下圖所示：

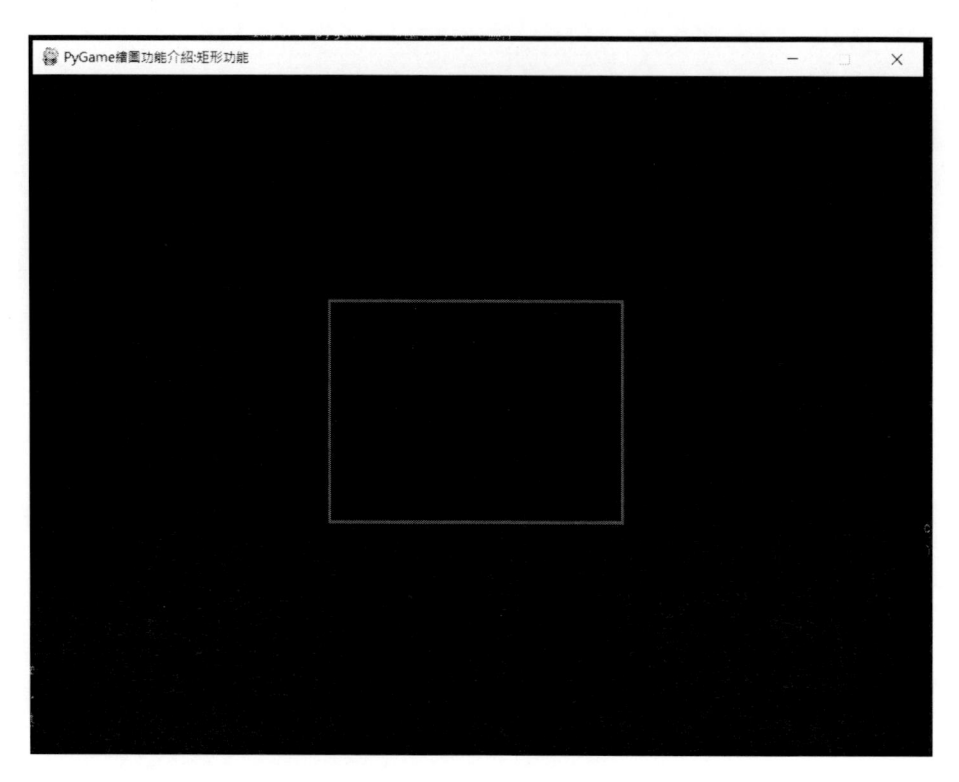

圖 153 畫三分之一視窗大小的矩形到視窗頁面上之結果畫面

## 直接在 pygame 視窗繪製連續縮小的矩形框

首先，我們可以再產生的 pygame 視窗，使用其視窗基本畫布來繪製直線，語法如下：

***pygame.draw.rect(畫布名稱, 顏色, [x 坐標 y 坐標, 寬度, 高度], 線寬)***

- 畫布名稱是指 pygame 用 pygame.Surface(寬度與高度)產生的畫布變數。
- color 是顏色(可以是 RGB 變數值),可以用使用(R,G,B)的語法來產生 RGB 顏色變數,也就是使用(256 階層紅色顏色數, 256 階層綠色顏色數, 256 階層藍色顏色數)來產生 RGB 顏色變數。
- 座標點 X: X 座標,Y 座標位置值
- 座標點 Y: Y 座標,Y 座標位置值
- 寬度 W: 畫出矩形寬度尺寸
- 高度 H: 畫出矩形高度尺寸
- 線框:0 則畫圖色之矩形,大於 0 的值,以像數(Pixels)為單位。

由於我們要畫出 n=5 五個矩形,其矩形的個數陣列我們用 range(0,5),就是{0,1,2,3,4}的數字來依序畫出五個矩形,所以根據 m={0,1,2,3,4} 每一個元素。

如下圖所示,很快我們可以得到下列參數:

- xl= 寬度縮小值:int(screen.get_width()/(n*2))#寬度縮小漸距為總寬度/(n=5 個矩形 *對稱兩倍)
- yl= 高度縮小值:int(screen.get_height()/(n*2))#高度縮小漸距為總高度/(n=5 個矩形 *對稱兩倍)
- 座標點 X: 0+m*2(雙邊縮小)*xl(寬度縮小值)+1(向右移一點)
- 座標點 Y: 0+m*2(雙邊縮小)*yl(高度縮小值)+1(向下移一點)
- 寬度 W:screen.get_width():總寬度 -m*2(雙邊縮小)*xl(寬度縮小值)+-1(向左移一點)
- 高度 H: screen.get_height:總高度 -m*2(雙邊縮小)*yl(高度縮小

值)+-1(向上移一點)

```
screen.get_width()
(X,Y)
座標點X: 0 + m *
2(雙邊縮小) * xl(寬
度縮小值) + 1(向
右移一點)

座標點Y: 0 + m *
2(雙邊縮小) * yl(高
度縮小值) + 1(向下
移一點)

screen.get_width()/(n*2)

xl = int(screen.get_width()/(n*2))
#寬度縮小漸距為總寬度/(n=5個矩形*對稱兩倍)

screen.get_height()/(n*2)
yl = int(screen.get_height()/(n*2))
#高度縮小漸距為總高度/(n=5個矩形*對稱兩倍)

screen.get_height()

X座標:總寬度-二倍寬度漸進值
Y座標:總高度-二倍高度漸進值
```

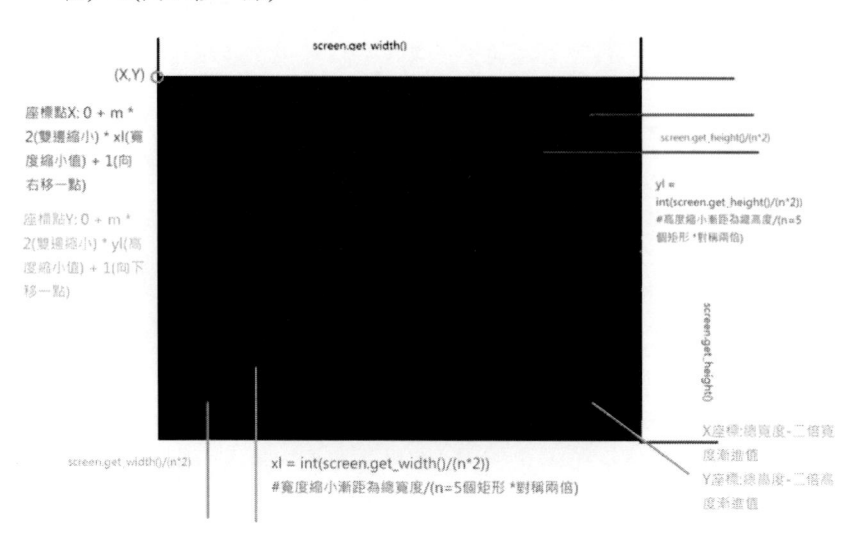

圖 154　繪製連續縮小的矩形框之尺寸大小

最後使用 Python 程式碼，完成下列程式：

表 12　繪製連續縮小的矩形框到視窗頁面上

| 繪製連續縮小的矩形框到視窗頁面上(py0312.py) |
| --- |
| import pygame　　#匯入 PyGame 套件<br>import time<br>pygame.init()　#啟動 PyGame 套件<br>screen = pygame.display.set_mode((800,600))<br>#screen 為視窗變數，來使用建立的視窗<br>#視窗變數 = pygame.display.set_mode(視窗寬度尺寸:pixels，視窗高度尺寸:pixels)<br><br>pygame.display.set_caption("PyGame 繪圖功能介紹:矩形功能(連續縮小五個矩形寬)")<br>#pygame.display.set_caption(視窗標題的內容)<br><br>screen.fill((0,0,0))<br>#視窗變數.fill(RGB 變數參數)<br><br>bg = pygame.Surface(screen.get_size()) |

～ 187 ～

```
#建立畫布變數(與視窗一樣大小) = pygame.Surface(screen.get_size())
#與視窗一樣大小 ==>pygame.Surface(screen.get_size()

bg = bg.convert()
#畫布變數 = 畫布變數.convert()
n=5
#共劃出 n=5 個矩形
xl = int(screen.get_width()/(n*2))
#寬度縮小漸距為總寬度/(n=5 個矩形 *對稱兩倍)
yl = int(screen.get_height()/(n*2))
#高度縮小漸距為總高度/(n=5 個矩形 *對稱兩倍)

for m in range(0,n):
    print(m)
    print("POS :(%d,%d)" %   (0+xl*m+1, 0+yl*m+1))#列印繪出(X,Y)座標值
    print("Width :(%d,%d)" %   (screen.get_width()-m*2*xl-1, screen.get_height()-m*2*yl-1))#列印繪出(WIDTH,HEIGHT)矩形大小值
    pygame.draw.rect(bg, (0,0,255), [0+xl*m+1, 0+yl*m+1, screen.get_width()-m*2*xl-1, screen.get_height()-m*2*yl-1], 1)
    # 座標點 X: 0 + m * 2(雙邊縮小) * xl(寬度縮小值) + 1(向右移一點)
    # 座標點 Y: 0 + m * 2(雙邊縮小) * yl(高度縮小值) + 1(向下移一點)
    # 寬度 W: screen.get_width():總寬度 - m * 2(雙邊縮小) * xl(寬度縮小值) + -1(向左移一點)
    # 高度 H: screen.get_height:總高度 - m * 2(雙邊縮小) * yl(高度縮小值) + -1(向上移一點)

    screen.blit(bg, (0,0))
    #將 bg 畫布繪製在視窗上,就是把 X 圖片畫到視窗
    pygame.display.update()
    #視窗變數.display.update()

running = True
#設定 pygame 視窗正常運行之控制參數,並設為 True 不會離開迴圈
while running:    #用 running 來控制 pygame 視窗使否正常運行
    for event in pygame.event.get():
        # pygame.event.get()是一個滑鼠移動、動作、按下、放開....等所有事件集合
```

```
            #event 迴圈找出每一個事件變數
            if event.type == pygame.QUIT:
                # pygame.QUIT 就是按到系統結束按鈕
                running = False #設定 pygame 視窗正常運行之控制參數，
並設為 False
                #設定 pygame 視窗正常運行之控制參數，並設為 False，
會離開迴圈
            pygame.quit()    #離開且關閉 pygame 視窗
```

程式下載區：https://github.com/brucetsao/pygame_basic

下列程式所以我們使用 Python 語言，劃出位置：(座標點 X: 0 + m * 2(雙邊縮小) * xl(寬度縮小值) + 1(向右移一點)，座標點 Y: 0 + m * 2(雙邊縮小) * yl(高度縮小值) + 1(向下移一點))，寬度 W: screen.get_width():總寬度 - m * 2(雙邊縮小) * xl(寬度縮小值) + -1(向左移一點)，高度 H: screen.get_height:總高度 - m * 2(雙邊縮小) * yl(高度縮小值) + -1(向上移一點)的大小之矩形，以藍色: (0,0,255)，線條寬度：1 的矩形於視窗內，其結果如下圖所示：

圖 155 繪製連續縮小的矩形框到視窗頁面之結果畫面

# 如何繪製圓形

Pygame 套件環境設定，請讀者參考第一章環境設定等章節，筆者在本文就不再多贅敘。

接下來使用 Pygame 套件時，匯入 PyGame 套件與初始化與產生 pygame 視窗與基本設定，請參閱上『PyGame 基本介紹』一章，筆者不再重複介紹，

## 建立與視窗大小一致畫布

### 建立畫布變數

建立繪圖視窗之後，我們可以設定繪圖視窗的背景顏色，由於對於繪圖視窗的背景就是一個畫布，所以我們必須先取得畫布，語法如下：

<u>*畫布變數*</u> *= pygame.Surface(screen.get_size())*

最後使用 Python 程式碼，完成下列程式：

```
bg = pygame.Surface(screen.get_size())
#建立畫布變數(與視窗一樣大小) = pygame.Surface(screen.get_size())
#與視窗一樣大小 ==>pygame.Surface(screen.get_size())
```

### 轉換畫布變數為圖元格式

這時候才可以使用畫布變數 bg，來進行繪製，但是由於畫布記憶體原因，會與系統產生繪畫問題。

所以基於技巧，筆者建議使用將 convert 來配合繪圖，此方法主要用於將圖像轉換為指定的圖元格式。使用圖元格式可以指定一個特定的色彩深度

(Color Depth)和圖元格式,以確保繪圖在顯示時具有最佳的效能和顏色精確性。

所以我們在建立畫布之後,產生的畫布變數必須使用內建方法:convert(),讓畫布變數轉換為圖元格式,語法如下:

*畫布變數 = 畫布變數.convert()*

最後使用 Python 程式碼,完成下列程式:

```
bg = pygame.Surface(screen.get_size())
#建立畫布變數(與視窗一樣大小) = pygame.Surface(screen.get_size())
#與視窗一樣大小  ==>pygame.Surface(screen.get_size())
bg = bg.convert()
#畫布變數 = 畫布變數.convert()
```

## 直接在 pygame 視窗繪製中心圓形框

首先,我們可以再產生的 pygame 視窗,使用其視窗基本畫布來繪製圖形,語法如下:

*pygame.draw.circle (畫布名稱, 顏色, (x 坐標 y 坐標), 半徑, 線寬)*

- 畫布名稱是指 pygame 用 pygame.Surface(寬度與高度)產生的畫布變數。
- color 是顏色(可以是 RGB 變數值),可以用使用(R,G,B)的語法來產生 RGB 顏色變數,也就是使用(256 階層紅色顏色數, 256 階層綠色顏色數, 256 階層藍色顏色數)來產生 RGB 顏色變數。

- 圓心座標(X,Y)
    - 座標點 X: X 座標,Y 座標位置值
    - 座標點 Y: Y 座標,Y 座標位置值
- 半徑 R: 畫出圓形半徑尺寸
- 線框：0 則畫圖色之圓形，大於 0 的值，以像數(Pixels)為單位。

我們要畫出一個二分之一視窗大小的圓形之尺寸，如下圖所示，很快我們可以得到下列參數：

- 座標點 X: screen.get_width()/2 之整數值
- 座標點 Y: screen.get_height()/2 circle 之整數值
- 半徑 R: 取寬度 W: screen.get_width()/2 之整數值與高度 H: screen.get_height()/2 之整數值兩者最小值的再剪二(避免破圖)
- 線框：0 則畫圖色之圓形，大於 0 的值，以像數(Pixels)為單位。

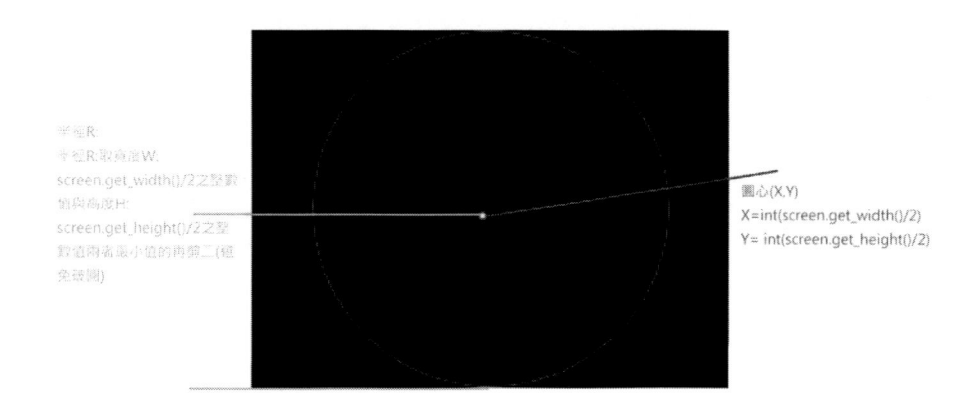

圖 156 畫視窗中心內最大的圓形之尺寸大小

最後使用 Python 程式碼，完成下列程式：

表 13 畫二分之一視窗大小的圓形到視窗中心上

畫二分之一視窗大小的圓形到視窗中心上(py0321.py)

```
import pygame    #匯入 PyGame 套件
import math
pygame.init()   #啟動 PyGame 套件
screen = pygame.display.set_mode((800,600))
#screen 為視窗變數，來使用建立的視窗
#視窗變數 = pygame.display.set_mode(視窗寬度尺寸:pixels，視窗高度
尺寸:pixels)


pygame.display.set_caption("PyGame 繪圖功能介紹:圖形功能")
#pygame.display.set_caption(視窗標題的內容)


screen.fill((0,0,0))
#視窗變數.fill(RGB 變數參數)


bg = pygame.Surface(screen.get_size())
#建立畫布變數(與視窗一樣大小) = pygame.Surface(screen.get_size())
#與視窗一樣大小 ==>pygame.Surface(screen.get_size()


bg = bg.convert()
#畫布變數 = 畫布變數.convert()
r= min(int(screen.get_width()/2), int(screen.get_height()/2))-2
#半徑 r:取寬度 W: screen.get_width()/2 之整數值與高度 H:
screen.get_height()/2 之整數值兩者最小值的再剪二(避免破圖)
pygame.draw.circle(bg, (0,0,255), (int(screen.get_width()/2),
int(screen.get_height()/2)),r, 3)
#視窗畫面二分之一的位置：x=int(screen.get_width()/2) , y=
int(screen.get_height()/2)
#視窗畫面二分之一圖形：r= min(int(screen.get_width()/2),
int(screen.get_height()/2))-2(避免破圖)


screen.blit(bg, (0,0))
#將 bg 畫布繪製在視窗上，就是把 X 圖片畫到視窗
pygame.display.update()
#視窗變數.display.update()


running = True
```

```
#設定 pygame 視窗正常運行之控制參數，並設為 True 不會離開迴圈
while running:    #用 running 來控制 pygame 視窗使否正常運行
    for event in pygame.event.get():
    # pygame.event.get()是一個滑鼠移動、動作、按下、放開….等所有
事件集合
        #event 迴圈找出每一個事件變數
        if event.type == pygame.QUIT:
            # pygame.QUIT 就是按到系統結束按鈕
            running = False #設定 pygame 視窗正常運行之控制參數，
並設為 False
            #設定 pygame 視窗正常運行之控制參數，並設為 False，
會離開迴圈
pygame.quit()    #離開且關閉 pygame 視窗
```

程式下載區：https://github.com/brucetsao/pygame_basic

下列程式所以我們使用 Python 語言，劃出位置：(int(screen.get_width()/2), int(screen.get_height()/2)，半徑為：半徑 R:取寬度 W: screen.get_width()/2 之整數值與高度 H: screen.get_height()/2 之整數值兩者最小值的再剪二(避免破圓)，以藍色: (0,0,255)，線條寬度：1 的圓形於視窗內中心處，其結果如下圖所示：

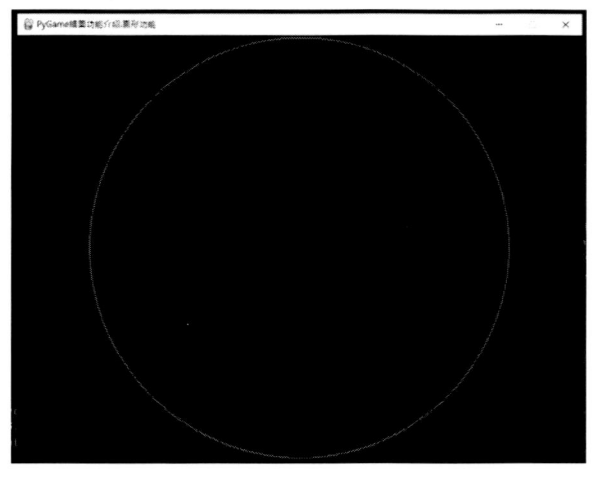

圖 157 畫二分之一視窗大小的圓形到視窗中心上之結果畫面

~ 194 ~

## 直接在 pygame 視窗繪製連續縮小的圓形框

首先,我們可以再產生的 pygame 視窗,使用其視窗基本畫布來繪製圓形,語法如下:

*pygame.draw.circle (畫布名稱, 顏色, (x 坐標 y 坐標, 半徑, 線寬)*

- 畫布名稱是指 pygame 用 pygame.Surface(寬度與高度)產生的畫布變數。
- color 是顏色 ( 可以是 RGB 變數值 ),可以用使用(R,G,B)的語法來產生 RGB 顏色變數,也就是使用(256 階層紅色顏色數, 256 階層綠色顏色數, 256 階層藍色顏色數)來產生 RGB 顏色變數。
- 圓心座標(X,Y)
  - 座標點 X: X 座標,Y 座標位置值
  - 座標點 Y: Y 座標,Y 座標位置值
- 半徑 R: 畫出圓形半徑尺寸
- 線框:0 則畫圖色之圓形,大於 0 的值,以像數(Pixels)為單位。

我們要畫出一個 N 分之一視窗大小的圓形之尺寸,如下圖所示,很快我們可以得到下列參數:

- 座標點 X: screen.get_width()/2 之整數值
- 座標點 Y: screen.get_height()/2 circle 之整數值
- 半徑 R: 取寬度 W: screen.get_width()/2 之整數值與高度 H: screen.get_height()/2 之整數值兩者最小值的再剪二(避免破圖)
  - 繪出真實半徑 R: 半徑 R *N 分之一
- 線框:1 則不畫線,大於 0 的值,以像數(Pixels)為單位。

~ 195 ~

圖 158 畫連續畫 N 分之一遞減圖形到視窗中心之尺寸大小

下列程式所以我們使用 Python 語言，劃出位置：(int(screen.get_width()/2), int(screen.get_height()/2)，半徑為：半徑 R:取寬度 W: screen.get_width()/2 之整數值與高度 H: screen.get_height()/2 之整數值兩者最小值的再剪二(避免破圖)在乘與 N 分之幾，以藍色: (0,0,255)，線條寬度：1 的圓形於視窗內中心處，其結果如下圖所示：

最後使用 Python 程式碼，完成下列程式：

表 14 畫連續畫 N 分之一遞減圖形到視窗中心

```
畫連續畫 N 分之一遞減圖形到視窗中心(py0322.py)
import pygame       #匯入 PyGame 套件
import math
pygame.init()    #啟動 PyGame 套件
screen = pygame.display.set_mode((800,600))
#screen 為視窗變數，來使用建立的視窗
#視窗變數 = pygame.display.set_mode(視窗寬度尺寸:pixels，視窗高度尺寸:pixels)

pygame.display.set_caption("PyGame 繪圖功能介紹:連續畫 N 分之一遞減圖形功能")
#pygame.display.set_caption(視窗標題的內容)
```

```
screen.fill((0,0,0))
#視窗變數.fill(RGB 變數參數)


bg = pygame.Surface(screen.get_size())
#建立畫布變數(與視窗一樣大小) = pygame.Surface(screen.get_size())
#與視窗一樣大小 ==>pygame.Surface(screen.get_size()


bg = bg.convert()
#畫布變數 = 畫布變數.convert()
x,y = int(screen.get_width()/2), int(screen.get_height()/2)
#圓心(x,y) = (int(screen.get_width()/2), int(screen.get_height()/2))
r= min(int(screen.get_width()/2), int(screen.get_height()/2))-2
#半徑 r:取寬度 W: screen.get_width()/2 之整數值與高度 H: screen.get_height()/2 之整數值兩者最小值的再剪二(避免破圓)


n=5
#共劃出 n=5 個圖形
#繪出 r = (r= min(int(screen.get_width()/2), int(screen.get_height()/2))-2) * N 分之一
for m in range(0,n):
    print(m)
    print("POS :(%d,%d)" %   (int(screen.get_width()/2), int(screen.get_height()/2)))#列印繪出(X,Y)座標值
    print("Radius : %d" %   int(screen.get_height()/2))   #列印繪出(WIDTH,HEIGHT)矩形大小值
    pygame.draw.circle(bg, (0, 0, 255), (int(screen.get_width()/2), int(screen.get_height()/2)), int(r* (n-m)/n), 1)
    # 座標點 X: int(screen.get_width()/2)
    # 座標點 Y: int(screen.get_height()/2)
    #r = min(int(screen.get_width() / 2), int(screen.get_height() / 2)) - 2
    # 半徑 r:int(r* (n-m)/n)
    #實際半徑 = ㄐ* N 分之一 ==> r* (n-m)/n

screen.blit(bg, (0,0))
#將 bg 畫布繪製在視窗上，就是把 X 圖片畫到視窗
pygame.display.update()
```

```
#視窗變數.display.update()

running = True
#設定 pygame 視窗正常運行之控制參數，並設為 True 不會離開迴圈
while running:   #用 running 來控制 pygame 視窗使否正常運行
    for event in pygame.event.get():
    # pygame.event.get()是一個滑鼠移動、動作、按下、放開….等所有事件集合
        #event 迴圈找出每一個事件變數
        if event.type == pygame.QUIT:
            # pygame.QUIT 就是按到系統結束按鈕
            running = False #設定 pygame 視窗正常運行之控制參數，並設為 False
            #設定 pygame 視窗正常運行之控制參數，並設為 False，會離開迴圈
pygame.quit()    #離開且關閉 pygame 視窗
```

程式下載區：https://github.com/brucetsao/pygame_basic

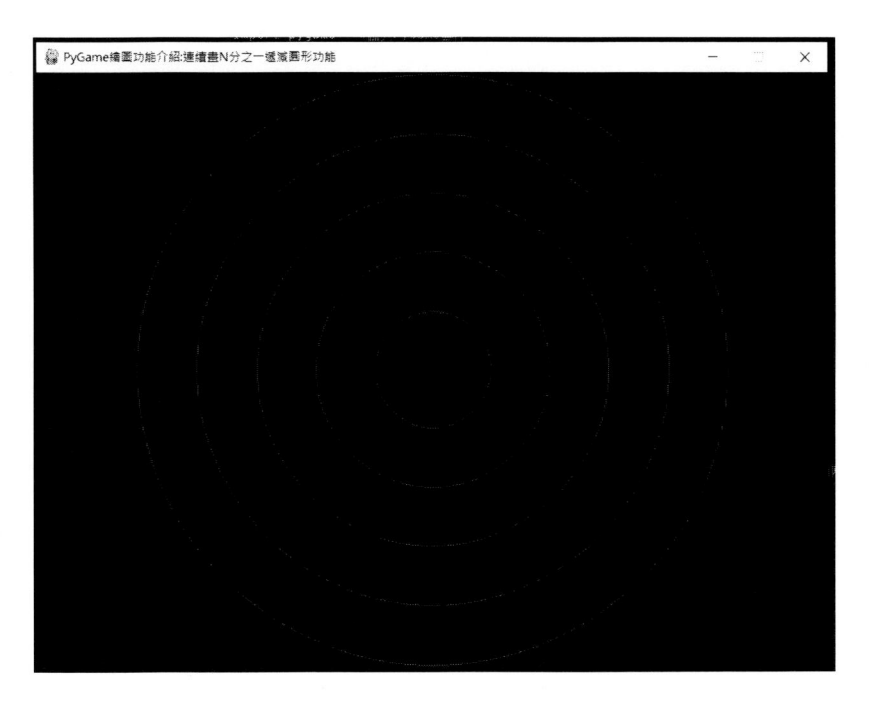

圖 159 畫連續畫 N 分之一遞減圓形到視窗中心上之結果畫面

# 如何繪製橢圓形

Pygame 套件環境設定，請讀者參考第一章環境設定等章節，筆者在本文就不再多贅敘。

接下來使用 Pygame 套件時，匯入 PyGame 套件與初始化與產生 pygame 視窗與基本設定，請參閱上『PyGame 基本介紹』一章，筆者不再重複介紹，

## 建立與視窗大小一致畫布

### 建立畫布變數

建立繪圖視窗之後，我們可以設定繪圖視窗的背景顏色，由於對於繪圖視窗的背景就是一個畫布，所以我們必須先取得畫布，語法如下：

*畫布變數 = pygame.Surface(screen.get_size())*

最後使用 Python 程式碼，完成下列程式：

```
bg = pygame.Surface(screen.get_size())
#建立畫布變數(與視窗一樣大小) = pygame.Surface(screen.get_size())
#與視窗一樣大小  ==>pygame.Surface(screen.get_size()
```

### 轉換畫布變數為圖元格式

這時候才可以使用畫布變數 bg，來進行繪製，但是由於畫布記憶體原因，會與系統產生繪畫問題。

所以基於技巧，筆者建議使用將 convert 來配合繪圖，此方法主要用於將

圖像轉換為指定的圖元格式。使用圖元格式可以指定一個特定的色彩深度(Color Depth)和圖元格式，以確保繪圖在顯示時具有最佳的效能和顏色精確性。

所以我們在建立畫布之後，產生的畫布變數必須使用內建方法：convert() ，讓畫布變數轉換為圖元格式，語法如下：

*畫布變數 = 畫布變數.convert()*

最後使用 Python 程式碼，完成下列程式：

```
bg = pygame.Surface(screen.get_size())
#建立畫布變數(與視窗一樣大小) = pygame.Surface(screen.get_size())
#與視窗一樣大小 ==>pygame.Surface(screen.get_size())
bg = bg.convert()
#畫布變數 = 畫布變數.convert()
```

## 直接在 pygame 視窗繪製中心橢圓形框

首先，我們可以再產生的 pygame 視窗，使用其視窗基本畫布來繪製橢圓形，語法如下：

*pygame.draw. ellipse(畫布名稱, 顏色, (左上角 x 坐標, 左上角 y 坐標, x 軸直徑, y 軸直徑), 線寬)*

- 畫布名稱是指 pygame 用 pygame.Surface(寬度與高度)產生的畫布變數。
- color 是顏色 ( 可以是 RGB 變數值 )，可以用使用(R,G,B)的語法來產生 RGB 顏色變數,也就是使用(256 階層紅色顏色數, 256 階層綠色顏色數, 256 階層藍色顏色數)來產生 RGB 顏色變數。

- 橢圓形左上角座標(x1,y1)
    - 左上角 x 座標=橢圓形圓心 x 座標-wr 橢圓形寬度半徑 or 左上角 X 座標+(向右多 1 點 pixel)
    - 左上角 y 座標=橢圓形圓心 y 座標+hr 橢圓形高度半徑 or 左上角 Y 座標+(向下多 1 點 pixel)
- 橢圓形 X 軸直徑與 Y 軸直徑
    - X 軸長度=螢幕寬度 w -(左右縮 1 點 pixel)
    - Y 軸長度螢幕高度 h -(左右縮 1 點 pixel)
- 線框:0 則畫圖色之橢圓形,大於 0 的值,以像數(Pixels)為單位。

我們要畫出一個二分之一視窗大小的橢圓形之尺寸,如下圖所示,很快我們可以得到下列參數:

- 橢圓形圓心座標點 x: screen.get_width()/2 之整數值
- 橢圓形圓心座標點 y: screen.get_height()/2 之整數值
- 左上角 X 座標+(向右多 1 點 pixel):0+1
- 左上角 Y 座標+(向下多 1 點 pixel):0+1
- X 軸長度=螢幕寬度 w -(左右縮 1 點 pixel):w-2
- Y 軸長度螢幕高度 h -(左右縮 1 點 pixel):h-2
- 線框:1,以像數(Pixels)為單位。

圖中標註：

左側上：
左上角x坐標=橢圓形圓心x座標-wr橢圓形寬度半徑 or 左上角X座標+(向右多1點pixel)

左側下：
左上角y坐標=橢圓形圓心y座標+hr橢圓形高度半徑 or 左上角Y座標+(向下多1點pixel)

上方中央：(screen.get_width()/2,screen.get_height()/2)

左側軸標：screen.get_height()

下方軸標：screen.get_width()

右側上：X軸長度=螢幕寬度 w -(左右縮1點 pixel)

右側下：X軸長度=螢幕寬度 w -(左右縮1點 pixel)

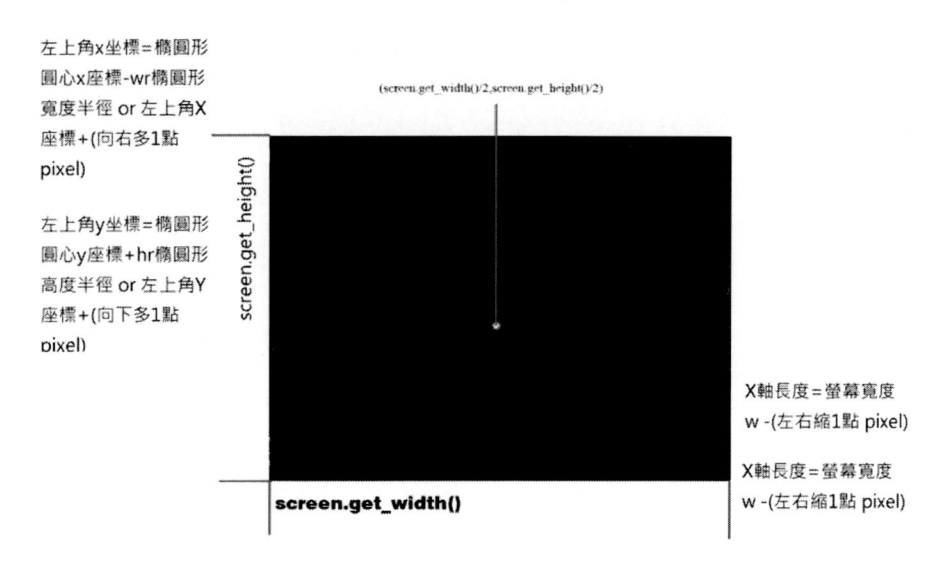

圖 160 畫視窗中心內最大的橢圓形之尺寸大小

最後使用 Python 程式碼，完成下列程式：

表 15 畫二分之一視窗大小的橢圓形到視窗中心上

```
畫二分之一視窗大小的橢圓形到視窗中心上(py0321.py)
import pygame     #匯入 PyGame 套件
import math

pygame.init()    #啟動 PyGame 套件
screen = pygame.display.set_mode((800, 600))
#screen 為視窗變數，來使用建立的視窗
#視窗變數 = pygame.display.set_mode(視窗寬度尺寸:pixels，視窗高度尺寸:pixels)

pygame.display.set_caption("PyGame 繪圖功能介紹:畫出一個2π，分成 10 等份，每次畫 20 等份的弧度")
#pygame.display.set_caption(視窗標題的內容)

screen.fill((0, 0, 0))
#視窗變數.fill(RGB 變數參數)
```

```
bg = pygame.Surface(screen.get_size())
#建立畫布變數(與視窗一樣大小) = pygame.Surface(screen.get_size())
#與視窗一樣大小  ==>pygame.Surface(screen.get_size()

bg = bg.convert()
#畫布變數 = 畫布變數.convert()

pi = 3.14
w = screen.get_width()   #螢幕寬度
h = screen.get_height()  #螢幕高度
x = int(w / 2)  #取中心位置
y = int(h / 2)  #取中心位置
#弧形圓心(x,y) = (int(screen.get_width()/2),int(screen.get_height()/2))

n=10 #n=10
#starradian = 起始弧形角
#endradian = 結束弧形角 arc1 = (2*pi) /10

arc1 = (2*pi) /10    #畫出一個2π，分成10等份
arc2 = (2*pi) /20    #畫出一個2π，分成10等份，每次畫20等份的弧度

for m in range(0,10):
    pygame.draw.arc(bg, (0, 0, 255), [1, 1, w - 2, h - 2], m* arc1 , m* arc1 +arc2, 1)

# 左上角x坐標=弧形圓心x座標-wr弧形寬度半徑 or 左上角X座標+(向右多1點 pixel)
# 左上角y坐標=弧形圓心y座標+hr弧形高度半徑 or 左上角Y座標+(向下多1點 pixel)
# 弧形X軸直徑與Y軸直徑
    # X軸長度=螢幕寬度 w -(左右縮1點 pixel)
    # Y軸長度螢幕高度 h -(左右縮1點 pixel)

# 開始弧度 = m * arc1(畫出一個2π，分成10等份)
# 結束弧度 = m * arc1(畫出一個2π，每次畫20等份的弧度)
```

```
screen.blit(bg, (0, 0))
#將 bg 畫布繪製在視窗上，就是把打 X 圖片畫到視窗
pygame.display.update()
#視窗變數.display.update()

running = True
#設定 pygame 視窗正常運行之控制參數，並設為 True 不會離開迴圈
while running:   #用 running 來控制 pygame 視窗使否正常運行
    for event in pygame.event.get():
        # pygame.event.get()是一個滑鼠移動、動作、按下、放開….等所有事件集合
        #event 迴圈找出每一個事件變數
        if event.type == pygame.QUIT:
            # pygame.QUIT 就是按到系統結束按鈕
            running = False    #設定 pygame 視窗正常運行之控制參數，並設為 False
            #設定 pygame 視窗正常運行之控制參數，並設為 False，會離開迴圈
pygame.quit()     #離開且關閉 pygame 視窗
```

程式下載區：https://github.com/brucetsao/pygame_basic

下列程式所以我們使用 Python 語言，劃出位置：左上角(x,y)坐標=(0+1,0+1)到 X 軸長度=螢幕寬度 w -(左右縮 1 點 pixel)與 Y 軸長度螢幕高度 h -(左右縮 1 點 pixel)，以藍色: (0,0,255)，線條寬度：1 的橢圓形於視窗內中心處，其結果如下圖所示：

圖 161 畫二分之一視窗大小的橢圓形到視窗中心上之結果畫面

## 直接在 pygame 視窗繪製連續縮小的橢圓形框

首先，我們可以再產生的 pygame 視窗，使用其視窗基本畫布來繪製橢圓形，語法如下:

*pygame.draw.ellipse(畫布名稱, 顏色, (左上角 x 坐標, 左上角 y 坐標, x 軸直徑, y 軸直徑), 線寬)*

- 畫布名稱是指 pygame 用 pygame.Surface(寬度與高度)產生的畫布變數。
- color 是顏色 ( 可以是 RGB 變數值 )，可以用使用(R,G,B)的語法來產生 RGB 顏色變數,也就是使用(256 階層紅色顏色數, 256 階層綠色顏色數, 256 階層藍色顏色數)來產生 RGB 顏色變數。

- 橢圓形左上角座標(x1,y1)
    - 左上角 x 坐標=橢圓形圓心 x 座標-wr 橢圓形寬度半徑 or 左上角 X 座標+(向右多 1 點 pixel)
    - 左上角 y 坐標=橢圓形圓心 y 座標+hr 橢圓形高度半徑 or 左上角 Y 座標+(向下多 1 點 pixel)
- 橢圓形 X 軸直徑與 Y 軸直徑
    - X 軸長度=螢幕寬度 w -(左右縮 1 點 pixel)
    - Y 軸長度螢幕高度 h -(左右縮 1 點 pixel)
- 線框:0 則畫圖色之橢圓形,大於 0 的值,以像數(Pixels)為單位。

我們要畫出一個二分之一視窗大小的圓形之尺寸,如下圖所示,很快我們可以得到下列參數:

- 橢圓形圓心座標點 x: screen.get_width()/2 之整數值
- 橢圓形圓心座標點 y: screen.get_height()/2 之整數值
- wr 橢圓形寬度半徑= int(screen.get_width()/2)
- hr 橢圓形高度半徑= int(screen.get_height()/2)
- 共劃出 n=5 個圓形
    - wrr 取得橢圓形每次漸進寬度長度(n 個漸進 x 二倍) = int(w/(2*5))
    - hrr 取得橢圓形每次漸進高度度(n 個漸進 x 二倍) = int(h/(2*5))
    - 左上角座標 :(wrr*m+1 ,hrr*m+1)
    - X 軸直徑=wrr * (n-m)*2 +(左右縮 1 點 pixel)= wrr*(n-m)*2-1
    - Y 軸直徑=hrr * (n-m)*2 +(上下縮 1 點 pixel)= hrr*(n-m)*2-1
- 線框:1,以像數(Pixels)為單位。

取中心位置
x= int(screen.get_width()/2)
y= int(screen.get_height()/2)

w= screen.get_width()#螢幕寬度

h= screen.get_height()#螢幕高度

X軸長度=hrr * (n-m)*2 +(上下縮1點 pixel)
n=總個數，m=第幾個橢圓形

X軸長度=wrr * (n-m)*2 +(左右縮1點 pixel)
n=總個數，m第幾個橢圓形

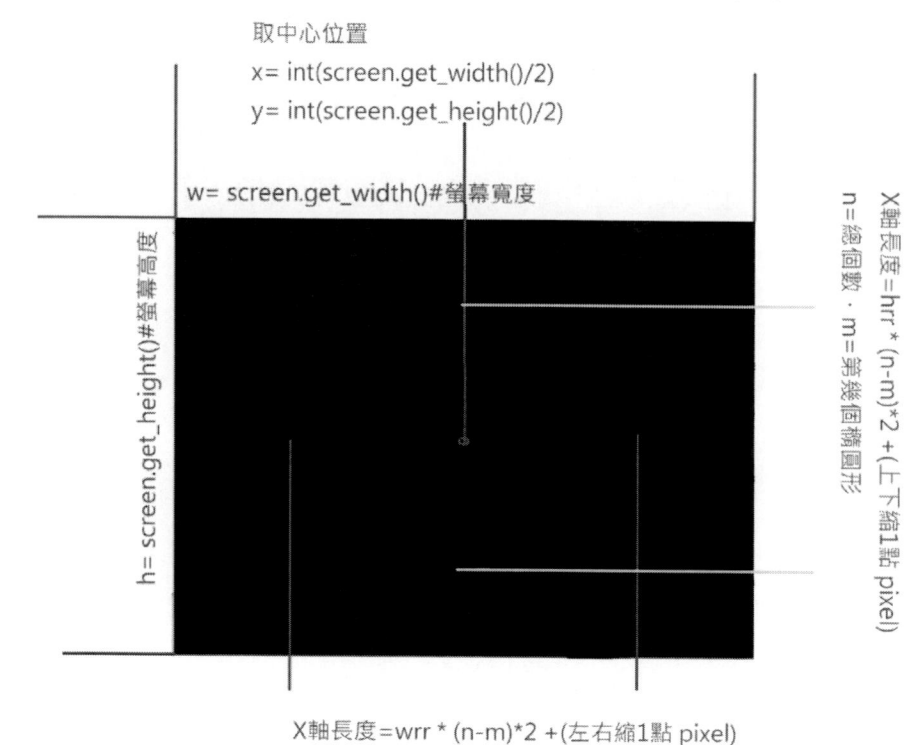

圖 162 畫連續畫 N 分之一遞減橢圓形到視窗中心之尺寸大小

下列程式所以我們使用 Python 語言，劃出位置：左上角座標 :(wrr*m+1 ,hrr*m+1)，X 軸直徑=wrr * (n-m)*2 +(左右縮 1 點 pixel)，Y 軸直徑=hrr * (n-m)*2 +(上下縮 1 點 pixel)，以藍色: (0,0,255)，線條寬度：1 的圓形於視窗內中心處，連續畫 N 分之一遞減橢圓形其結果如下圖所示：

最後使用 Python 程式碼，完成下列程式：

表 16 畫連續畫 N 分之一遞減橢圓形到視窗中心

```
畫連續畫 N 分之一遞減橢圓形到視窗中心(py0332.py)
import pygame    #匯入 PyGame 套件
import math
pygame.init()   #啟動 PyGame 套件
screen = pygame.display.set_mode((800,600))
```

~ 207 ~

```
#screen 為視窗變數，來使用建立的視窗
#視窗變數 = pygame.display.set_mode(視窗寬度尺寸:pixels，視窗高度尺寸:pixels)

pygame.display.set_caption("PyGame 繪圖功能介紹:繪製連續縮小的橢圓形框")
#pygame.display.set_caption(視窗標題的內容)

screen.fill((0,0,0))
#視窗變數.fill(RGB 變數參數)

bg = pygame.Surface(screen.get_size())
#建立畫布變數(與視窗一樣大小) = pygame.Surface(screen.get_size())
#與視窗一樣大小  ==>pygame.Surface(screen.get_size())

bg = bg.convert()
#畫布變數 = 畫布變數.convert()
w= screen.get_width()#螢幕寬度
h= screen.get_height()#螢幕高度
x= int(screen.get_width()/2)#取中心位置
y= int(screen.get_height()/2)#取中心位置
#橢圓形圓心(x,y) = (int(screen.get_width()/2),int(screen.get_height()/2))

wr= int(screen.get_width()/2)#wr 橢圓形寬度半徑
hr= int(screen.get_height()/2)#hr 橢圓形高度半徑
#wr 橢圓形寬度半徑
#hr 橢圓形高度半徑
# 左上角 x 座標=橢圓形圓心 x 座標-wr 橢圓形寬度半徑 or 左上角 X 座標+(向右多 1 點 pixel)
# 左上角 y 座標=橢圓形圓心 y 座標+hr 橢圓形高度半徑 or 左上角 Y 座標+(向下多 1 點 pixel)
# X 軸長度=螢幕寬度 w -(左右縮 1 點 pixel)
# Y 軸長度螢幕高度 h -(左右縮 1 點 pixel)

n=5
#共劃出 n=5 個圖形
wrr= int(w/(2*5))#wrr 取得橢圓形每次漸進寬度長度(n 個漸進 x 二倍)
hrr= int(h/(2*5))#hrr 取得橢圓形每次漸進高度度(n 個漸進 x 二倍)
```

```
for m in range(0,n):
    print(m)
    print("圓心 :(%d,%d)" %   (wrr*m+1 , hrr*m+1)) #列印繪出圓心(X,Y)座標值
    print("左上角 :(%d,%d)" %   (wrr*m+1 ,hrr*m+1))#列印繪出(X,Y)座標值
    print("長短軸直徑 :(%d,%d)" %   (wrr*(n-m)*2-1 , hrr*(n-m)*2-1))#列印繪出(X,Y)座標值
    # X 軸直徑=wrr * (n-m)*2 +(左右縮 1 點  pixel)
    # Y 軸直徑=hrr * (n-m)*2 +(上下縮 1 點  pixel)
    #n=總個數，m=第幾個橢圓形

    pygame.draw.ellipse(bg, (0, 0, 255), (wrr*m+1 , hrr*m+1, wrr*(n-m)*2-1 , hrr*(n-m)*2-1), 1)
    #左上角座標     :(wrr*m+1 ,hrr*m+1)
    #長短軸直徑 :(wrr*(n-m)*2-1 , hrr*(n-m)*2-1)

screen.blit(bg, (0,0))
#將 bg 畫布繪製在視窗上，就是把 X 圖片畫到視窗
pygame.display.update()
#視窗變數.display.update()

running = True
#設定 pygame 視窗正常運行之控制參數，並設為 True 不會離開迴圈
while running:   #用 running 來控制 pygame 視窗使否正常運行
    for event in pygame.event.get():
    # pygame.event.get()是一個滑鼠移動、動作、按下、放開….等所有事件集合
        #event  迴圈找出每一個事件變數
        if event.type == pygame.QUIT:
            # pygame.QUIT 就是按到系統結束按鈕
            running = False #設定 pygame 視窗正常運行之控制參數，並設為 False
            #設定 pygame 視窗正常運行之控制參數，並設為 False，會離開迴圈
pygame.quit()     #離開且關閉 pygame 視窗
```

程式下載區：https://github.com/brucetsao/pygame_basic

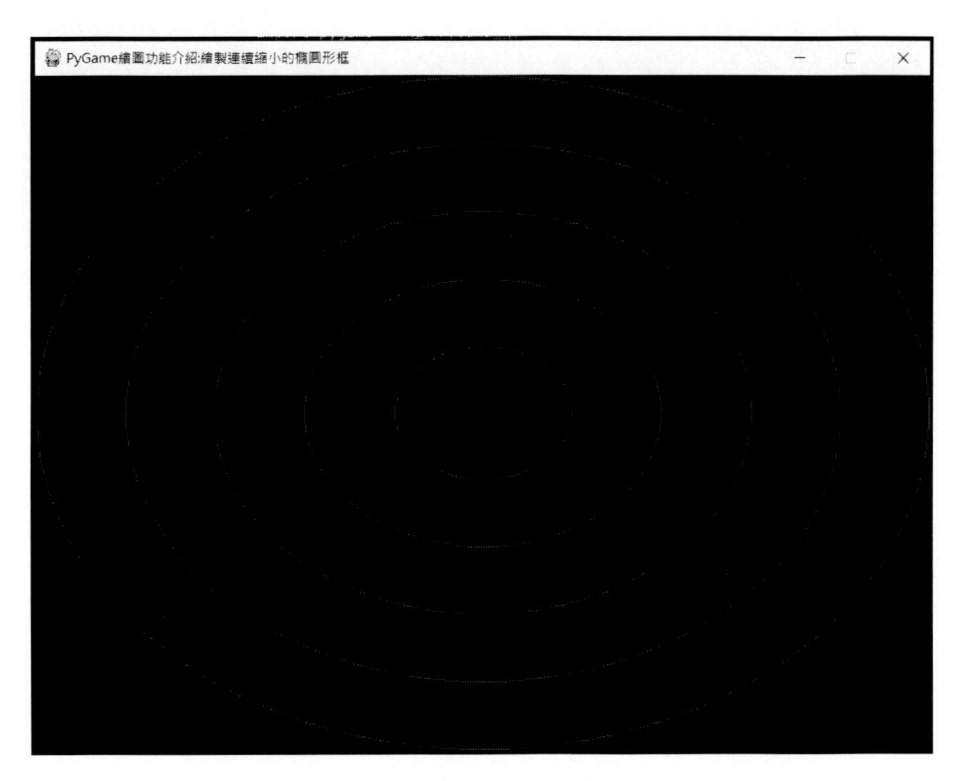

圖 163 畫連續畫 N 分之一遞減橢圓形到視窗中心上之結果畫面

## 如何繪製圓弧

Pygame 套件環境設定，請讀者參考第一章環境設定等章節，筆者在本文就不再多贅敘。

接下來使用 Pygame 套件時，匯入 PyGame 套件與初始化與產生 pygame 視窗與基本設定，請參閱上『PyGame 基本介紹』一章，筆者不再重複介紹，

## 建立與視窗大小一致畫布

### 建立畫布變數

建立繪圖視窗之後,我們可以設定繪圖視窗的背景顏色,由於對於繪圖視窗的背景就是一個畫布,所以我們必須先取得畫布,語法如下:

*畫布變數* = *pygame.Surface(screen.get_size())*

最後使用 Python 程式碼,完成下列程式:

```
bg = pygame.Surface(screen.get_size())
#建立畫布變數(與視窗一樣大小) = pygame.Surface(screen.get_size())
#與視窗一樣大小  ==>pygame.Surface(screen.get_size())
```

### 轉換畫布變數為圖元格式

這時候才可以使用畫布變數 bg,來進行繪製,但是由於畫布記憶體原因,會與系統產生繪畫問題。

所以基於技巧,筆者建議使用將 convert 來配合繪圖,此方法主要用於將圖像轉換為指定的圖元格式。使用圖元格式可以指定一個特定的色彩深度(Color Depth)和圖元格式,以確保繪圖在顯示時具有最佳的效能和顏色精確性。

所以我們在建立畫布之後,產生的畫布變數必須使用內建方法:convert() ,讓畫布變數轉換為圖元格式,語法如下:

*畫布變數* = *畫布變數.convert()*

最後使用 Python 程式碼，完成下列程式：

```
bg = pygame.Surface(screen.get_size())
#建立畫布變數(與視窗一樣大小) = pygame.Surface(screen.get_size())
#與視窗一樣大小 ==>pygame.Surface(screen.get_size())
bg = bg.convert()
#畫布變數 = 畫布變數.convert()
```

## 直接在 pygame 視窗繪製 10 個 20 分之一的弧形框

首先，我們可以再產生的 pygame 視窗，使用其視窗基本畫布來繪製弧形，語法如下：

*pygame.draw.arc(畫布名稱, 顏色, [圓心 x 坐標, 圓心 y 坐標, x 軸直徑, y 軸直徑], 起始角, 結束角, 線寬)*

- 畫布名稱是指 pygame 用 pygame.Surface(寬度與高度)產生的畫布變數。
- color 是顏色（可以是 RGB 變數值），可以用使用(R,G,B)的語法來產生 RGB 顏色變數，也就是使用(256 階層紅色顏色數, 256 階層綠色顏色數, 256 階層藍色顏色數)來產生 RGB 顏色變數。
- 圓弧形圓心座標(x,y)
- 圓弧形左上角座標(x1,y1)
    - 左上角 x 座標=圓弧形圓心 x 座標-wr 圓弧形寬度半徑 or 左上角 X 座標+(向右多 1 點 pixel)
    - 左上角 y 座標=圓弧形圓心 y 座標+hr 圓弧形高度半徑 or 左上角 Y 座標+(向下多 1 點 pixel)
- 圓弧形 X 軸直徑與 Y 軸直徑

- ■ X 軸直徑=螢幕寬度 w -(左右縮 1 點 pixel)
- ■ Y 軸直徑螢幕高度 h -(左右縮 1 點 pixel)
- 圓弧度起始角(Radian), 圓弧度結束角(Radian):用圓弧度(Radian)為單位(π)，整圓圓弧度為 2π
- 線框：0 則畫圖色之橢圓形，大於 0 的值，以像數(Pixels)為單位。
- 1π =3.14

我們要畫出一個 2π，分成 10 等份，每次畫 20 等份的弧度，如下圖所示，很快我們可以得到下列參數：

- 弧度圓心座標點 x: screen.get_width()/2 之整數值
- 弧度圓心座標點 y: screen.get_height()/2 之整數值
- X 軸直徑=螢幕寬度 w -(左右縮 1 點 pixel):w-2
- Y 軸直徑螢幕高度 h -(左右縮 1 點 pixel):h-2
- m=0~9，開始開始弧度=m * 10 分之一全圓(2pi)，結束弧度= m * 10 分之一全圓(2pi)+ 20 分之一全圓(2pi)
- 線框：1，以像數(Pixels)為單位。

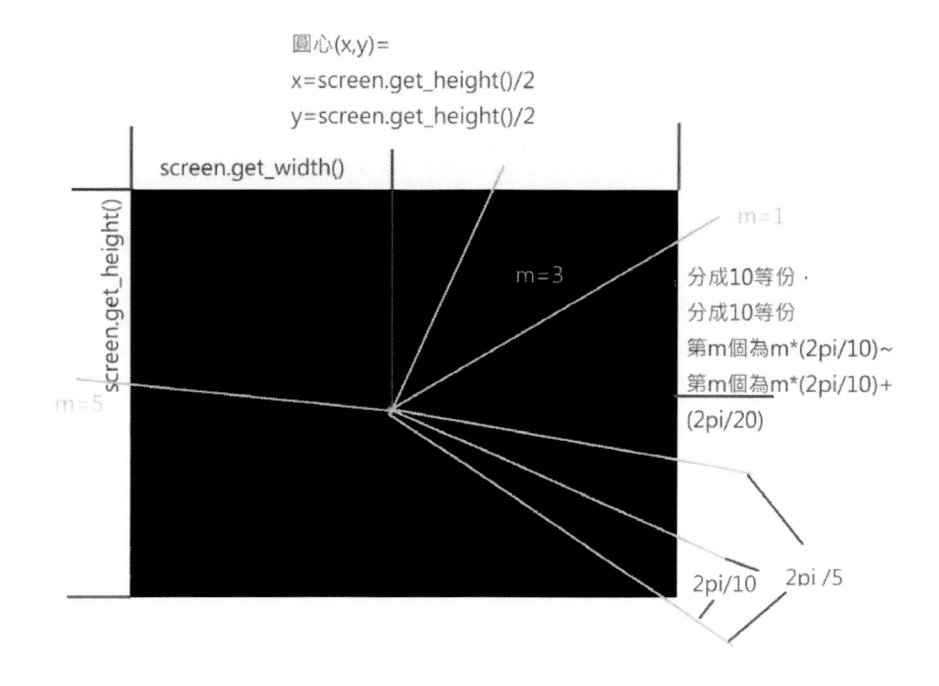

圖 164　畫全圓分 10 次劃出而每一個是 20 分之一全圓之尺寸大小尺寸圖

最後使用 Python 程式碼，完成下列程式：

表 17　畫全圓分 10 次劃出而每一個是 20 分之一全圓之尺寸到視窗頁面上

| |
|---|
| 畫全圓分 10 次劃出而每一個是 20 分之一全圓之尺寸到視窗頁面上 (py0341.py) |
| import pygame　　#匯入 PyGame 套件<br>import math<br><br>pygame.init()　　#啟動 PyGame 套件<br>screen = pygame.display.set_mode((800, 600))<br>#screen 為視窗變數，來使用建立的視窗<br>#視窗變數 = pygame.display.set_mode(視窗寬度尺寸:pixels, 視窗高度尺寸:pixels)<br><br>pygame.display.set_caption("PyGame 繪圖功能介紹:畫出一個 $2\pi$，分成 10 等份，每次畫 20 等份的弧度")<br>#pygame.display.set_caption(視窗標題的內容) |

```
screen.fill((0, 0, 0))
#視窗變數.fill(RGB 變數參數)


bg = pygame.Surface(screen.get_size())
#建立畫布變數(與視窗一樣大小) = pygame.Surface(screen.get_size())
#與視窗一樣大小  ==>pygame.Surface(screen.get_size()


bg = bg.convert()
#畫布變數 = 畫布變數.convert()


pi = 3.14
w = screen.get_width()   #螢幕寬度
h = screen.get_height()   #螢幕高度
x = int(w / 2)   #取中心位置
y = int(h / 2)   #取中心位置
#弧形圓心(x,y) = (int(screen.get_width()/2),int(screen.get_height()/2))


n=10 #n=10
#starradian = 起始弧形角
#endradian = 結束弧形角 arc1 = (2*pi) /10


arc1 = (2*pi) /10      #畫出一個2π，分成10等份
arc2 = (2*pi) /20      #畫出一個2π，分成10等份，每次畫20等份的弧
度

for m in range(0,10):
    pygame.draw.arc(bg, (0, 0, 255), [1, 1, w - 2, h - 2], m* arc1 , m* arc1 +arc2, 1)

# 左上角x坐標=弧形圓心x座標-w弧形寬度半徑 or 左上角X座標+(向右多1點 pixel)
# 左上角y坐標=弧形圓心y座標+h弧形高度半徑 or 左上角Y座標+(向下多1點 pixel)
# 弧形X軸直徑與Y軸直徑
    #X軸長度=螢幕寬度 w -(左右縮1點 pixel)
    #Y軸長度螢幕高度 h -(左右縮1點 pixel)
```

```
# 開始弧度 = m * arc1(畫出一個 2π，分成 10 等份)
# 結束弧度 = m * arc1(畫出一個 2π，每次畫 20 等份的弧度)

screen.blit(bg, (0, 0))
#將 bg 畫布繪製在視窗上，就是把打 X 圖片畫到視窗
pygame.display.update()
#視窗變數.display.update()

running = True
#設定 pygame 視窗正常運行之控制參數，並設為 True 不會離開迴圈
while running:    #用 running 來控制 pygame 視窗使否正常運行
    for event in pygame.event.get():
        # pygame.event.get()是一個滑鼠移動、動作、按下、放開….
等所有事件集合
        #event 迴圈找出每一個事件變數
        if event.type == pygame.QUIT:
            # pygame.QUIT 就是按到系統結束按鈕
            running = False    #設定 pygame 視窗正常運行之控制參數，並設為 False
            #設定 pygame 視窗正常運行之控制參數，並設為 False，會離開迴圈
pygame.quit()    #離開且關閉 pygame 視窗
```

程式下載區：https://github.com/brucetsao/pygame_basic

下列程式所以我們使用 Python 語言，劃出位置：(1, 1)，寬度為：w - 2，高度為： h - 2 的大小之弧形，共 10 個弧形，弧形尺寸為 20 分之 1 全圓，以藍色: (0,0,255)，線條寬度：1 的弧形於視窗內，其結果如下圖所示：

圖 165 畫全圓分 10 次劃出而每一個是 20 分之一全圓之弧形到視窗之結果

## 直接在 pygame 視窗繪製連續縮小的弧形框

首先，我們可以再產生的 pygame 視窗，使用其視窗基本畫布來繪製弧形，語法如下:

***pygame.draw.arc(畫布名稱, 顏色, [圓心 x 坐標, 圓心 y 坐標, x 軸直徑, y 軸直徑], 起始角, 結束角,線寬)***

- 畫布名稱是指 pygame 用 pygame.Surface(寬度與高度)產生的畫布變數。
- color 是顏色（可以是 RGB 變數值），可以用使用(R,G,B)的語法來產生 RGB 顏色變數，也就是使用(256 階層紅色顏色數, 256 階層綠色顏色數, 256 階層藍色顏色數)來產生 RGB 顏色變數。

- 圓弧形圓心座標(x,y)
- 圓弧形左上角座標(x1,y1)
    - 左上角 x 坐標=圓弧形圓心 x 座標-wr 圓弧形寬度半徑 or 左上角 X 座標+(向右多 1 點 pixel)
    - 左上角 y 坐標=圓弧形圓心 y 座標+hr 圓弧形高度半徑 or 左上角 Y 座標+(向下多 1 點 pixel)
- 圓弧形 X 軸直徑與 Y 軸直徑
    - X 軸直徑=螢幕寬度 w -(左右縮 1 點 pixel)
    - Y 軸直徑螢幕高度 h -(左右縮 1 點 pixel)
- 圓弧度起始角(Radian), 圓弧度結束角(Radian):用圓弧度(Radian)為單位($\pi$)，整圓圓弧度為 2$\pi$
- 線框：0 則畫圖色之橢圓形，大於 0 的值，以像數(Pixels)為單位。
- 1$\pi$=3.14

我們要畫出一個 2$\pi$，分成 10 等份，每次畫 20 等份的弧度，並且以此 10 個弧度，其半徑以五分之一寬與高來所減弧度的 X 軸直徑與 Y 軸直徑，來產生 5 個縮小弧度，如下圖所示，很快我們可以得到下列參數：

- w= screen.get_width()(螢幕寬度)
- h=screen.get_height()(螢幕高度)
- p=0~4(共五個不同大小的弧度)
- 圓弧形左上角座標(x1,y1)
    - 左上角 x 坐標=左上角 X 座標 0+p*(w/10)+(向右多 1 點 pixel)

- 左上角 y 坐標=左上角 Y 座標 0+p*(h/10)++(向下多 1 點 pixel)
- 圓弧形右下角座標(x2,y2)
  - X 軸直徑=螢幕寬度 w * (5-p) /5
  - Y 軸直徑螢幕高度 h * (5-p) /5
- 圓弧度起始角(Radian), 圓弧度結束角(Radian):用圓弧度(Radian)為單位( π )，整圓圓弧度為 2 π
- m=0~9，開始開始弧度=m * 10 分之一全圓(2pi)，結束弧度= m * 10 分之一全圓(2pi)+ 20 分之一全圓(2pi)
- 線框：1，以像數(Pixels)為單位。

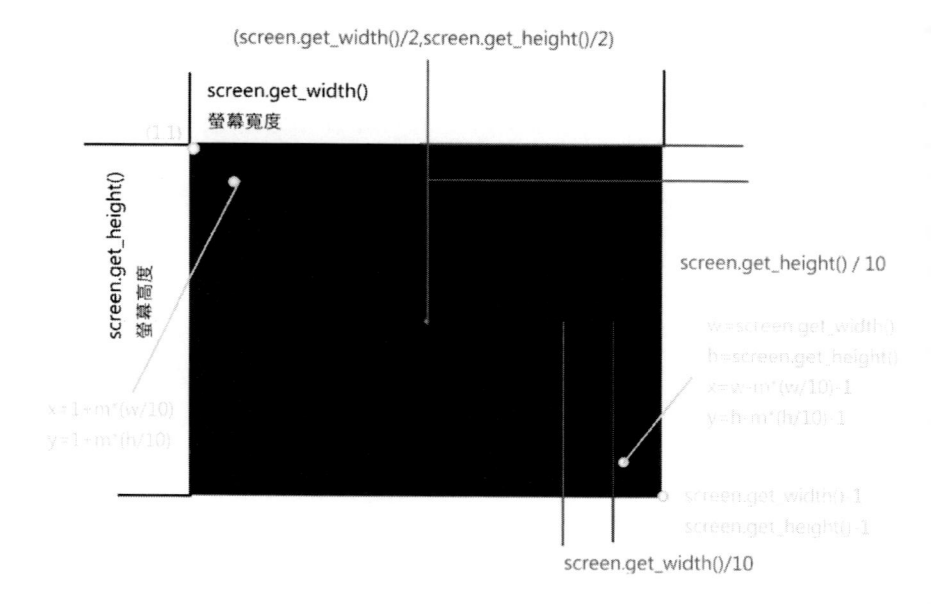

圖 166　繪製連續縮小的弧形框之尺寸大小

最後使用 Python 程式碼，完成下列程式：

~ 219 ~

表 18 繪製連續縮小的連續縮小的弧形框到視窗頁面上

繪製連續縮小的連續縮小的弧形框到視窗頁面上(py0342.py)

```
import pygame     #匯入 PyGame 套件
import math

pygame.init()    #啟動 PyGame 套件
screen = pygame.display.set_mode((800, 600))
#screen 為視窗變數，來使用建立的視窗
#視窗變數 = pygame.display.set_mode(視窗寬度尺寸:pixels，視窗高度
尺寸:pixels)

pygame.display.set_caption("PyGame 繪圖功能介紹:畫出一個2π，分
成 10 等份，每次畫 20 等份的弧度連續縮小的五個大小弧形框")
#pygame.display.set_caption(視窗標題的內容)

screen.fill((0, 0, 0))
#視窗變數.fill(RGB 變數參數)

bg = pygame.Surface(screen.get_size())
#建立畫布變數(與視窗一樣大小) = pygame.Surface(screen.get_size())
#與視窗一樣大小 ==>pygame.Surface(screen.get_size()

bg = bg.convert()
#畫布變數 = 畫布變數.convert()

pi = 3.14
w = screen.get_width()   #螢幕寬度
h = screen.get_height()  #螢幕高度
x = int(w / 2)   #取中心位置
y = int(h / 2)   #取中心位置
#弧形圓心(x,y) = (int(screen.get_width()/2),int(screen.get_height()/2))

n=10 #n=10
#starradian = 起始弧形角
#endradian = 結束弧形角 arc1 = (2*pi) /10

arc1 = (2*pi) /10      #畫出一個2π，分成 10 等份
arc2 = (2*pi) /20      #畫出一個2π，分成 10 等份，每次畫 20 等份的弧
```

度
```
for c in range(0,5):
    for m in range(0,10):
        pygame.draw.arc(bg, (0, 0, 255), [1+c* (w/10), 1+ c* (h/10), w
* ((5-c)/5) - 2, h* ((5-c)/5) - 2], m* arc1 , m* arc1 +arc2, 1)

        # 左上角 x 坐標=弧形圓心 x 座標-wr 弧形寬度半徑 or 左上角 X 座
標+(向右多 1 點 pixel)
        # 左上角 y 坐標=弧形圓心 y 座標+hr 弧形高度半徑 or 左上角 Y 座
標+(向下多 1 點 pixel)
        # 弧形 X 軸直徑與 Y 軸直徑
            # X 軸長度=螢幕寬度 w -(左右縮 1 點 pixel)
            # Y 軸長度螢幕高度 h -(左右縮 1 點 pixel)

        # 開始弧度 = m * arc1(畫出一個 2π，分成 10 等份)
        # 結束弧度 = m * arc1(畫出一個 2π，每次畫 20 等份的弧度)

screen.blit(bg, (0, 0))
#將 bg 畫布繪製在視窗上，就是把打 X 圖片畫到視窗
pygame.display.update()
#視窗變數.display.update()

running = True
#設定 pygame 視窗正常運行之控制參數，並設為 True 不會離開迴圈
while running:   #用 running 來控制 pygame 視窗使否正常運行
    for event in pygame.event.get():
        # pygame.event.get()是一個滑鼠移動、動作、按下、放開….
等所有事件集合
        #event 迴圈找出每一個事件變數
        if event.type == pygame.QUIT:
            # pygame.QUIT 就是按到系統結束按鈕
            running = False    #設定 pygame 視窗正常運行之控制參
數，並設為 False
            #設定 pygame 視窗正常運行之控制參數，並設為 False，
會離開迴圈
pygame.quit()   #離開且關閉 pygame 視窗
```

程式下載區：https://github.com/brucetsao/pygame_basic

下列程式所以我們使用 Python 語言，劃出位置：(1, 1)，寬度為：w - 2，高度為： h - 2 的大小之弧形，共 10 個弧形，弧形尺寸為 20 分之 1 全圓，以藍色: (0,0,255)，線條寬度：1 的弧形於視窗內，並畫連續縮小的五個弧形，所以左上角的座標會以(1+p*(w/10),1,p*(h/10))的座標，p 為第 p+1 個弧形框，X 直徑= w * (5-p)/5-2，Y 直徑= h * (5-p)/5-2，用這些參數進行繪製連續五等分的 10 個間距之弧形框，其結果如下圖所示：

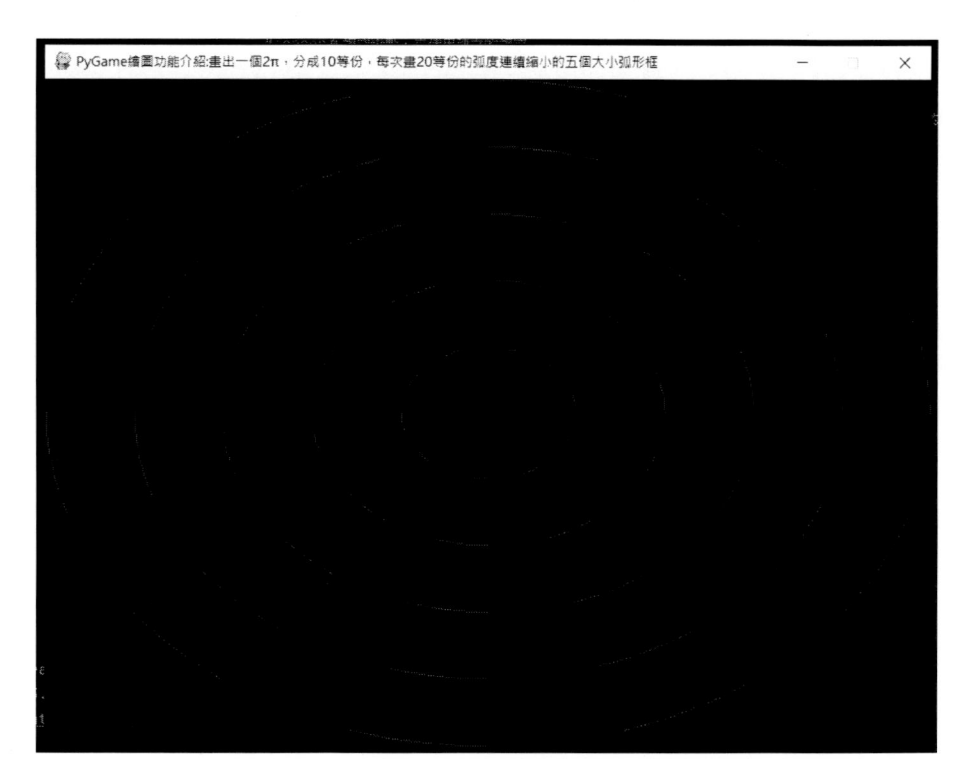

圖 167 繪製連續縮小的連續縮小的弧形框到視窗頁面上之結果畫面

# 如何繪製多邊形

Pygame 套件環境設定,請讀者參考第一章環境設定等章節,筆者在本文就不再多贅敘。

接下來使用 Pygame 套件時,匯入 PyGame 套件與初始化與產生 pygame 視窗與基本設定,請參閱上『PyGame 基本介紹』一章,筆者不再重複介紹,

## 建立與視窗大小一致畫布

### 建立畫布變數

建立繪圖視窗之後,我們可以設定繪圖視窗的背景顏色,由於對於繪圖視窗的背景就是一個畫布,所以我們必須先取得畫布,語法如下:

*畫布變數* = *pygame.Surface(screen.get_size())*

最後使用 Python 程式碼,完成下列程式:

```
bg = pygame.Surface(screen.get_size())
#建立畫布變數(與視窗一樣大小) = pygame.Surface(screen.get_size())
#與視窗一樣大小 ==>pygame.Surface(screen.get_size()
```

### 轉換畫布變數為圖元格式

這時候才可以使用畫布變數 bg,來進行繪製,但是由於畫布記憶體原因,會與系統產生繪畫問題。

所以基於技巧,筆者建議使用將 convert 來配合繪圖,此方法主要用於將圖像轉換為指定的圖元格式。使用圖元格式可以指定一個特定的色彩深度

(Color Depth)和圖元格式,以確保繪圖在顯示時具有最佳的效能和顏色精確性。

所以我們在建立畫布之後,產生的畫布變數必須使用內建方法:convert() ,讓畫布變數轉換為圖元格式,語法如下:

*畫布變數 = 畫布變數.convert()*

最後使用 Python 程式碼,完成下列程式:

```
bg = pygame.Surface(screen.get_size())
#建立畫布變數(與視窗一樣大小) = pygame.Surface(screen.get_size())
#與視窗一樣大小 ==>pygame.Surface(screen.get_size())
bg = bg.convert()
#畫布變數 = 畫布變數.convert()
```

## 直接在 pygame 視窗繪製四邊形之多邊形框

首先,我們可以再產生的 pygame 視窗,使用其視窗基本畫布來繪製多邊形,語法如下:

*pygame.draw.polygon(畫布名稱, 顏色, 座標陣列, 線寬)*

- 畫布名稱是指 pygame 用 pygame.Surface(寬度與高度)產生的畫布變數。
- color 是顏色(可以是 RGB 變數值),可以用使用(R,G,B)的語法來產生 RGB 顏色變數,也就是使用(256 階層紅色顏色數, 256 階層綠色顏色數, 256 階層藍色顏色數)來產生 RGB 顏色變數。
- 座標點(X,Y): (X 座標位置值,Y 座標位置值)

- 座標點陣列: [(x1,y1),(x2,y2),.....,(xn,yn)]
● 線框：0 則不畫線，大於 0 的值，以像數(Pixels)為單位。

我們要畫出一個四邊形之多邊形框，如下圖所示，很快我們可以得到下列參數：

● 第一個座標點 X: screen.get_width()/3 之整數值
● 第一個座標點 Y: screen.get_height()/3 之整數值
● 第二個座標點 X: screen.get_width()/3 之整數值
● 第二個座標點 Y: screen.get_height()/3 之整數值
● 第三個座標點 X: screen.get_width()/3 之整數值
● 第三個座標點 Y: screen.get_height()/3 之整數值
● 第四個座標點 X: screen.get_width()/3 之整數值
● 第四個座標點 Y: screen.get_height()/3 之整數值
● 線框：0 則不畫線，大於 0 的值，以像數(Pixels)為單位。

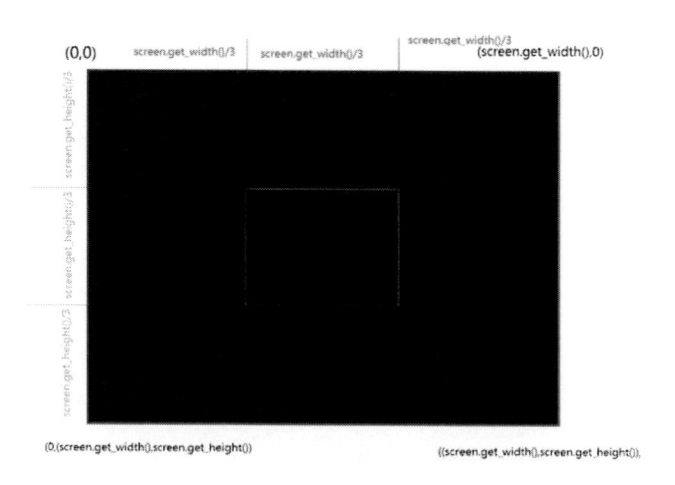

圖 168 畫出一個三分之一寬與高的矩形四邊形之尺寸大小

最後使用 Python 程式碼，完成下列程式：

表 19 畫出一個三分之一寬與高的矩形四邊形到視窗頁面上

| 畫出一個三分之一寬與高的矩形四邊形到視窗頁面上(py0351.py) |
| --- |
| |

程式下載區：https://github.com/brucetsao/pygame_basic

下列程式所以我們使用 Python 語言，劃出位置：(int(w/3),int(h/3)) ~ (int(w/3)*2,int(h/3)) ~ (int(w/3)*2,int(h/3)*2) ~ (int(w/3),int(h/3)*2) 四邊形，以藍色: (0,0,255)，線條寬度：1 的矩形於視窗內，其結果如下圖所示：

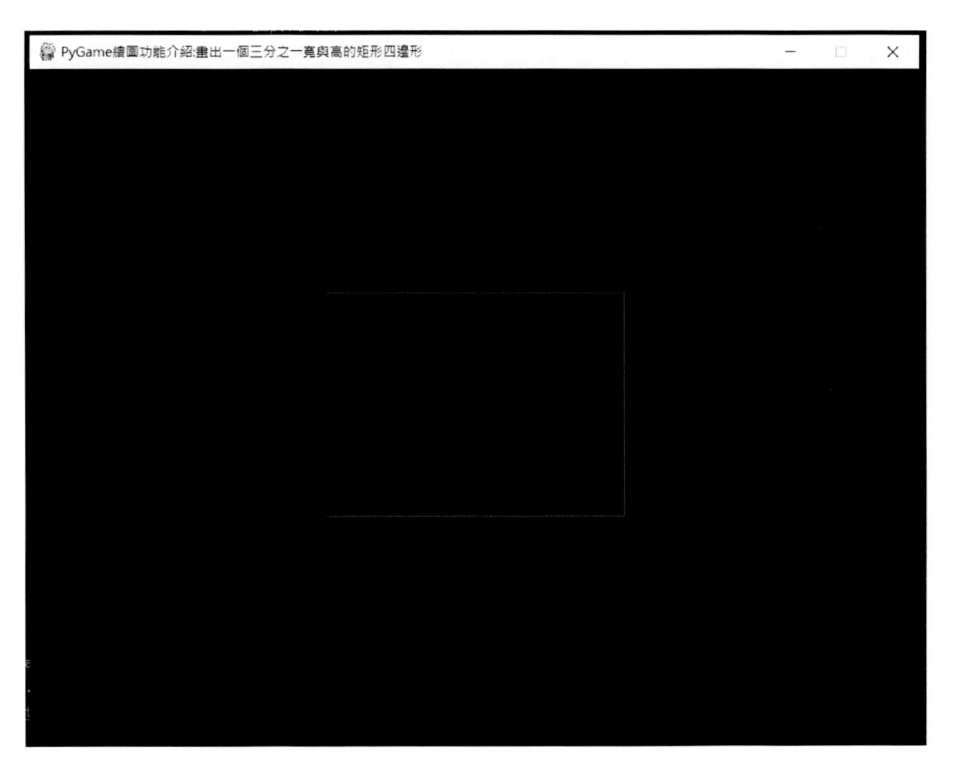

圖 169 畫出一個三分之一寬與高的矩形四邊形之結果畫面

## 直接在 pygame 視窗繪製連續縮小的矩形框

首先,我們可以再產生的 pygame 視窗,使用其視窗基本畫布來繪製多邊形,語法如下:

*pygame.draw.polygon(畫布名稱, 顏色, 座標陣列, 線寬)*

- 畫布名稱是指 pygame 用 pygame.Surface(寬度與高度)產生的畫布變數。
- color 是顏色(可以是 RGB 變數值),可以用使用(R,G,B)的語法來產生 RGB 顏色變數,也就是使用(256 階層紅色顏色數, 256 階層綠色顏色數, 256 階層藍色顏色數)來產生 RGB 顏色變數。
- 座標點(X,Y): (X 座標位置值,Y 座標位置值)
    - 座標點陣列: [(x1,y1),(x2,y2),…..,(xn,yn)]
- 線框:0 則不畫線,大於 0 的值,以像數(Pixels)為單位。

我們要畫出一個 n 邊形之多邊形框,如下圖所示,很快我們可以得到下列參數:

- 總寬度 w = screen.get_width()    #螢幕寬度
- 總高度 h = screen.get_height()    #螢幕高度
- 中心 x 座標= int(w/2) #取多邊形中心點於螢幕寬度中間
- 中心 y 座標 = int(h/2)        #取多邊形中心點於螢幕高度中間
- 半徑 r = min(int(w/2),int(h/2))-2    #計算出#印出正 N 邊形的中心點到任一端點
  - 每一個 n 多邊形角度 ß= 2 π /n

- 每一個 n 多邊形角度為 ß
- 第 n 個座標點 X: x+cos(ß*[0~n]) *半徑 r
- 第 n 個座標點 Y: y +sin(ß*[0~n]) *半徑 r
- 線框：0 則不畫線，大於 0 的值，以像數(Pixels)為單位。

```
w = screen.get_width()  #螢幕寬度
h = screen.get_height() #螢幕高度
x= int(w/2) #取多邊形中心點於螢幕寬度中間
y = int(h/2)  #取多邊形中心點於螢幕高度中間
```

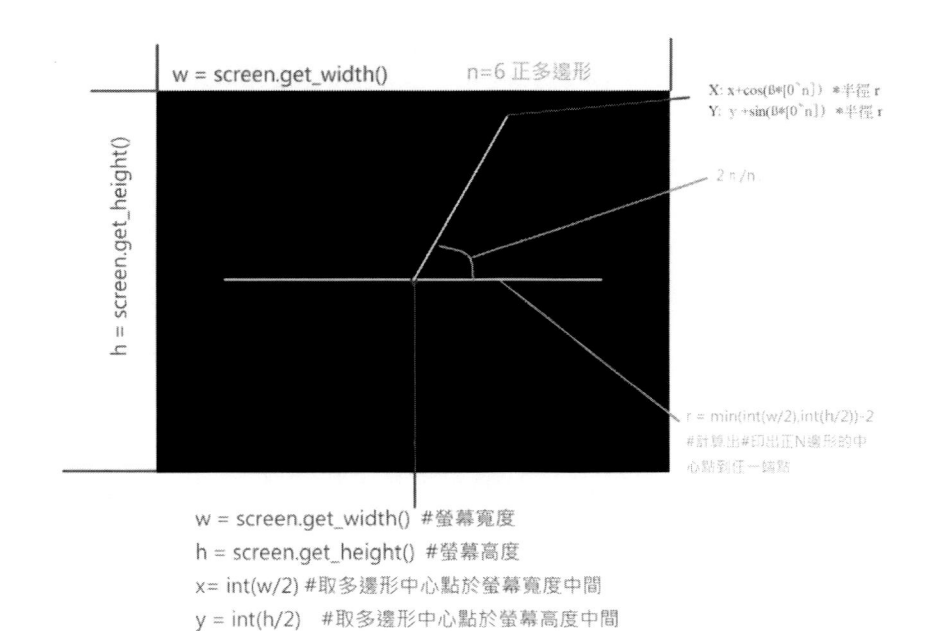

圖 170　繪製 n 正多邊形之尺寸大小

最後使用 Python 程式碼，完成下列程式：

表 20　繪製 n 正多邊形到視窗頁面上

| 繪製 n 正多邊形到視窗頁面上(py352.py) |
| --- |
| import pygame　#匯入 PyGame 套件<br>import math<br><br>pygame.init()　#啟動 PyGame 套件<br>screen = pygame.display.set_mode((800, 600)) |

```
#screen 為視窗變數，來使用建立的視窗
#視窗變數 = pygame.display.set_mode(視窗寬度尺寸:pixels，視窗高度尺寸:pixels)

pygame.display.set_caption("PyGame 繪圖功能介紹:畫出正 N 邊形之多邊形於畫面上")
#pygame.display.set_caption(視窗標題的內容)

screen.fill((0, 0, 0))
#視窗變數.fill(RGB 變數參數)

bg = pygame.Surface(screen.get_size())
#建立畫布變數(與視窗一樣大小) = pygame.Surface(screen.get_size())
#與視窗一樣大小 ==>pygame.Surface(screen.get_size())

bg = bg.convert()
#畫布變數 = 畫布變數.convert()

pi = 3.14#圓周率
point=[]    #多邊形端點(X,Y)的陣列

w = screen.get_width()   #螢幕寬度
h = screen.get_height()  #螢幕高度
x= int(w/2) #取多邊形中心點於螢幕寬度中間
y = int(h/2)    #取多邊形中心點於螢幕高度中間

print("Polygon Center:(%d,%d)" % (x, y))    #印出正 N 邊形的中心點
r = min(int(w/2),int(h/2))-2   #計算出#印出正 N 邊形的中心點到任一端點的長度
#取多邊形中心點之外接圓的接點距離，以長寬一半較短的

print("Polygon radius:",y)


n=6 #正多邊形之邊數值
for theta in range(0,n):#迴圈產生正 N 邊形的美一端點的座標
    xx = x + int(math.cos((2*pi)/n*theta) * r)   #產生正 N 邊形的美一端點的座標:X
```

```
        yy = y + int(math.sin((2*pi)*(theta/n)) * r)      #產生正 N 邊形的每一
端點的座標:Y
        point.append((xx, yy)) # N 邊形第 N 個端點座標點
        print("Point:(%d,%d)" % (xx,yy))      #印出正 N 邊形的每一端點的
座標:(X,Y)
    pygame.draw.polygon(bg, (0, 0, 255), point, 1)      #畫出正 N 邊形之多邊
形於畫面上

    screen.blit(bg, (0, 0))
    # 將 bg 畫布繪製在視窗上，就是把打 X 圖片畫到視窗
    pygame.display.update()
    # 視窗變數.display.update()

    running = True
    # 設定 pygame 視窗正常運行之控制參數，並設為 True 不會離開迴圈
    while running:    # 用 running 來控制 pygame 視窗使否正常運行
        for event in pygame.event.get():
            # pygame.event.get()是一個滑鼠移動、動作、按下、放開….
等所有事件集合
            # event 迴圈找出每一個事件變數
            if event.type == pygame.QUIT:
                # pygame.QUIT 就是按到系統結束按鈕
                running = False    # 設定 pygame 視窗正常運行之控制參
數，並設為 False
                # 設定 pygame 視窗正常運行之控制參數，並設為 False，
會離開迴圈
    pygame.quit()    # 離開且關閉 pygame 視窗
```

程式下載區：https://github.com/brucetsao/pygame_basic

下列程式所以我們使用 Python 語言，先取出 w = screen.get_width()    #螢幕寬度，h = screen.get_height()    #螢幕高度，在計算出：x= int(w/2) #取多邊形中心點於螢幕寬度中間，y = int(h/2)    #取多邊形中心點於螢幕高度中間，就可以算出 r = min(int(w/2),int(h/2))-2    #計算出#印出正 N 邊形的中心點到任一端點的長度，就可以取得每一個多邊形座標 point(X,Y)：X：x + int(math.cos((2*pi)/n*theta) * r)，Y: y + int(math.sin((2*pi)*(theta/n)) * r)[theta=

0~n 的正多邊形]，以藍色: (0,0,255)，線條寬度：1 的矩形於視窗內，其結果如下圖所示：

圖 171 繪畫出正 n 邊形之多邊形於畫面上之結果畫面

## 章節小結

　　本章主要介紹 pygame 視窗的建立、離開、關閉到 pygame 視窗內之設定標題、背景設定、創建繪圖記憶體 canvas，之後每一個繪圖指令：line,rect,circle,ellipse,arc,polygon 等每一個繪圖指令一一逐步講解與範例，最後控制 pygame 視窗正常運行與正常按下結束按鈕離開 pygame 視窗等一系列的操作，相信讀者會對 pygame 視窗強大功能與方便性與基本運作，有更深入的了解與體認。

# 4
CHAPTER

# PyGame 精靈功能介紹

PyGame 是 Python 中一個用來製作遊戲的模組,而 "精靈"(Sprite)則是 PyGame 中一個非常重要的概念,在遊戲開發中,精靈 sprite 通常指的是遊戲中的一個圖形對象,它可以是角色、敵人、道具、子彈等任何可視覺化的元素。在 Pygame 中,sprite 是一個包含圖像和位置資訊的對象,並且還可以加入事件 call back function[9]來實現碰撞檢測、運動邏輯等一系列的功能。

以下是 PyGame 精靈的主要特點:

繼承自 pygame.sprite.Sprite

當你創建一個精靈時,通常會繼承自 pygame.sprite.Sprite 類別。這樣可以讓該精靈擁有 PyGame 預定義的功能,例如加入到精靈群組、碰撞檢測等。

圖像與矩形(rect)

每個精靈通常會有一個圖像來表示它的外觀,這個圖像可以是任何格式的圖片檔案。同時,精靈也會有一個矩形(rect),用來控制它的座標和位置。PyGame 使用這個矩形來進行碰撞檢測以及其他位置運算。

更新(update)

精靈通常會有一個 update() 方法,用來更新精靈的狀態,比如移動、變更位

---

[9] CallBack 又稱為回調、回函、回呼函式,簡單的來說,就是一個程式執行完再去執行另一個程式

置或是處理邏輯。你可以在這個方法中編寫精靈的行為，每一幀都會自動調用。

精靈群組（Sprite Groups）

PyGame 允許將多個精靈組合在一起形成群組。使用精靈群組可以同時對多個精靈進行操作，例如一次性渲染多個精靈或是進行碰撞檢測。pygame.sprite.Group 類別提供了對精靈群組的管理功能。

碰撞檢測

PyGame 提供了多種方法來檢測精靈之間的碰撞，例如 pygame.sprite.collide_rect 可以檢測兩個精靈的矩形是否重疊。這對於實現遊戲中的互動（如角色碰到敵人、子彈擊中物體等）非常實用。

基本範例

以下是使用 PyGame 精靈的簡單範例：

```
import pygame

# 初始化 Pygame
pygame.init()

# 創建精靈類別
class Player(pygame.sprite.Sprite):
    def __init__(self):
        super().__init__()
        self.image = pygame.Surface((50, 50))
        self.image.fill((0, 128, 255))
        self.rect = self.image.get_rect()
        self.rect.center = (100, 100)

    def update(self):
        # 更新精靈的位置，這裡我們讓它向右移動
        self.rect.x += 5
```

```python
# 創建精靈群組
all_sprites = pygame.sprite.Group()

# 創建一個玩家精靈並加入群組
player = Player()
all_sprites.add(player)

# 設定遊戲主循環
screen = pygame.display.set_mode((800, 600))
clock = pygame.time.Clock()

running = True
while running:
    for event in pygame.event.get():
        if event.type == pygame.QUIT:
            running = False

    # 更新所有精靈
    all_sprites.update()

    # 畫面填充背景顏色
    screen.fill((255, 255, 255))

    # 繪製所有精靈
    all_sprites.draw(screen)

    # 更新顯示
    pygame.display.flip()

    # 控制幀率
    clock.tick(30)

pygame.quit()
```

# 如何使用 PyGame 套件

Pygame 程式環境設定，請讀者參考第一章環境設定等章節，筆者在本文就不再多贅敘。

在使用 PyGame 時，必須先匯入 PyGame 套件，語法如下：

```
import pygame    #匯入 PyGame 套件
```

# 如何建立繪圖視窗介面

使用 PyGame 時，所有 Pygame 遊戲都需要先啟動 PyGame 套件，語法如下：

```
pygame.init()    #啟動 PyGame 套件
```

# 設定視窗介面屬性

## 建立視窗大小

使用 PyGame 時，所有 Pygame 遊戲都需要建立一個視窗，由於視窗需要知道視窗的大小，所以必須告訴系統建立一個視窗變數，本文使用 screen 為視窗變數的名稱，來使用建立的視窗。

接下來我們必須使用視窗變數來承接建立建立繪圖視窗的大小，語法如下：

*視窗變數 = pygame.display.set_mode(視窗尺寸)*

最後使用 Python 程式碼，完成下列程式：

```
screen = pygame.display.set_mode((800,600))
#screen 為視窗變數，來使用建立的視窗
#視窗變數 = pygame.display.set_mode(視窗寬度尺寸:pixels，視窗高度尺寸:pixels)
```

使用視窗變數來承接建立建立繪圖視窗的大小，如果顯示本視窗，其語法結果如下圖所示：

圖 172 產生 800x600 寬度的 PyGame 視窗結果

## 建立視窗背景顏色

建立繪圖視窗之後，我們可以設定繪圖視窗的背景顏色，由於對於繪圖視窗的背景就是一個畫布，所以我們必須先取得畫布，語法如下：

*視窗變數.fill(RGB 變數參數)*

下列程式使用純綠色來填滿視窗背景，由於純綠色的變數可以使用(R,G,B)，也就是使用(256 階層紅色顏色數, 256 階層綠色顏色數, 256 階層藍色顏色數)來產生 RGB 顏色變數。

最後使用 Python 程式碼，完成下列程式：

```
screen.fill((0,255,0))
#視窗變數.fill(RGB 變數參數)
```

所以我們使用 Python 語言，運用 screen.fill((0,255,0))產生綠色變數，來繪製視窗背景顏色為綠色。

圖 173 設定視窗背景為綠色之結果畫面

## 透過畫布建立視窗背景顏色

### 建立畫布變數

建立繪圖視窗之後，我們可以設定繪圖視窗的背景顏色，由於對於繪圖視窗的背景就是一個畫布，所以我們必須先取得畫布，語法如下：

*畫布變數 = pygame.Surface(screen.get_size())*

最後使用 Python 程式碼，完成下列程式：

```
bg = pygame.Surface(screen.get_size())
#畫布變數 = pygame.Surface(screen.get_size())
```

### 轉換畫布變數為圖元格式

這時候才可以使用畫布變數 bg，來進行繪製，但是由於畫布記憶體原因，會與系統產生繪畫問題。

所以基於技巧，筆者建議使用將 convert 來配合繪圖，此方法主要用於將圖像轉換為指定的圖元格式。使用圖元格式可以指定一個特定的色彩深度 (Color Depth) 和圖元格式，以確保繪圖在顯示時具有最佳的效能和顏色精確性。

所以我們在建立畫布之後，產生的畫布變數必須使用內建方法：convert()，讓畫布變數轉換為圖元格式，語法如下：

*畫布變數 = 畫布變數.convert()*

最後使用 Python 程式碼，完成下列程式：

```
bg = pygame.Surface(screen.get_size())
#畫布變數 = pygame.Surface(screen.get_size())
bg = bg.convert()
#畫布變數 = 畫布變數.convert()
```

# 建立一個基本 Sprite 物件

由於 sprite 精靈物件直接使用，會有許多問題，因為 sprite 精靈類別已經非常複雜，且對於畫面操作與控制，直接使用會有許多困難點，且 sprite 精靈類別已經建立許多介面方法來供繼承類別來實作其內部方法，所以直接使用 sprite 精靈類別來建立 sprite 精靈物件來使用，是非常迂蠢的一種方法。

## Pygame 中的 Sprite 類別

Pygame 提供了一個 pygame.sprite.Sprite 基礎類別，允許開發者將遊戲中的對象進行分組和管理。這個類別可以讓開發者更方便地控制遊戲中的角色和其他元素。

## Sprite 的基本特性

圖像 (image): Sprite 對象的圖像屬性，通常是由 Pygame 的 Surface 對象表示。這個圖像就是會被繪製到屏幕上的內容。由於 Sprite 對象透過矩形 (rect)，所以 Pygame 中的所有 Sprite 都有一個與其圖像相對應的矩形（rect）屬性，對於這屬性與對應的矩形，可用於確定圖像的顯示位置以及碰撞檢測，所以該矩形包含有位置（x, y 坐標）和尺寸（寬、高）等資訊。

## Sprite 的基本操作

*初始化*: 通常,我們會創建一個自定義的 Sprite 類別,並繼承自 pygame.sprite.Sprite 基礎類別。

在這個類別中,我們會定義 __init__ 方法來載入初始化圖像和定義對應位置矩形的位置座標。

```
import pygame

class Player(pygame.sprite.Sprite):
    def __init__(self, image_path, x, y):
        super().__init__()
        self.image = pygame.image.load(image_path)  # 加載圖像
        self.rect = self.image.get_rect()  # 獲取圖像的矩形
        self.rect.topleft = (x, y)   # 設定初始位置
```

*更新 (update)*: Sprite 通常有一個 update 方法,該方法負責更新 Sprite 的狀態,如位置、動畫等。這個方法會在每一個 frame 被呼叫與使用。

```
def update(self):
    self.rect.x += 5  # 每幀移動 5 個像素
```

建立精靈玩家: 接下來我們必須要用 Player 類別來建立一個玩家,並且傳入建立玩家的圖形與起始位置。

```
# 創建一個玩家精靈
player = Player('./images/ball.png',0,0)
```

接下來,筆者查閱 pygame.sprite.Sprite 類別下所有的方法,參考網址: https://www.pygame.org/docs/ref/sprite.html#pygame.sprite.Sprite ,可以見到其

pygame.sprite.Sprite 類別下所有的方法如下表：

```
pygame.sprite.Sprite.update
    method to control sprite behavior
pygame.sprite.Sprite.add
    add the sprite to groups
pygame.sprite.Sprite.remove
    remove the sprite from groups
pygame.sprite.Sprite.kill
    remove the Sprite from all Groups
pygame.sprite.Sprite.alive
    does the sprite belong to any groups
pygame.sprite.Sprite.groups
    list of Groups that contain this Sprite
```

如上表 pygame.sprite.Sprite 類別下所有的方法，我們得知，沒有將 sprite 物件繪製在任何 Canvas 的繪圖區內的方法。

由於上面敘述得知，我們如果要達到自動繪製的功能，我們可以透過另外一個類別：pygame.sprite.Group 類別物件搭配使用。

## Group 和 GroupSingle

Pygame 還提供了 pygame.sprite.Group 和 pygame.sprite.GroupSingle 容器類別，用於管理 Sprite 的集合。這些容器類別允許你對多個 Sprite 進行分組操作，並統一更新和繪製。

- Group：管理多個 Sprite 的集合，並允許批量更新、繪製和碰撞檢測。
- GroupSingle：管理單個 Sprite，方便需要頻繁更換單一 Sprite 的情況。
- 碰撞檢測

接下來，筆者查閱 pygame.sprite.Group 類別下所有的方法，參考網址：https://www.pygame.org/docs/ref/sprite.html?highlight=group#pygame.sprite.Group，可以見到其 pygame.sprite.Group 類別下所有的方法如下表：

```
pygame.sprite.Group.sprites
    list of the Sprites this Group contains
pygame.sprite.Group.copy
    duplicate the Group
pygame.sprite.Group.add
    add Sprites to this Group
pygame.sprite.Group.remove
    remove Sprites from the Group
pygame.sprite.Group.has
    test if a Group contains Sprites
pygame.sprite.Group.update
    call the update method on contained Sprites
pygame.sprite.Group.draw
    blit the Sprite images
pygame.sprite.Group.clear
    draw a background over the Sprites
pygame.sprite.Group.empty
    remove all Sprites
```

如上表 pygame.sprite.Group 類別下所有的方法，我們得知，有一個 draw(Surface, bgsurf=None, special_flags=0) -> List[Rect]，這個方法會將 pygame.sprite.Group 類別 add(精靈物件)加入所有的精靈物件，根據其位置，一一繪製在 Surface 上。

鑒於上面所述，我們必須先行建立 pygame.sprite.Group 物件，來繼續進行下列演示：

```
# 創建精靈群組
all_sprites = pygame.sprite.Group()
```

由於本文中，使用 Player()建立了一個以『./images/ball.png』位置的 ball.png 圖形 的精靈物件。

~ 243 ~

為了可以自動化繪製這些精靈物件於視窗上，我們必須將圖形的精靈物件加入創建精靈群組之中。

```
# 將創建的玩家精靈並加入群組
all_sprites.add(player)
```

由於整個更新程序，仍然是寫在最後的迴圈當中，由於 Python 的 pygame 在電腦上執行，不同電腦有不同的設備規格與速度，所以會產生不同的更新速度，造成每一台電腦跑 pygame 的速度不一致，而且用計算電腦速度來進行延遲的方法，也不切實際，所以 pygame 以目前遊戲設計主流，用 frames(禎)來計算畫面更新的速度，剛好符合人類視覺暫留的原則。

所以我們必須告訴 pygame，我們目前的 frames(禎)畫面更新的速度，我已我們加上：

```
# 設定遊戲主循環
clock = pygame.time.Clock()
```

之後我們會在整個更新程序，就是最後的迴圈當中，告知告訴 pygame，我們目前的 frames(禎)畫面更新的速度。

## 建立最後迴圈程序

由於整個更新程序，仍然是寫在最後的迴圈當中，我們使用 while 迴圈來永久更新遊戲程序，透過變數：running 來控制整個 while 迴圈運行與終止。

接下來我們使用 for event in pygame.event.get():的 for 迴圈，一個一個檢視每一個事件(event)，並透過 event.get()的方式取得過程中，所有 pygame 的事件(event)，最後透過事件型態(event.type)，進行識別後，來產生對應的動作：如 event.type == pygame.QUIT，就設定變數：running=false，來中止整個遊戲。

```
running = True
while running:
    for event in pygame.event.get():
        # pygame.event.get()是一個滑鼠移動、動作、按下、放開….等所有事件集合
        # event 迴圈找出每一個事件變數
        if event.type == pygame.QUIT:
            # pygame.QUIT 就是按到系統結束按鈕
            running = False    # 設定 pygame 視窗正常運行之控制參數，並設為 False
            # 設定 pygame 視窗正常運行之控制參數，並設為 False，會離開迴圈
```

接下來我們在整個 while 迴圈進行當中，寫下下列遊戲更新的動作：

```
# 更新所有精靈
all_sprites.update()

# 畫面填充背景顏色
screen.fill((255, 255, 255))

# 繪製所有精靈
all_sprites.draw(screen)

# 更新顯示
pygame.display.flip()

# 控制幀率
clock.tick(30)
```

接下來一一解釋上述程序：

- all_sprites.update()：透過 pygame.sprite.Group()下的 update()， 該方法會將 pygame.sprite.Group() 的 add(精靈角色:sprite)加入的所有精靈角色:sprite，透過內部方法，進行所有精靈角色:sprite 迴圈，對應執行個別

~ 245 ~

精靈角色:sprite 各自的 update()方法，對於這個 update()方法則不需要重新攥寫對應的程序。

- screen.fill((255, 255, 255))：對於 pygame 的視窗，其背景畫面仍必須更新重新繪製，本文用：screen.fill((255, 255, 255))來重新繪製背景畫面。

- all_sprites.draw(screen)：上面有提及，我們要將繪製所有精靈:sprite，根據每一個所有精靈:sprite，根據所有精靈:sprite.rect()：角色位置與大小的物件，根據其精靈:sprite.rect()：角色位置與大小，一一繪製其傳入 draw(繪製 Rect())的 pygame 視窗之中(本文 screen 就是 pygame 的遊戲視窗)。

- pygame.display.flip(): 之前所有的畫面更新，都必須透過 pygame.display.update()的方法來更新 pygame 的遊戲視窗，由於畫面處裡頗為複雜，所以在精靈更新繪製方法中，使用 pygame.display.flip()來加快更新 pygame 的遊戲視窗。

- clock.tick(30)：上面我們有寫到 clock = pygame.time.Clock()，就是透過 clock 物件來取得遊戲更新 frame(禎)的更新時間物件，接下來透過 ticlk(30)，透過 clock.tick(frame(禎數))，來控制畫面更新速度。

## 離開遊戲

在離開上述 while 會圈後，代表整個程式已離開畫面事件處理程序與畫面角色更新程序，所以我們要將 pygame 正式結束，所以我們必須加上下列程式：

```
pygame.quit()    # 離開且關閉 pygame 視窗
```

所以我們使用 pygame.quit()來關閉 pygame 視窗且離開整個程式系統。

## 最後整合程式

最後使用 Python 程式碼，完成下列程式：

表 21 使用 ball 圖形產生一個向右的球

使用 ball 圖形產生一個向右的球(py0401.py)
```python
import pygame    #匯入 PyGame 套件
import math


pygame.init()   #啟動 PyGame 套件
screen = pygame.display.set_mode((800, 600))
#screen 為視窗變數，來使用建立的視窗
#視窗變數 = pygame.display.set_mode(視窗寬度尺寸:pixels，視窗高度尺寸:pixels)

pygame.display.set_caption("PyGame Sprite 功能介紹:產生一個球，向右移動")
#pygame.display.set_caption(視窗標題的內容)

screen.fill((0, 0, 0))
#視窗變數.fill(RGB 變數參數)

# 創建精靈類別
class Player(pygame.sprite.Sprite):
    def __init__(self,image_path,x,y):
        super().__init__()
        self.image = pygame.Surface((50, 50))
        self.image = pygame.image.load(image_path)
        self.image.convert_alpha()
        self.rect = self.image.get_rect()
        self.rect.topleft = (x, y)    # 設定初始位置

    def update(self):
        self.rect.x += 5    # 每幀移動 5 個像素



# 創建一個玩家精靈
player = Player('./images/ball.png',0,0)
```

```python
# 創建精靈群組
all_sprites = pygame.sprite.Group()

# 將創建的玩家精靈並加入群組
all_sprites.add(player)

# 設定遊戲主循環
clock = pygame.time.Clock()

running = True
while running:
    for event in pygame.event.get():
        # pygame.event.get()是一個滑鼠移動、動作、按下、放開….等所有事件集合
        # event 迴圈找出每一個事件變數
        if event.type == pygame.QUIT:
            # pygame.QUIT 就是按到系統結束按鈕
            running = False   # 設定 pygame 視窗正常運行之控制參數，並設為 False
            # 設定 pygame 視窗正常運行之控制參數，並設為 False，會離開迴圈


    # 更新所有精靈
    all_sprites.update()

    # 畫面填充背景顏色
    screen.fill((255, 255, 255))

    # 繪製所有精靈
    all_sprites.draw(screen)

    # 更新顯示
    pygame.display.flip()

    # 控制幀率
    clock.tick(30)
```

| pygame.quit()　　# 離開且關閉 pygame 視窗 |
|---|

程式下載區：https://github.com/brucetsao/pygame_basic

下列程式所以我們使用 Python 語言，攥寫寫上面程式，執行程式後可以看到上面程式的執行結果。其結果如下圖所示：

圖 174 使用 ball 圖形產生一個向右的球之結果畫面

## 控充 Sprite 物件邊界問題

透過上一個例子，我們使用 Player()建立了一個以『./images/ball.png』位置的 ball.png 圖形　　的精靈物件，並在 update()事件中，建立起向右的動作規則，但是使用者可以見到圖形　　的精靈物件會一直向右，即使脫離到視窗右邊界，也不會停止移動，這就是精靈物件邊界問題。

接下來為了解決精靈物件邊界問題，我們必須讓精靈物件知道邊界在哪。

## 擴充 Sprite 類別所處視窗

為了讓解決精靈物件邊界問題，我們必須讓精靈物件知道邊界在哪，所以必須修正 Play 類別，讓其知道邊界在哪，我們必須傳入所處視窗的參考物件。

*修正初始化*：通常，我們會創建一個自定義的 Sprite 類別，並繼承自 pygame.sprite.Sprite 基礎類別。

在這個類別中，我們會定義 \_\_init\_\_ 方法來載入初始化圖像和定義對應位置矩形的位置座標，並傳入所處視窗的參考物件。

```
import pygame

# 創建精靈類別
class Player(pygame.sprite.Sprite):
    _scr = screen
    def __init__(self, image_path, x, y, scr):
        super().__init__()
        self.image = pygame.Surface((50, 50))
        self.image = pygame.image.load(image_path)
        self.image.convert_alpha()
        self.rect = self.image.get_rect()
        self.rect.topleft = (x, y)   # 設定初始位置
        self._scr = scr
```

*擴充更新 (update)*：Sprite 通常有一個 update 方法，該方法負責更新 Sprite 的狀態，如位置、動畫等。這個方法會在每一個 frame 被呼叫與使用，我們可以利用傳入所處視窗的參考物件，了解邊界問題，所以透過 self.scr(視窗的參考物件)透過 self.\_scr.get\_width()方法，取得右邊界，了解右邊界之後，透過 self.rect.x -= 5 的動作指令改變右邊界。

```
def update(self):
    # 更新精靈的位置，這裡我們讓它向右移動
    self.rect.x += 5    # 每幀移動 5 個像素
    if (self.rect.x + self.rect.width) > self._scr.get_width():
        self.rect.x -= 5
```

透過上述程式，我們修正程式為 py0402_a.py，執行上述程式後可以看到上面程式的執行結果。其結果如下圖所示，我們發現一個問題，雖然已有參考邊界，也加入返回條件，但是圖形 的精靈物件在右邊界回頭，但是回頭之後又滿足小於右邊界，又往右走，所以整個圖形 的精靈物件似乎停在右邊界位置：

圖 175 ball 精靈物件一直停在右邊界位置之結果畫面

## 在擴充 Sprite 類別所處方向與位置資訊

為了讓解決精靈物件邊界問題,我們必須讓精靈物件知道邊界在哪,我們傳入所處視窗的參考物件,但是為了讓精靈物件了解自身運動方向,我們還必須擴充其方向資訊,位置資訊與位移資訊。

**修正初始化**: 通常,我們會創建一個自定義的 Sprite 類別,並繼承自 pygame.sprite.Sprite 基礎類別。

在這個類別中,我們 __init__ 方法來載入初始化圖像和定義對應位置矩形的位置座標,並傳入所處視窗的參考物件。

在 class 創建內容,我們加入了:

- _xpos = 0    #精靈類別:Player 的 x 座標
- _ypos = 0    #精靈類別:Player 的 y 座標
- _dirXway = 1    #精靈類別:Player 的 x 座標的移動方向,1=向右,-1=向左
- _movedistance = 5    #精靈類別:Player 的 x 座標的移動間距

透過上面的內部屬性,來儲存 Player 的 x 座標、:Player 的 y 座標、精靈類別:Player 的 x 座標的移動方向與精靈類別:Player 的 x 座標的移動間距等資訊。

```
import pygame

# 創建精靈類別
class Player(pygame.sprite.Sprite):
    _xpos = 0    #精靈類別:Player 的 x 座標
    _ypos = 0    #精靈類別:Player 的 y 座標
    _dirXway = 1    #精靈類別:Player 的 x 座標的移動方向,1=向右,-1=向左
    _movedistance = 5    #精靈類別:Player 的 x 座標的移動間距
    _scr = screen

    def __init__(self, image_path, x, y, scr):
        super().__init__()
        self.image = pygame.Surface((50, 50))
```

```
            self.image = pygame.image.load(image_path)
            self.image.convert_alpha()
            self.rect = self.image.get_rect()
            self._xpos = x
            self._ypos = y
            self.rect.x = self._xpos      #設定精靈類別位置為物件_xpos
            self.rect.y = self._ypos      #設定精靈類別位置為物件_ypos
            self.rect.topleft = (self._xpos, self._ypos)   # 設定初始位置
            self._scr = scr
```

*擴充更新 (update)*:我們可以利用傳入所處視窗的參考物件，了解邊界問題，建立 self._dirXway 來代表方向，透過 if self._dirXway == 1:來建立向右與向左的不同考慮條件，來各自建立在向右時的動作與向左時的動作：

　　向右條件(self._dirXway == 1)：

　　　　　　self._xpos += self._movedistance

　　　　　　self.rect.x = self._xpos    #設定精靈類別位置為物件 xpos

　　向左條件(self._dirXway != 1)：

　　　　　　self._xpos -= self._movedistance

　　　　　　self.rect.x = self._xpos    #設定精靈類別位置為物件 xpos

```
def update(self):
# 更新精靈的位置，這裡我們讓它向右移動
    if self._dirXway == 1:
        self._xpos += self._movedistance
        self.rect.x = self._xpos    #設定精靈類別位置為物件 xpos
        if (self.rect.x + self.rect.width) > self._scr.get_width():
            self._dirXway = -1
    else:
        self._xpos -= self._movedistance
        self.rect.x = self._xpos    #設定精靈類別位置為物件 xpos
        if self.rect.x < 1:
```

~ 253 ~

```
        self._dirXway = 1
```

## 擴充邊界之整合程式

最後使用 Python 程式碼,完成下列程式:

表 22 使用 ball 圖形產生一個左右移動的球

| 使用 ball 圖形產生一個左右移動的球(py0402.py) |
|---|
| import pygame    #匯入 PyGame 套件<br>import math<br><br>pygame.init()   #啟動 PyGame 套件<br>screen = pygame.display.set_mode((800, 600))<br>#screen 為視窗變數,來使用建立的視窗<br>#視窗變數 = pygame.display.set_mode(視窗寬度尺寸:pixels,視窗高度尺寸:pixels)<br><br>pygame.display.set_caption("PyGame Sprite 功能介紹:產生一個球,左右移動")<br>#pygame.display.set_caption(視窗標題的內容)<br><br>screen.fill((0, 0, 0))<br><br>#視窗變數.fill(RGB 變數參數)<br><br># 創建精靈類別<br>class Player(pygame.sprite.Sprite):<br>　　_xpos = 0    #精靈類別:Player 的 x 座標<br>　　_ypos = 0    #精靈類別:Player 的 y 座標<br>　　_dirXway = 1    #精靈類別:Player 的 x 座標的移動方向,1=向右,-1=向左<br>　　_movedistance = 5    #精靈類別:Player 的 x 座標的移動間距<br>　　_scr = screen<br><br>　　def __init__(self, image_path, x, y, scr): |

```python
        super().__init__()
        self.image = pygame.Surface((50, 50))
        self.image = pygame.image.load(image_path)
        self.image.convert_alpha()
        self.rect = self.image.get_rect()
        self._xpos = x
        self._ypos = y
        self.rect.x = self._xpos    #設定精靈類別位置為物件_xpos
        self.rect.y = self._ypos    #設定精靈類別位置為物件_ypos
        self.rect.topleft = (self._xpos, self._ypos)   # 設定初始位置
        self._scr = scr

    def update(self):
        # 更新精靈的位置，這裡我們讓它向右移動
        if self._dirXway == 1:
            self._xpos += self._movedistance
            self.rect.x = self._xpos    #設定精靈類別位置為物件 xpos
            if (self.rect.x + self.rect.width) > self._scr.get_width():
                self._dirXway = -1
        else:
            self._xpos -= self._movedistance
            self.rect.x = self._xpos    #設定精靈類別位置為物件 xpos
            if self.rect.x < 1:
                self._dirXway = 1


# 創建一個玩家精靈
player = Player('./images/ball.png', 0, 0, screen)

# 創建精靈群組
all_sprites = pygame.sprite.Group()

# 將創建的玩家精靈並加入群組
all_sprites.add(player)

# 設定遊戲主循環
clock = pygame.time.Clock()
```

```
running = True
while running:
    for event in pygame.event.get():
        # pygame.event.get()是一個滑鼠移動、動作、按下、放開….
等所有事件集合
        # event 迴圈找出每一個事件變數
        if event.type == pygame.QUIT:
            # pygame.QUIT 就是按到系統結束按鈕
            running = False   # 設定 pygame 視窗正常運行之控制參
數，並設為 False
            # 設定 pygame 視窗正常運行之控制參數，並設為 False，
會離開迴圈

    # 更新所有精靈
    all_sprites.update()

    # 畫面填充背景顏色
    screen.fill((255, 255, 255))

    # 繪製所有精靈
    all_sprites.draw(screen)

    # 更新顯示
    pygame.display.flip()

    # 控制幀率
    clock.tick(30)

pygame.quit()   # 離開且關閉 pygame 視窗
```

程式下載區：https://github.com/brucetsao/pygame_basic

下列程式所以我們使用 Python 語言，攥寫寫上面程式，執行程式後可以看到上面程式的執行結果。其結果如下圖所示：

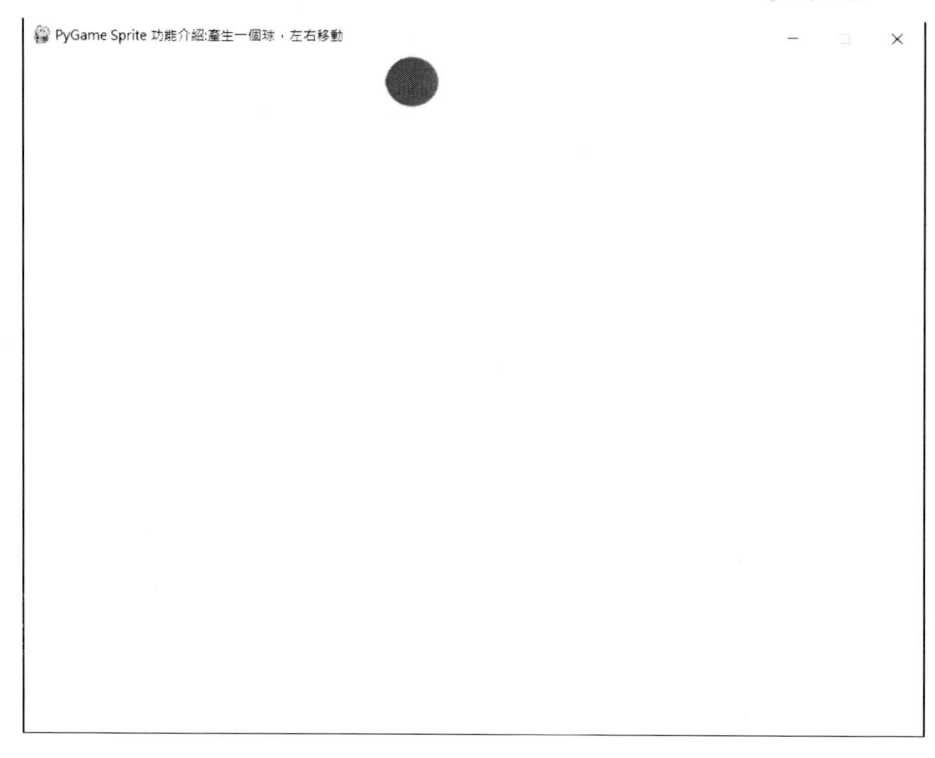

圖 176 使用 ball 圖形產生一個左右移動的球之結果畫面

## 擴充 Sprite 物件考慮範圍問題

透過上一個例子,我們使用 Player()建立了一個以『./images/ball.png』位置的 ball.png 圖形 的精靈物件,並在 update()事件中,建立起向右的動作規則,如果見到圖形 的精靈物件會一直向右,如果碰到視窗右邊界,就必須改變向右方向為左,反之,如果碰到視窗左邊界,就必須改變向左方向為右。

同理得知,並在 update()事件中,建立起向下的動作規則,如果見到圖形 的精靈物件會一直向下,如果碰到視窗下邊界,就必須改變向下方向為上,反之,如果碰到視窗上邊界,就必須改變向上方向為下。

所以我們發現,我們必須建立向上下的變數(_dirXway)與建立向上下的變數

~ 257 ~

(_dirYway)來代表目前移動的上下左右的方向,透過上下左右的方向來決定向上移動或向下移動或向左移動或向右移動等位移動作。

## 在擴充 Sprite 類別所處二軸方向與位置資訊

為了讓解決精靈物件邊界問題,我們必須讓精靈物件知道邊界在哪,我們傳入所處視窗的參考物件,但是為了讓精靈物件了解自身運動方向,我們還必須擴充其二軸方向資訊,位置資訊與位移資訊。

***修正初始化***:通常,我們會創建一個自定義的 Sprite 類別,並繼承自 pygame.sprite.Sprite 基礎類別。

在這個類別中,我們 \_\_init\_\_ 方法來載入初始化圖像和定義對應位置矩形的位置座標,並傳入所處視窗的參考物件。

在 class 創建內容,我們加入了:

- _xpos = 0　　#精靈類別:Player 的 x 座標
- _ypos = 0　　#精靈類別:Player 的 y 座標
- _dirXway = 1　　#精靈類別:Player 的 x 座標的移動方向,1=向右,-1=向左
- _dirYway = 1　　#精靈類別:Player 的 y 座標的移動方向,1=向下,-1=向上
- _movedistance = 5　　#精靈類別:Player 的 x 座標的移動間距

透過上面的內部屬性,來儲存 Player 的 x 座標、:Player 的 y 座標、精靈類別:Player 的 x 座標的移動方向與 y 座標的移動方向與精靈類別:Player 的 x 座標的移動間距與精靈類別:Player 的 y 座標的移動間距等資訊。

```
import pygame   #匯入 PyGame 套件
import math
# 創建精靈類別
class Player(pygame.sprite.Sprite):
    _xpos = 0    #精靈類別:Player 的 x 座標
    _ypos = 0    #精靈類別:Player 的 y 座標
    _dirXway = 1    #精靈類別:Player 的 x 座標的移動方向,1=向右,-1=向左
```

```
    _dirYway = 1      #精靈類別:Player 的 y 座標的移動方向，1=向下，-1=向上
    _movedistance = 5    #精靈類別:Player 的 x 座標的移動間距
    _scr = screen

    def __init__(self, image_path, x, y, scr):
        super().__init__()
        self.image = pygame.Surface((50, 50))
        self.image = pygame.image.load(image_path)#載入圖片
        self.image.convert_alpha() #改變 alpha 值
        self.rect = self.image.get_rect() #取得圖形大小位置
        self._xpos = x      #設定起始 X 座標位置
        self._ypos = y      #設定起始 Y 座標位置
        self.rect.x = self._xpos    #設定精靈類別位置為物件_xpos
        self.rect.y = self._ypos    #設定精靈類別位置為物件_ypos
        self.rect.topleft = (self._xpos, self._ypos)   # 設定初始位置
        self._scr = scr
```

*擴充更新 (update)*:我們可以利用傳入所處視窗的參考物件，了解邊界問題，建立 self._dirXway 來代表方向，透過 if self._dirXway == 1:來建立向右與向左的不同考慮條件，來各自建立在向右時的動作與向左時的動作：

　　向右條件(self._dirXway == 1)：

　　　　　　self._xpos += self._movedistance

　　　　　　self.rect.x = self._xpos    #設定精靈類別位置為物件 xpos

　　向左條件(self._dirXway != 1)：

　　　　　　self._xpos -= self._movedistance

　　　　　　self.rect.x = self._xpos    #設定精靈類別位置為物件 xpos

再建立 self._dirYway 來代表方向，透過 if self._dirYway == 1:來建立向下與向上的不同考慮條件，來各自建立在向下時的動作與向上時的動作：

　　向下條件(self._dirYway == 1)：

　　　　　self._ypos += self._movedistance

　　　　　self.rect.y = self._ypos　　#設定精靈類別位置為物件 xpos

向上條件(self._dirYway != 1)：

　　　　　self._ypos -= self._movedistance

　　　　　self.rect.y = self._ypos　　#設定精靈類別位置為物件 xpos

```
def update(self):
    # 更新精靈的位置，這裡我們讓它向右移動
    if self._dirXway == 1:  #如果向右
        if self._dirYway == 1:  #如果向下
            self._xpos += self._movedistance      #向右移動
            self._ypos += self._movedistance      #向下移動
            self.rect.x = self._xpos    #設定精靈類別位置為物件 xpos
            self.rect.y = self._ypos    #設定精靈類別位置為物件 ypos
        else:   #如果向上
            self._xpos += self._movedistance      #向右移動
            self._ypos -= self._movedistance      #向上移動
            self.rect.x = self._xpos    #設定精靈類別位置為物件 xpos
            self.rect.y = self._ypos    #設定精靈類別位置為物件 ypos
    else:   #如果向左
        if self._dirYway == 1:  #如果向下
            self._xpos -= self._movedistance      #向左移動
            self._ypos += self._movedistance      #向下移動
            self.rect.x = self._xpos    #設定精靈類別位置為物件 xpos
            self.rect.y = self._ypos    #設定精靈類別位置為物件 ypos
        else:   #如果向下
            self._xpos -= self._movedistance      #向左移動
            self._ypos -= self._movedistance      #向上移動
            self.rect.x = self._xpos    #設定精靈類別位置為物件 xpos
            self.rect.y = self._ypos    #設定精靈類別位置為物件 ypos
    if (self.rect.x + self.rect.width) > self._scr.get_width():#判斷右邊界
        self._dirXway = -1    #轉向左邊
    if self.rect.x < 1: #判斷左邊界
```

```
            self._dirXway = 1      #轉向右邊
        if (self.rect.y + self.rect.height) > self._scr.get_height():   #判斷下邊
界
            self._dirYway = -1   #轉向上邊
        if self.rect.y < 1: #判斷上邊界
            self._dirYway = 1      #轉向下邊
```

## 擴充全方位邊界之整合程式

最後使用 Python 程式碼，完成下列程式：

表 23 使用 ball 圖形移動全方位的球

```
使用 ball 圖形移動全方位的球(py0403.py)
import pygame    #匯入 PyGame 套件
import math

pygame.init()    #啟動 PyGame 套件
screen = pygame.display.set_mode((800, 600))
#screen 為視窗變數，來使用建立的視窗
#視窗變數 = pygame.display.set_mode(視窗寬度尺寸:pixels，視窗高度
尺寸:pixels)

pygame.display.set_caption("PyGame Sprite 功能介紹:產生一個球，全
方位移動")
#pygame.display.set_caption(視窗標題的內容)


screen.fill((0, 0, 0))



#視窗變數.fill(RGB 變數參數)

# 創建精靈類別
class Player(pygame.sprite.Sprite):
    _xpos = 0    #精靈類別:Player 的 x 座標
    _ypos = 0    #精靈類別:Player 的 y 座標
    _dirXway = 1    #精靈類別:Player 的 x 座標的移動方向，1=向右，-1=
```

```
向左
    _dirYway = 1    #精靈類別:Player 的 y 座標的移動方向,1=向下,-1=
向上
    _movedistance = 5    #精靈類別:Player 的 x 座標的移動間距
    _scr = screen

    def __init__(self, image_path, x, y, scr):
        super().__init__()
        self.image = pygame.Surface((50, 50))
        self.image = pygame.image.load(image_path)#載入圖片
        self.image.convert_alpha()#改變 alpha 值
        self.rect = self.image.get_rect()#取得圖形大小位置
        self._xpos = x      #設定起始 X 座標位置
        self._ypos = y      #設定起始 Y 座標位置
        self.rect.x = self._xpos    #設定精靈類別位置為物件_xpos
        self.rect.y = self._ypos    #設定精靈類別位置為物件_ypos
        self.rect.topleft = (self._xpos, self._ypos)   # 設定初始位置
        self._scr = scr

    def update(self):
        # 更新精靈的位置,這裡我們讓它向右移動
        if self._dirXway == 1:  #如果向右
            if self._dirYway == 1:  #如果向下
                self._xpos += self._movedistance    #向右移動
                self._ypos += self._movedistance    #向下移動
                self.rect.x = self._xpos    #設定精靈類別位置為物件
xpos
                self.rect.y = self._ypos    #設定精靈類別位置為物件
ypos
            else:   #如果向上
                self._xpos += self._movedistance    #向右移動
                self._ypos -= self._movedistance    #向上移動
                self.rect.x = self._xpos    #設定精靈類別位置為物件
xpos
                self.rect.y = self._ypos    #設定精靈類別位置為物件
ypos
        else:   #如果向左
            if self._dirYway == 1:  #如果向下
```

```
                    self._xpos -= self._movedistance      #向左移動
                    self._ypos += self._movedistance      #向下移動
                    self.rect.x = self._xpos   #設定精靈類別位置為物件xpos
                    self.rect.y = self._ypos   #設定精靈類別位置為物件ypos
            else:      #如果向下
                    self._xpos -= self._movedistance      #向左移動
                    self._ypos -= self._movedistance      #向上移動
                    self.rect.x = self._xpos   #設定精靈類別位置為物件xpos
                    self.rect.y = self._ypos   #設定精靈類別位置為物件ypos

        if (self.rect.x + self.rect.width) > self._scr.get_width():#判斷右邊界
            self._dirXway = -1    #轉向左邊
        if self.rect.x < 1: #判斷左邊界
            self._dirXway = 1     #轉向右邊
        if (self.rect.y + self.rect.height) > self._scr.get_height():   #判斷下邊界
            self._dirYway = -1    #轉向上邊
        if self.rect.y < 1: #判斷上邊界
            self._dirYway = 1     #轉向下邊

# 創建一個玩家精靈
player = Player('./images/ball.png', 0, 0,screen)

# 創建精靈群組
all_sprites = pygame.sprite.Group()

# 將創建的玩家精靈並加入群組
all_sprites.add(player)

# 設定遊戲主循環
clock = pygame.time.Clock()
```

```
running = True
while running:
    for event in pygame.event.get():
        # pygame.event.get()是一個滑鼠移動、動作、按下、放開….
等所有事件集合
        # event 迴圈找出每一個事件變數
        if event.type == pygame.QUIT:
            # pygame.QUIT 就是按到系統結束按鈕
            running = False   # 設定 pygame 視窗正常運行之控制參數，並設為 False
            # 設定 pygame 視窗正常運行之控制參數，並設為 False，會離開迴圈
    # 更新所有精靈
    all_sprites.update()

    # 畫面填充背景顏色
    screen.fill((255, 255, 255))

    # 繪製所有精靈
    all_sprites.draw(screen)

    # 更新顯示
    pygame.display.flip()

    # 控制幀率
    clock.tick(30)

pygame.quit()    # 離開且關閉 pygame 視窗
```

程式下載區：https://github.com/brucetsao/pygame_basic

下列程式所以我們使用 Python 語言，攥寫寫上面程式，執行程式後可以看到上面程式的執行結果。其結果如下圖所示：

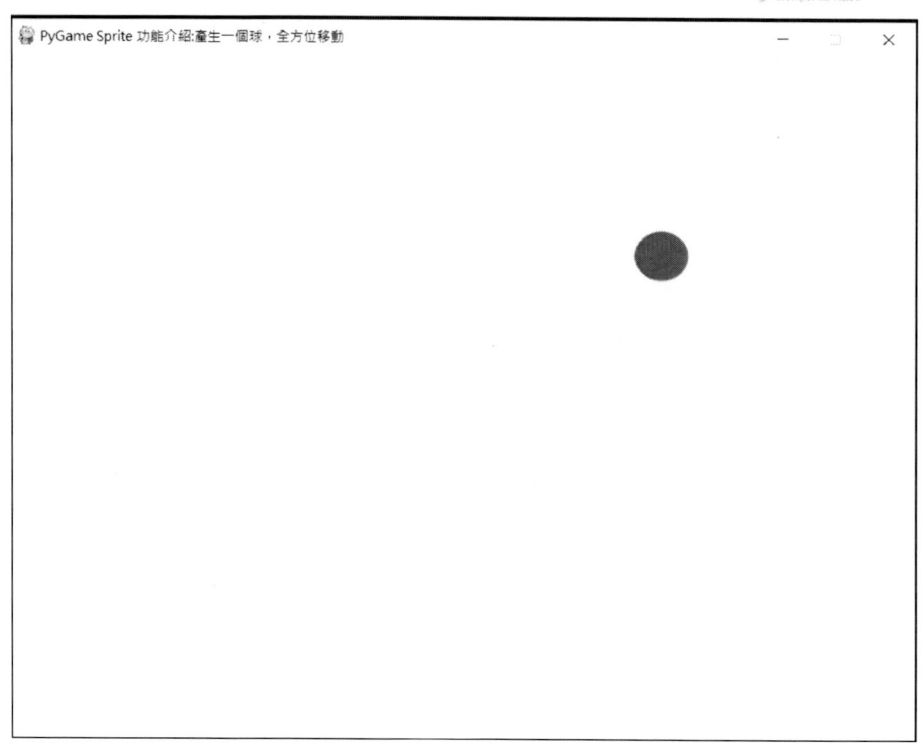

圖 177 ball 精靈物件全方位移動之結果畫面

## 擴充 Sprite 物件內建屬性設定問題

透過上一個例子，我們使用 Player()建立了一個以『./images/ball.png』位置的 ball.png 圖形 的精靈物件，並在 update()事件中，建立起向右的動作規則，如果見到圖形 的精靈物件會一直向右，如果碰到視窗右邊界，就必須改變向右方向為左，反之，如果碰到視窗左邊界，就必須改變向左方向為右。

但是我們看到，移動 X 軸與 Y 軸都是 class 之中的_movedistance 變數所設定，而 class 之中的_movedistance 變數無法改變，所以移動速度無法改變，透過 Python Class 設計法則，我們可以透過屬性(Property)方式來設定 class 之中的_movedistance 變數，如此就可以改變速度。

## 在擴充 Sprite 類別離動距離資訊為屬性

為了讓解決精靈物件邊界問題,我們必須讓精靈物件知道邊界在哪,我們傳入所處視窗的參考物件,但是為了讓精靈物件了解自身運動方向,我們還必須擴充其二軸方向資訊,位置資訊與位移資訊。

由於我們希望可以在創建精靈物件,建立不同的移動距離屬性,所以本文將教各位讀者如何建立一個外部可以讀寫的類別屬性。

***擴充修正初始化***:通常,我們會創建一個自定義的 Sprite 類別,並繼承自 pygame.sprite.Sprite 基礎類別。

在這個類別中,我們 \_\_init\_\_ 方法來載入初始化圖像和定義對應位置矩形的位置座標,並傳入所處視窗的參考物件。

在 class 創建內容,我們除了之前的設定,再擴充加入了:

- self.\_\_move=self.\_movedistance:透過 self.\_\_move 的移動距離的屬性,建立對應的屬性(Property),預設值設定為上述程式\_movedistance 變數。

透過上面的透過 self.\_\_move 的移動距離的屬性,來儲存精靈類別:Player 的 x 座標的移動間距與精靈類別:Player 的 y 座標的移動間距等資訊。

```
# 創建精靈類別
class Player(pygame.sprite.Sprite):
    _xpos = 0    #精靈類別:Player 的 x 座標
    _ypos = 0    #精靈類別:Player 的 y 座標
    _dirXway = 1   #精靈類別:Player 的 x 座標的移動方向,1=向右,-1=向左
    _dirYway = 1   #精靈類別:Player 的 y 座標的移動方向,1=向下,-1=向上
    _movedistance = 5   #精靈類別:Player 的 x 座標的移動間距
    _scr = screen #精靈物件所處的畫面參考繪圖之 Surface

    def __init__(self, image_path, x, y, scr):
        super().__init__()
        self.image = pygame.Surface((50, 50))
```

```
self.image = pygame.image.load(image_path)#載入圖片
self.image.convert_alpha() #改變 alpha 值
self.rect = self.image.get_rect() #取得圖形大小位置
self._xpos = x          #設定起始 X 座標位置
self._ypos = y          #設定起始 Y 座標位置
self.rect.x = self._xpos    #設定精靈類別位置為物件_xpos
self.rect.y = self._ypos    #設定精靈類別位置為物件_ypos
self.rect.topleft = (self._xpos, self._ypos)   # 設定初始位置
self._scr = scr         #類別內參考繪圖之 Surface
self.__move=self._movedistance    #外部可以讀寫的移動距離屬性
```

## 建立距離屬性對應方法

*由於上面已經設定屬性讀寫 (Property Read/Write)*:我們可以利用 @property 的宣告詞，來告知 def move(self):為讀取 move 屬性，再利用@move.setter 的宣告詞，來告知 def move(self, cc):為寫入 move 屬性，可以利用物件 move = 傳入值，而傳入值會以變數 cc 傳入 def move(self, cc):的方法之中，而變數 cc 就是 move = 傳入值的內容值。

```
@property    # 設定下面為屬性的讀取
def move(self):
    return self.__move   # 回傳__move 屬性內容

@move.setter   # 設定下面為屬性的寫入
def move(self, cc):
    self.__move = cc    ##設定__move 屬性內容
    self._movedistance = self.__move
# 將__move 屬性設定給實際移動的變數_movedistance
```

## 在程式之中設定距離屬性

我們透過 player.move = random.randint(3,10)，就可以透過屬性 move 設定為 random.randint(3,10)，而 random.randint(3,10)就是透過亂數函數 random.randint(a,b)

來設定傳入 a 到 b 之間的整數。

```
# 創建一個玩家精靈
player = Player('./images/ball.png', 0, 0,screen)
player.move = random.randint(3,10)
#透過亂數函數 random.randint(a,b)，設定產生物件之移動距離為 a~b 之間，亦
為 3~103,10
```

## 擴充亂數設定移動距離之整合程式

最後使用 Python 程式碼，完成下列程式：

表 24 擴充亂數設定移動距離之整合程式

| 擴充亂數設定移動距離之整合程式(py0404.py) |
|---|
| import pygame    #匯入 PyGame 套件<br>import math<br>import random<br><br>pygame.init()   #啟動 PyGame 套件<br>screen = pygame.display.set_mode((800, 600))<br>#screen 為視窗變數，來使用建立的視窗<br>#視窗變數 = pygame.display.set_mode(視窗寬度尺寸:pixels,視窗高度尺寸:pixels)<br><br>pygame.display.set_caption("PyGame Sprite 功能介紹:產生一個球，亂數設定移動距離來全方位移動")<br>#pygame.display.set_caption(視窗標題的內容)<br><br>screen.fill((0, 0, 0))<br><br>#視窗變數.fill(RGB 變數參數)<br><br># 創建精靈類別 |

```python
class Player(pygame.sprite.Sprite):
    _xpos = 0      #精靈類別:Player 的 x 座標
    _ypos = 0      #精靈類別:Player 的 y 座標
    _dirXway = 1   #精靈類別:Player 的 x 座標的移動方向,1=向右,-1=向左
    _dirYway = 1   #精靈類別:Player 的 y 座標的移動方向,1=向下,-1=向上
    _movedistance = 5   #精靈類別:Player 的 x 座標的移動間距
    _scr = screen #精靈物件所處的畫面參考繪圖之 Surface

    def __init__(self, image_path, x, y, scr):
        super().__init__()
        self.image = pygame.Surface((50, 50))
        self.image = pygame.image.load(image_path)#載入圖片
        self.image.convert_alpha() #改變 alpha 值
        self.rect = self.image.get_rect() #取得圖形大小位置
        self._xpos = x         #設定起始 X 座標位置
        self._ypos = y         #設定起始 Y 座標位置
        self.rect.x = self._xpos    #設定精靈類別位置為物件_xpos
        self.rect.y = self._ypos    #設定精靈類別位置為物件_ypos
        self.rect.topleft = (self._xpos, self._ypos)  # 設定初始位置
        self._scr = scr        #類別內參考繪圖之 Surface
        self.__move=self._movedistance    #外部可以讀寫的移動距離屬性

    @property    # 設定下面為屬性的讀取
    def move(self):
        return self.__move    # 回傳__move 屬性內容

    @move.setter    # 設定下面為屬性的寫入
    def move(self, cc):
        self.__move = cc    ##設定__move 屬性內容
        self._movedistance = self.__move
# 將__move 屬性設定給實際移動的變數_movedistance

    def update(self):
        # 更新精靈的位置,這裡我們讓它向右移動
        if self._dirXway == 1:    #如果向右
```

```
            if self._dirYway == 1:  #如果向下
                self._xpos += self._movedistance      #向右移動
                self._ypos += self._movedistance      #向下移動
                self.rect.x = self._xpos   #設定精靈類別位置為物件xpos
                self.rect.y = self._ypos   #設定精靈類別位置為物件ypos
            else:    #如果向上
                self._xpos += self._movedistance      #向右移動
                self._ypos -= self._movedistance      #向上移動
                self.rect.x = self._xpos   #設定精靈類別位置為物件xpos
                self.rect.y = self._ypos   #設定精靈類別位置為物件ypos
        else:   #如果向左
            if self._dirYway == 1:  #如果向下
                self._xpos -= self._movedistance      #向左移動
                self._ypos += self._movedistance      #向下移動
                self.rect.x = self._xpos   #設定精靈類別位置為物件xpos
                self.rect.y = self._ypos   #設定精靈類別位置為物件ypos
            else:    #如果向下
                self._xpos -= self._movedistance      #向左移動
                self._ypos -= self._movedistance      #向上移動
                self.rect.x = self._xpos   #設定精靈類別位置為物件xpos
                self.rect.y = self._ypos   #設定精靈類別位置為物件ypos

        if (self.rect.x + self.rect.width) > self._scr.get_width():#判斷右邊界
            self._dirXway = -1   #轉向左邊
        if self.rect.x < 1: #判斷左邊界
            self._dirXway = 1     #轉向右邊
        if (self.rect.y + self.rect.height) > self._scr.get_height():    #判斷下邊界
            self._dirYway = -1   #轉向上邊
```

```
            if self.rect.y < 1: #判斷上邊界
                self._dirYway = 1      #轉向下邊
```

# 創建一個玩家精靈
```
player = Player('./images/ball.png', 0, 0,screen)
player.move = random.randint(3,10)
```
#透過亂數函數 random.randint(a,b)，設定產生物件之移動距離為 a~b 之間，亦為 3~103,10

# 創建精靈群組
```
all_sprites = pygame.sprite.Group()
```

# 將創建的玩家精靈並加入群組
```
all_sprites.add(player)
```

# 設定遊戲主循環
```
clock = pygame.time.Clock()


running = True
while running:
    for event in pygame.event.get():
        # pygame.event.get()是一個滑鼠移動、動作、按下、放開....
等所有事件集合
        # event   迴圈找出每一個事件變數
        if event.type == pygame.QUIT:
            # pygame.QUIT 就是按到系統結束按鈕
            running = False    # 設定 pygame 視窗正常運行之控制參數，並設為 False
            # 設定 pygame 視窗正常運行之控制參數，並設為 False，會離開迴圈
    # 更新所有精靈
    all_sprites.update()

    # 畫面填充背景顏色
    screen.fill((255, 255, 255))

    # 繪製所有精靈
```

```
all_sprites.draw(screen)

# 更新顯示
pygame.display.flip()

# 控制幀率
clock.tick(30)

pygame.quit()    #  離開且關閉 pygame 視窗
```

程式下載區：https://github.com/brucetsao/pygame_basic

下列程式所以我們使用 Python 語言，攥寫寫上面程式，執行程式後可以看到上面程式的執行結果。其結果如下圖所示：

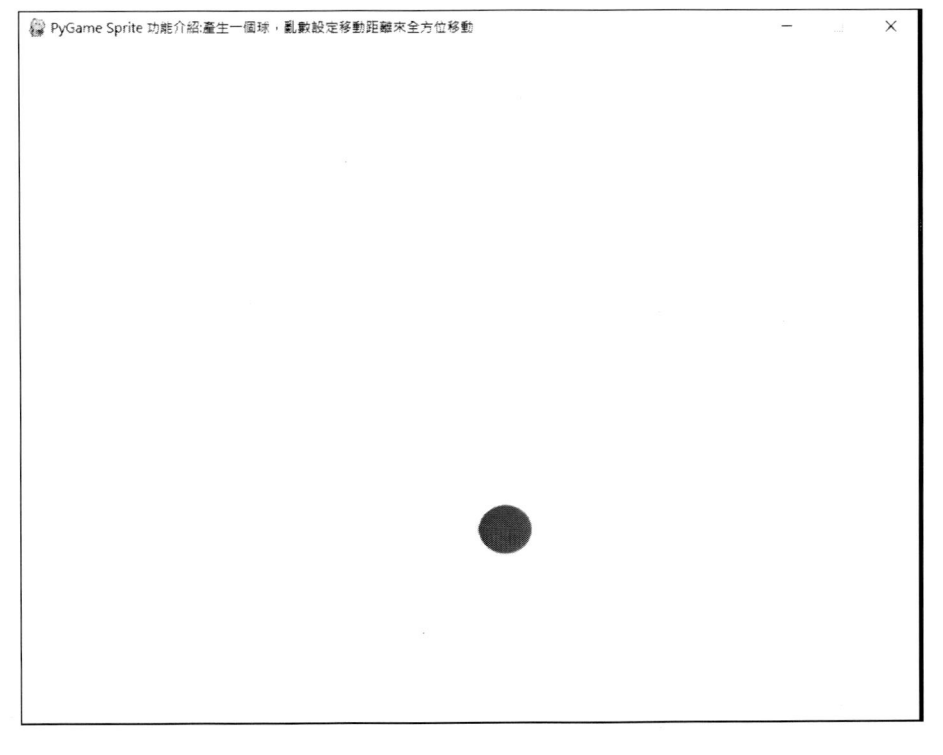

圖 178 擴充亂數設定移動距離之整合程式之結果畫面

## 產生兩個物件在畫面上同時移動

透過上一個例子，我們使用 Player()建立了一個以『./images/ball.png』位置的 ball.png 圖形 的精靈物件，並且可以設定起始位置與起始移動距離。

接下來我們再使用 Player()建立了一個以『./images/butterfly.png』位置的 butterfly.png 圖形 的精靈物件，並且可以設定起始位置與起始移動距離。

## 主程式中加入第二個精靈角色

上面範例與講解，我們使用 Player()建立了一個以『./images/ball.png』位置的 ball.png 圖形 的精靈物件，並且可以設定起始位置與起始移動距離。

接下來我們再使用 Player()建立了一個以『./images/butterfly.png』位置的 butterfly.png 圖形 的精靈物件，並且可以設定起始位置與起始移動距離。

為了達到這兩個角色在不同位置與移動不同的速度，筆者使亂數函數 random.randint(a,b)來設定傳入 a 到 b 之間的整數，並傳入創建角色 Player 角色中，在創建指令中 Player(精靈角色圖片路徑+檔名, 起始 X 位置, 起始 Y 位置,繪圖視窗參考)中，將起始 X 位置起始 Y 位置，使用亂數函數 random.randint(a,b)來設定傳入 a 到 b 之間的整數，而起始 X 位置將 a 與 b 設定為 random.randint(50,screen.get_width()), random.randint(50,screen.get_height()) 的數值，而角色移動距離就設定為 3-7 與 3-10 之間。

**擴充主程式**:我們會創建一個自定義的 Sprite 類別，並使用創建指令中 Player(精靈角色圖片路徑+檔名, 起始 X 位置, 起始 Y 位置,繪圖視窗參考)建立精靈角色物件。

我們使用 Player()建立了一個以『./images/ball.png』位置的 ball.png 圖形的精靈物件，並且可以設定起始位置與起始移動距離。

接下來我們再使用 Player()建立了一個以『./images/butterfly.png』位置的 butterfly.png 圖形的精靈物件，並且可以設定起始位置與起始移動距離。

- Player(精靈物件的圖形, random.randint(50,screen.get_width()), random.randint(50,screen.get_height()),screen)，將起始 X 位置設定為 50~寬度，將起始 X 位置設定為 50~高度。

- self.__move=self._movedistance: 透過 self.__move 的移動距離的屬性，建立對應的屬性(Property)，預設值設定為上述程式_movedistance 變數。

透過上面的透過 self.__move 的移動距離的屬性，來儲存精靈類別:Player 的 x 座標的移動間距與精靈類別:Player 的 y 座標的移動間距等資訊。

```
# 創建第一個玩家精靈
player = Player('./images/ball.png', random.randint(50,screen.get_width()),
random.randint(50,screen.get_height()),screen)
player.move = random.randint(3,10)
#透過亂數函數 random.randint(a,b)，設定產生物件之移動距離為 a~b 之間，亦為 3~10

# 創建第二個玩家精靈
player1 = Player('./images/butterfly.png', random.randint(50,screen.get_width()),
random.randint(50,screen.get_height()),screen)
player1.move = random.randint(3,7)
#透過亂數函數 random.randint(a,b)，設定產生物件之移動距離為 a~b 之間，亦為 3~7
```

***在主程式加入所有角色***：我們使用 Player() 建立了一個以『./images/ball.png』位置的 ball.png 圖形 的精靈物件(player)，並且可以設定起始位置與起始移動距離。

接下來我們再使用 Player() 建立了一個以『./images/butterfly.png』位置的 butterfly.png 圖形 的精靈物件(player1)，並且可以設定起始位置與起始移動距離。

由於我們共創建了兩個精靈角色 player 與 player1 兩個角色，我們必須透過兩個角色的 update() 方法與 pygame.sprite.Group() 的 draw() 方法來更新角色位置與繪製角色於畫面上，所以我們必須修改主程式，將所有角色都加入 pygame.sprite.Group() 之中。

```
# 將創建的玩家精靈並加入群組
all_sprites.add(player)
all_sprites.add(player1)
```

最後使用 Python 程式碼，完成下列程式：

表 25 擴充亂數設定移動距離之整合程式

```
擴充亂數設定移動距離之整合程式(py0405.py)
import pygame   #匯入 PyGame 套件
import math
import random

pygame.init()   #啟動 PyGame 套件
screen = pygame.display.set_mode((800, 600))
#screen 為視窗變數，來使用建立的視窗
#視窗變數 = pygame.display.set_mode(視窗寬度尺寸:pixels，視窗高度尺寸:pixels)
```

~ 275 ~

```python
pygame.display.set_caption("PyGame Sprite 功能介紹:產生一個球與一隻蝴蝶，亂數設定移動距離來全方位移動")
#pygame.display.set_caption(視窗標題的內容)

screen.fill((0, 0, 0))


#視窗變數.fill(RGB 變數參數)

# 創建精靈類別
class Player(pygame.sprite.Sprite):
    _xpos = 0    #精靈類別:Player 的 x 座標
    _ypos = 0    #精靈類別:Player 的 y 座標
    _dirXway = 1   #精靈類別:Player 的 x 座標的移動方向，1=向右，-1=向左
    _dirYway = 1   #精靈類別:Player 的 y 座標的移動方向，1=向下，-1=向上
    _movedistance = 5   #精靈類別:Player 的 x 座標的移動間距
    _scr = screen  #精靈物件所處的畫面參考繪圖之 Surface

    def __init__(self, image_path, x, y, scr):
        super().__init__()
        self.image = pygame.Surface((50, 50))
        self.image = pygame.image.load(image_path)#載入圖片
        self.image.convert_alpha() #改變 alpha 值
        self.rect = self.image.get_rect() #取得圖形大小位置
        self._xpos = x      #設定起始 X 座標位置
        self._ypos = y      #設定起始 Y 座標位置
        self.rect.x = self._xpos    #設定精靈類別位置為物件_xpos
        self.rect.y = self._ypos    #設定精靈類別位置為物件_ypos
        self.rect.topleft = (self._xpos, self._ypos)  # 設定初始位置
        self._scr = scr     #類別內參考繪圖之 Surface
        self.__move=self._movedistance    #外部可以讀寫的移動距離屬性

        @property   # 設定下面為屬性的讀取
        def move(self):
```

```python
            return self.__move    # 回傳__move 屬性內容

        @move.setter   # 設定下面為屬性的寫入
        def move(self, cc):
            self.__move = cc    ##設定__move 屬性內容
            self._movedistance = self.__move
        # 將__move 屬性設定給實際移動的變數_movedistance

    def update(self):
        # 更新精靈的位置，這裡我們讓它向右移動
        if self._dirXway == 1:  #如果向右
            if self._dirYway == 1:  #如果向下
                self._xpos += self._movedistance      #向右移動
                self._ypos += self._movedistance      #向下移動
                self.rect.x = self._xpos   #設定精靈類別位置為物件xpos
                self.rect.y = self._ypos   #設定精靈類別位置為物件ypos
            else:   #如果向上
                self._xpos += self._movedistance      #向右移動
                self._ypos -= self._movedistance      #向上移動
                self.rect.x = self._xpos   #設定精靈類別位置為物件xpos
                self.rect.y = self._ypos   #設定精靈類別位置為物件ypos
        else:    #如果向左
            if self._dirYway == 1:   #如果向下
                self._xpos -= self._movedistance      #向左移動
                self._ypos += self._movedistance      #向下移動
                self.rect.x = self._xpos   #設定精靈類別位置為物件xpos
                self.rect.y = self._ypos   #設定精靈類別位置為物件ypos
            else:    #如果向下
                self._xpos -= self._movedistance      #向左移動
                self._ypos -= self._movedistance      #向上移動
                self.rect.x = self._xpos   #設定精靈類別位置為物件xpos
```

```
            self.rect.y = self._ypos    #設定精靈類別位置為物件ypos

        if (self.rect.x + self.rect.width) > self._scr.get_width():#判斷右邊界
            self._dirXway = -1   #轉向左邊
        if self.rect.x < 1: #判斷左邊界
            self._dirXway = 1      #轉向右邊
        if (self.rect.y + self.rect.height) > self._scr.get_height():     #判斷下邊界
            self._dirYway = -1   #轉向上邊
        if self.rect.y < 1: #判斷上邊界
            self._dirYway = 1       #轉向下邊

# 創建第一個玩家精靈
player = Player('./images/ball.png', random.randint(50,screen.get_width()), random.randint(50,screen.get_height()),screen)
player.move = random.randint(3,10)
#透過亂數函數 random.randint(a,b)，設定產生物件之移動距離為 a~b 之間，亦為 3~10

# 創建第二個玩家精靈
player1 = Player('./images/butterfly.png', random.randint(50,screen.get_width()), random.randint(50,screen.get_height()),screen)
player1.move = random.randint(3,7)
#透過亂數函數 random.randint(a,b)，設定產生物件之移動距離為 a~b 之間，亦為 3~7

# 創建精靈群組
all_sprites = pygame.sprite.Group()

# 將創建的玩家精靈並加入群組
all_sprites.add(player)
all_sprites.add(player1)

# 設定遊戲主循環
```

```
clock = pygame.time.Clock()


running = True
while running:
    for event in pygame.event.get():
        # pygame.event.get()是一個滑鼠移動、動作、按下、放開….等所有事件集合
        # event 迴圈找出每一個事件變數
        if event.type == pygame.QUIT:
            # pygame.QUIT 就是按到系統結束按鈕
            running = False   # 設定 pygame 視窗正常運行之控制參數，並設為 False
            # 設定 pygame 視窗正常運行之控制參數，並設為 False，會離開迴圈
    # 更新所有精靈
    all_sprites.update()

    # 畫面填充背景顏色
    screen.fill((255, 255, 255))

    # 繪製所有精靈
    all_sprites.draw(screen)

    # 更新顯示
    pygame.display.flip()

    # 控制幀率
    clock.tick(30)

pygame.quit()   # 離開且關閉 pygame 視窗
```

程式下載區：https://github.com/brucetsao/pygame_basic

　　下列程式所以我們使用 Python 語言，攥寫寫上面程式，執行程式後可以看到上面程式的執行結果。其結果如下圖所示：

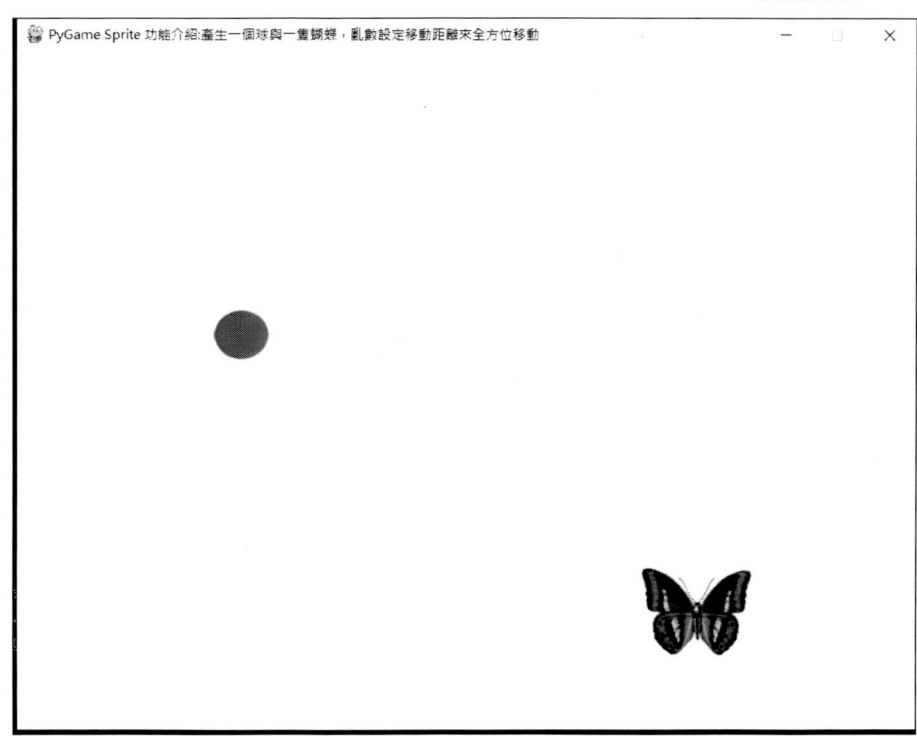

圖 179 產生一個球與一隻蝴蝶之結果畫面

## 加入角色名字

由於我們要考慮互相碰撞問題,我們先為精靈角色產生個別的名字,並請在建立精靈角色(Sprite)時,順便在建構式傳入名字,所以我們在 def __init__(self, image_path,nn ,x, y, scr):的建構式傳入變數 nn,當作建立該精靈角色(Sprite)的名字,筆者就可以用 Player(精靈角色的圖片路徑與圖檔名稱, ***精靈角色名稱*** , X 座標位置, Y 座標位置,繪圖視窗參考)的 Player 物件創建指令,加入傳入『***精靈角色名稱***』的個別名稱。

接下來就必須在建構式: __init__(self, image_path,nn ,x, y, scr)的實作程式碼中,建立 self.__Name 為物件的 Name 屬性對應的變數,並在實作程式碼加入:

*self.__Name = nn*

```python
# 創建精靈類別
class Player(pygame.sprite.Sprite):
    _xpos = 0        #精靈類別:Player 的 x 座標
    _ypos = 0        #精靈類別:Player 的 y 座標
    _dirXway = 1     #精靈類別:Player 的 x 座標的移動方向，1=向右，-1=向左
    _dirYway = 1     #精靈類別:Player 的 y 座標的移動方向，1=向下，-1=向上
    _movedistance = 5   #精靈類別:Player 的 x 座標的移動間距
    _scr = screen #精靈物件所處的畫面參考繪圖之 Surface

    def __init__(self, image_path,nn ,x, y, scr):
        super().__init__()
        self.image = pygame.Surface((50, 50))
        self.image = pygame.image.load(image_path)#載入圖片
        self.image.convert_alpha() #改變 alpha 值
        self.rect = self.image.get_rect() #取得圖形大小位置
        self._xpos = x       #設定起始 X 座標位置
        self._ypos = y       #設定起始 Y 座標位置
        self.rect.x = self._xpos   #設定精靈類別位置為物件_xpos
        self.rect.y = self._ypos   #設定精靈類別位置為物件_ypos
        self.rect.topleft = (self._xpos, self._ypos)  # 設定初始位置
        self._scr = scr      #類別內參考繪圖之 Surface
        self.__move=self._movedistance    #外部可以讀寫的移動距離屬性
        self.__Name = nn
```

由於我們會讀取精靈角色(Player Sprite)的名稱屬性 Name，所以必須將上面已經設定屬性讀寫 (Property Read/Write):我們可以利用@property 的宣告詞，來告知 def Name(self):為讀取 Name 屬性，再利用@Name.setter 的宣告詞，來告知 def Name (self, cc):為寫入 Name 屬性，可以利用物件 Name= 傳入值，而傳入值會以變數 cc 傳入 def Name (self, cc):的方法之中，而變數 cc 就是 Name= 傳入值的內容值。

我們透過 player = Player('./images/ball.png','Ball' , random.randint(50,screen.get_width()), random.randint(50,screen.get_height()),screen)，就可以透過屬性 Name 設定為'Ball'，如此建立的 player 精靈物件的名稱就是'Ball'。

```python
@property   # 設定下面為屬性的讀取
def Name(self):
```

```
        return self.__Name    # 回傳__Name 屬性內容

@move.setter    # 設定下面為屬性的寫入
def Name(self, cc):
    self.__Name = cc    ##設定__Name 屬性內容
```

## 加入碰撞反彈處理方法

由於我們要考慮互相碰撞問題，我們先為精靈角色加入碰撞反彈處理方法，筆者建立：

    def bounce(self):    # 反彈，就是_dirXway 與_dirYway 反向(*-1)

該 bounce()的方法，會在內部建立反彈的機制，也就是_dirXway 與_dirYway 目前方向進行反向，由於_dirXway 與_dirYway 正方向是：1，負方向是：-1，而+1 與-1 可以用(*-1)來產生每一次觸發都產生反向動作。

所以我們在 def bounce(self):的反彈處理方法，把 X 座標方向：***精靈角色名稱.self._dirXway = self._dirXway * (-1)***，Y 座標方向：***精靈角色名稱.self._dirYway = self._dirYway * (-1)***，如此每一個觸發 def bounce(self):的反彈處理方法就會將 ***self._dirXway 與 self._dirYway*** 產生+1/-1 的互相交換的機制。

```
def bounce(self):        # 反彈，就是_dirXway 與_dirYway 反向(*-1)
    # 更新精靈的位置，這裡我們讓它向右移動
    self._dirXway = self._dirXway * (-1)        #該物件 X 軸反向
    self._dirYway = self._dirYway * (-1)        #該物件 Y 軸反向
    print(self.__Name,"is collided")
```

## 在主程序中加入檢查是否碰撞

由於我們要考慮兩個精靈角色是否互相碰撞問題，我們必須在主程序透過下列指令：

    pygame.sprite.collide_rect(A 精靈角色, B 精靈角色)

透過上面指令，可以檢查 A 精靈角色與 B 精靈角色是否產生互相碰撞，如果產生互相碰撞，則回傳 True，反之如果沒有產生互相碰撞，則回傳 False。

接下來使用 if 判斷式，在判斷式內加上上面兩個精靈角色是否互相碰撞檢查，就可以在 if 判斷式成立時，運用精靈角色.bounce() 來產生反彈的機制。

所以我們在 def bounce(self):的反彈處理方法，把 X 座標方向： **精靈角色名稱**

```
#檢查碰撞
if pygame.sprite.collide_rect(player,player1):   #檢查第一個角色 player 與第二個角色 player1 是否碰撞
    player.bounce()         #第一個角色反向
    player1.bounce()        #第二個角色反向
```

## 兩物件碰撞之整合程式

最後使用 Python 程式碼，完成下列程式：

表 26 兩物件碰撞之整合程式

```
兩物件碰撞之整合程式(py0406.py)
import pygame    #匯入 PyGame 套件
import math
import random

pygame.init()   #啟動 PyGame 套件
screen = pygame.display.set_mode((800, 600))
#screen 為視窗變數，來使用建立的視窗
#視窗變數 = pygame.display.set_mode(視窗寬度尺寸:pixels，視窗高度尺寸:pixels)

pygame.display.set_caption("PyGame Sprite 功能介紹:產生一個球與一隻蝴蝶，全方位移動中碰撞會互彈開")
#pygame.display.set_caption(視窗標題的內容)

screen.fill((0, 0, 0))
```

```python
#視窗變數.fill(RGB 變數參數)

# 創建精靈類別
class Player(pygame.sprite.Sprite):
    _xpos = 0    #精靈類別:Player 的 x 座標
    _ypos = 0    #精靈類別:Player 的 y 座標
    _dirXway = 1   #精靈類別:Player 的 x 座標的移動方向,1=向右,-1=向左
    _dirYway = 1   #精靈類別:Player 的 y 座標的移動方向,1=向下,-1=向上
    _movedistance = 5   #精靈類別:Player 的 x 座標的移動間距
    _scr = screen #精靈物件所處的畫面參考繪圖之 Surface

    def __init__(self, image_path,nn ,x, y, scr):
        super().__init__()
        self.image = pygame.Surface((50, 50))
        self.image = pygame.image.load(image_path)#載入圖片
        self.image.convert_alpha()#改變 alpha 值
        self.rect = self.image.get_rect()#取得圖形大小位置
        self._xpos = x      #設定起始 X 座標位置
        self._ypos = y      #設定起始 Y 座標位置
        self.rect.x = self._xpos   #設定精靈類別位置為物件_xpos
        self.rect.y = self._ypos   #設定精靈類別位置為物件_ypos
        self.rect.topleft = (self._xpos, self._ypos)   # 設定初始位置
        self._scr = scr      #類別內參考繪圖之 Surface
        self.__move=self._movedistance   #外部可以讀寫的移動距離屬性
        self.__Name = nn

        @property    # 設定下面為屬性的讀取
        def move(self):
            return self.__move    # 回傳__move 屬性內容

        @move.setter   # 設定下面為屬性的寫入
        def move(self, cc):
            self.__move = cc    ##設定__move 屬性內容
            self._movedistance = self.__move
        # 將__move 屬性設定給實際移動的變數_movedistance
```

```
            @property      # 設定下面為屬性的讀取
            def Name(self):
                return self.__Name    # 回傳__Name屬性內容

            @move.setter   # 設定下面為屬性的寫入
            def Name(self, cc):
                self.__Name = cc   ##設定__Name屬性內容

        def update(self):
            # 更新精靈的位置，這裡我們讓它向右移動
            if self._dirXway == 1:  #如果向右
                if self._dirYway == 1:  #如果向下
                    self._xpos += self._movedistance      #向右移動
                    self._ypos += self._movedistance      #向下移動
                    self.rect.x = self._xpos    #設定精靈類別位置為物件xpos
                    self.rect.y = self._ypos    #設定精靈類別位置為物件ypos
                else:       #如果向上
                    self._xpos += self._movedistance      #向右移動
                    self._ypos -= self._movedistance      #向上移動
                    self.rect.x = self._xpos    #設定精靈類別位置為物件xpos
                    self.rect.y = self._ypos    #設定精靈類別位置為物件ypos
            else:     #如果向左
                if self._dirYway == 1:  #如果向下
                    self._xpos -= self._movedistance      #向左移動
                    self._ypos += self._movedistance      #向下移動
                    self.rect.x = self._xpos    #設定精靈類別位置為物件xpos
                    self.rect.y = self._ypos    #設定精靈類別位置為物件ypos
                else:       #如果向下
                    self._xpos -= self._movedistance      #向左移動
                    self._ypos -= self._movedistance      #向上移動
                    self.rect.x = self._xpos    #設定精靈類別位置為物件
```

```
xpos
                    self.rect.y = self._ypos    #設定精靈類別位置為物件ypos

            if (self.rect.x + self.rect.width) > self._scr.get_width():#判斷右邊界
                self._dirXway = -1    #轉向左邊
            if self.rect.x < 1: #判斷左邊界
                self._dirXway = 1       #轉向右邊
            if (self.rect.y + self.rect.height) > self._scr.get_height():    #判斷下邊界
                self._dirYway = -1    #轉向上邊
            if self.rect.y < 1: #判斷上邊界
                self._dirYway = 1       #轉向下邊
    def bounce(self):       # 反彈，就是_dirXway 與_dirYway 反向(*-1)
        # 更新精靈的位置，這裡我們讓它向右移動
        self._dirXway = self._dirXway * (-1)        #該物件 X 軸反向
        self._dirYway = self._dirYway * (-1)        #該物件 Y 軸反向
        print(self.__Name,"is collided")




# 創建第一個玩家精靈
player = Player('./images/ball.png','Ball' , random.randint(50,screen.get_width()), random.randint(50,screen.get_height()),screen)
player.move = random.randint(3,10)
#透過亂數函數 random.randint(a,b)，設定產生物件之移動距離為 a~b 之間，亦為 3~10

# 創建第二個玩家精靈
player1 = Player('./images/butterfly.png','Butterfly' , random.randint(50,screen.get_width()), random.randint(50,screen.get_height()),screen)
player1.move = random.randint(3,7)
#透過亂數函數 random.randint(a,b)，設定產生物件之移動距離為 a~b 之間，亦為 3~7
```

```python
# 創建精靈群組
all_sprites = pygame.sprite.Group()

# 將創建的玩家精靈並加入群組
all_sprites.add(player)
all_sprites.add(player1)

# 設定遊戲主循環
clock = pygame.time.Clock()


running = True
while running:
    for event in pygame.event.get():
        # pygame.event.get()是一個滑鼠移動、動作、按下、放開…. 等所有事件集合
        # event 迴圈找出每一個事件變數 Player(精靈角色圖片路徑+檔名, 起始 X 位置, 起始 Y 位置,繪圖視窗參考)
        if event.type == pygame.QUIT:
            # pygame.QUIT 就是按到系統結束按鈕
            running = False   # 設定 pygame 視窗正常運行之控制參數，並設為 False
            # 設定 pygame 視窗正常運行之控制參數，並設為 False，會離開迴圈
        #檢查碰撞
        if pygame.sprite.collide_rect(player,player1):   #檢查第一個角色 player 與第二個角色 player1 是否碰撞
            player.bounce()         #第一個角色反向
            player1.bounce()        #第二個角色反向


    # 更新所有精靈
    all_sprites.update()

    # 畫面填充背景顏色
    screen.fill((255, 255, 255))

    # 繪製所有精靈
```

```
all_sprites.draw(screen)

# 更新顯示
pygame.display.flip()

# 控制幀率
clock.tick(30)

pygame.quit()    # 離開且關閉 pygame 視窗
```

程式下載區：https://github.com/brucetsao/pygame_basic

下列程式所以我們使用 Python 語言，攥寫寫上面程式，執行程式後可以看到上面程式的執行結果。其結果如下圖所示：

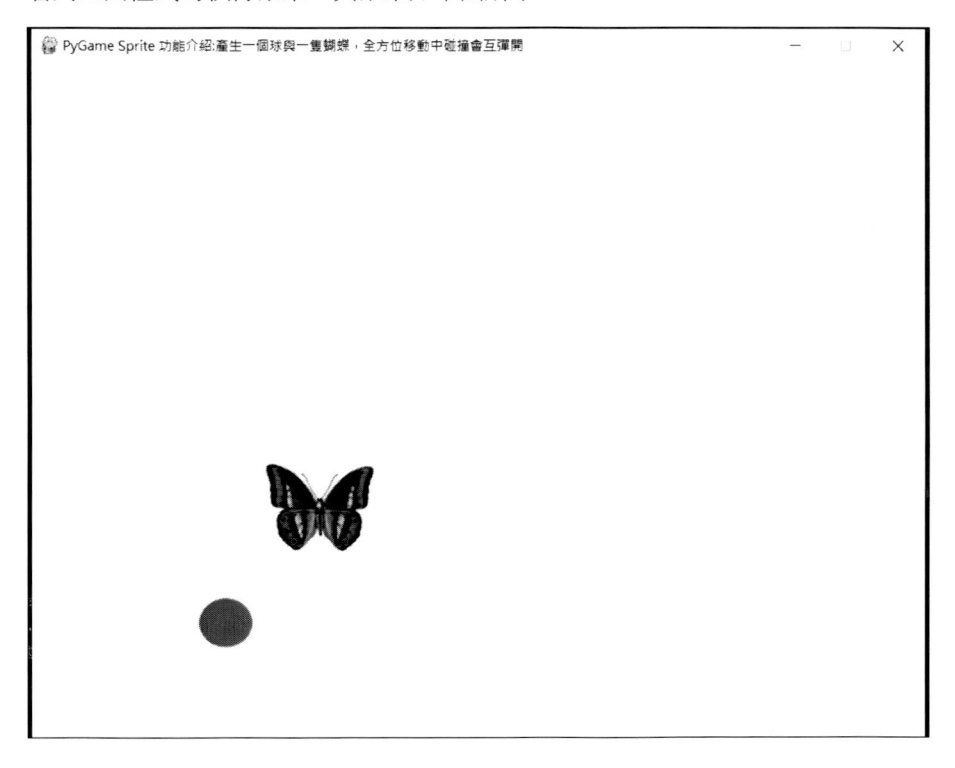

圖 180 兩物件碰撞之整合程式之結果畫面

~ 288 ~

## 章節小結

本章主要介紹 pygame 的 Sprite 精靈角色的建立、使用圖片來建立精靈角色的內容、精靈角色移動，自動繪製自動更新，到多精靈角色互動與碰撞反彈等一系列的操作，相信讀者會對 pygame 的 Sprite 精靈角色強大功能與方便性與基本運作，有更深入的了解與體認。

# 5
CHAPTER

# PyGame 音效功能介紹

　　PyGame 是一個用於開發 2D 遊戲的 Python 套件模組，而 pygame.mixer.music 是 pygame 模組中的一個子模組，專門用來處理背景音樂的播放。相較於 pygame.mixer.Sound（處理較短的音效），pygame.mixer.music 主要用來處理持續時間較長的音樂文件。它的核心功能是提供對音樂文件的播放、暫停、停止和控制音量等操作。

## 背景音樂基本介紹

### music 用途

- 播放背景音樂：適合用來播放整首歌曲或長時間播放的音樂，如遊戲背景音樂。
- 控制播放流程：可以控制音樂的播放、暫停、繼續播放、停止，並且可以設置循環播放。
- 音量調整：可以調整音樂播放時的音量大小。

### music 原理

　　pygame.mixer.music 使用 Pygame 底層的 SDL_mixer 來處理音頻文件。這個模組能夠處理常見的音頻格式（如 .mp3、.wav、.ogg 等），並且與 pygame.mixer 一樣，運行時需要初始化音頻設備（通常是在遊戲開始時執行）。

### music 基本用法

　　初始化 pygame.mixer 音頻系統

　　在使用 pygame.mixer.music 之前，必須初始化 pygame 的混音器系統。

```
import pygame
pygame.mixer.init()   # 初始化混音器
```

## 載入音樂文件

使用 pygame.mixer.music.load() 載入音樂文件。文件必須是支援的音頻格式

```
pygame.mixer.music.load('ninja.mp3')    #載入科學小飛俠主題曲的音樂檔
```

## 檢查是否音樂播放中

使用 pygame.mixer.music.get_busy() 檢查是否音樂播放中，如果有音樂播放中，回傳 True，如果沒有音樂播放中，回傳 False。

```
pygame.mixer.music.get_busy()    #檢查是否音樂播放中
```

## 卸載音樂文件

使用 pygame.mixer.music.unload() 卸載目前已載入之音樂檔

```
pygame.mixer.music.unload()    #卸載目前已載入之音樂檔
```

## 播放音樂

使用 pygame.mixer.music.play() 播放音樂。該方法的參數可以控制循環次數。

```
pygame.mixer.music.play(-1)   # 無限循環播放音樂
```

或

```
pygame.mixer.music.play(loops=1) # 無限循環播放音樂
```

## 暫停與繼續播放

可以隨時使用 pygame.mixer.music.pause() 來暫停音樂，並使用 pygame.mixer.music.unpause() 繼續播放。

```
pygame.mixer.music.pause()     # 暫停音樂
pygame.mixer.music.unpause() # 繼續播放音樂
```

## 重新播放音樂

使用 pygame.mixer.music.rewind()，把播放道道未結束的音樂，回到開始處重新播放。

```
pygame.mixer.music.rewind()    #回到開始處重新播放
```

## 播放中等待一些時間後停止

可以隨時使用 pygame.mixer.music. fadeout(time)來讓音樂再撥放 time 秒後，停止播放音樂。

```
pygame.mixer.music. fadeout(time)    #播放中等待一些時間後停止
```

## 設定播放音樂位置

使用 pygame.mixer.music.set_pos(time)，設定目前播放音樂對位置，設定到 time 位置(秒)的位置。

```
pygame.mixer.music.set_pos(time)    #設定目前播放音樂對位置，設定到 time
位置(秒)的位置
```

## 取得播放音樂位置

使用 pygame.mixer.music.get_pos()，取得目前播放音樂對位置，取得目前播放位置(以秒計量)的位置。

```
pygame.mixer.music.get_pos() #取得目前播放音樂對位置,
```

## 設置音量

可以使用 pygame.mixer.music.set_volume() 調整音樂播放音量,範圍為 0.0 到 1.0。

```
pygame.mixer.music.set_volume(0.5)   # 設置音量為 50%
```

## 取得目前音量大小

可以使用 pygame.mixer.music.get_volume() 取得目前音樂播放音量,範圍為 0.0 到 1.0。

```
Volume = pygame.mixer.music.get_volume(0.5)   # 設置音量為 50%
```

以下是一個完整的範例,演示如何載入並播放音樂,以及如何控制音樂播放流程

```python
import pygame

# 初始化 pygame
pygame.mixer.init()

# 載入音樂
pygame.mixer.music.load('ninja.mp3')

# 設置音量
pygame.mixer.music.set_volume(0.8)

# 播放音樂,循環播放一次
pygame.mixer.music.play(loops=1)

# 等待音樂播放
```

```
while pygame.mixer.music.get_busy():
    # 這裡可以執行其他代碼
    pass

# 結束後停止音樂
pygame.mixer.music.stop()
```

由於使用 pygame.mixer.music 有以下必須注意事項，請讀者要加以注意：

- 混音器初始化：在使用任何音頻功能前，需要先初始化混音器系統，否則會引發錯誤。
- 音樂播放的持續時間控制：pygame.mixer.music 是基於異步操作，音樂播放後會繼續執行後續的代碼，因此如果希望等待音樂播放結束後再執行其他操作，需要額外處理邏輯。
- 支持的文件格式：pygame.mixer.music 支援的音樂文件格式取決於安裝的編解碼器和 SDL_mixer 支援的格式。

```
import pygame    #匯入 PyGame 套件
```

# 建立一個簡單的背景音樂

使用 PyGame 時，所有 Pygame 遊戲都需要先啟動 PyGame 套件，語法如下：

```
pygame.init()    #啟動 PyGame 套件
```

## 設定視窗介面屬性

使用 PyGame 時，所有 Pygame 遊戲都需要建立一個視窗，由於視窗需要知道視窗的大小，所以必須告訴系統建立一個視窗變數，本文使用 screen 為視窗變數的名稱，來使用建立的視窗。

接下來我們必須使用視窗變數來承接建立建立繪圖視窗的大小,語法如下:

*視窗變數 = pygame.display.set_mode(視窗尺寸)*

最後使用 Python 程式碼,完成下列程式:

```
screen = pygame.display.set_mode((800,600))
#screen 為視窗變數,來使用建立的視窗
#視窗變數 = pygame.display.set_mode(視窗寬度尺寸:pixels,視窗高度尺寸:pixels)
```

使用視窗變數來承接建立建立繪圖視窗的大小,如果顯示本視窗,其語法結果如下圖所示:

圖 181 產生 800x600 寬度的 PyGame 視窗結果

## 建立視窗背景顏色

建立繪圖視窗之後,我們可以設定繪圖視窗的背景顏色,由於對於繪圖視窗的背景就是一個畫布,所以我們必須先取得畫布,語法如下:

*視窗變數.fill(RGB 變數參數)*

下列程式使用純綠色來填滿視窗背景,由於純綠色的變數可以使用(R,G,B),也就是使用(256 階層紅色顏色數, 256 階層綠色顏色數, 256 階層藍色顏色數)來產生 RGB 顏色變數。

最後使用 Python 程式碼,完成下列程式:

```
# 畫面填充背景為白色顏色
screen.fill((255, 255, 255))
#視窗變數.fill(RGB 變數參數)
pygame.display.update()
```

所以我們使用 Python 語言,運用 screen.fill((255, 255, 255))產生白色變數,來繪製視窗背景顏色為白色。

圖 182 設定視窗背景為白色之結果畫面

## 載入音樂文件

使用 pygame.mixer.music.load() 載入音樂文件。文件必須是支援的音頻格式，本例子借用筆者小時候最喜歡的科學動畫：科學小飛俠主題曲的音樂檔，本音樂檔是筆者自行錄音轉成 MP3 音樂檔，原來的科學小飛俠[10]主題曲歸屬原來原作作者：吉田龍夫，音樂作者:ボブ佐久間，播放電視台:富士電視台，筆者是教育用途使用，往原有的作者群可以基於教育育人之基礎上，可以讓筆者借用此科學小飛俠主題曲的音樂檔當為主題，筆者不勝感激，並非轉載商業用途。

---

[10] 科學小飛俠這部動畫的原作是漫畫家出身後投入動畫製作的吉田龍夫，由鳥海盡三與陶山智負責企劃。根據鳥海表示，當初並未特別意識到《忍者部隊月光》、《世界少年隊》這些過去吉田龍夫漫畫作品的特徵，結果仍然沿襲這種「少年少女組成團隊與敵人戰鬥」的架構。另一方面吉田龍夫與九里一平兄弟他們筆下所設計的嶄新風格服裝與人物，SF 作家小隅黎（柴野拓美）的 SF 考據、中村光毅所設計的機械，還有以本作首次擔綱導演的鳥海永行對機械的描繪充滿未來寫實風，都大為影響往後 SF 英雄動畫的取向。本片當初是以與巨大機械戰鬥的低年齡向動作片為起點，但在導入公害、科學、戰爭等現實中的嚴肅題材，與親情及角色過去的戲劇性，這些非兒童導向的故事都博得好評，因而得以將預定的一年播映期延長，並成為龍之子製作的 SF 英雄動畫類型經典代表作。

本片的作畫品質、技術力均凌駕當時的動畫製作水準，即使在製作後 40 多年的現在，與當今的動畫作品相較下亦毫不遜色。一集的賽璐珞畫張數平均為 5000～6000 張，其中也有超過一萬張的集數。第 1 集「鐵甲怪獸」（ガッチャマン対タートル・キング）尤為特出，描繪出如同怪獸電影般的質感，甚至後來的 OVA 版也嘗試將此集重製。作畫陣容方面，沿續龍之子先前製作的二次大戰題材作品《アニメンタリー 決断》的劇畫風格，自作畫監督宮本貞雄以下，包括須田正己、谷口守泰、村中博美、湖川滋（湖川友謙）、井口忠一等人均參與本片，加上前一檔作品《牛家鄉》（いなかっぺ大将）的二宮常雄，並活用拍攝《決断》時的經驗，也將龍之子凌駕當時電視動畫水準的寫實畫風打響名號。

企畫當初的暫定標題為《科学忍者隊バードマン》與《科学忍者隊シャドウナイツ》；後來在廣告代理商「讀賣廣告社」的松山貫之專務提出的構想之下，決定更名為《科學小飛俠》（科学忍者隊ガッチャマン）。本片於 1972 年 10 月 1 日～1974 年 9 月 29 日，由富士電視台在每週日 18：00～18：30 播出，全 105 集，兩年間的平均收視率約 21%（根據龍之子製作的保存資料，平均收視率為 17.9%、最高收視率 26.5%）。

~ 298 ~

```
pygame.mixer.music.load('./music/ninja.mp3') #載入科學小飛俠主題曲的音樂
檔
```

## 播放音樂

使用 pygame.mixer.music.play(控制參數) 播放音樂。筆者傳入控制參數：loops=1，該方法的參數可以無限循環播放音樂。

```
pygame.mixer.music.play(-1)          # 無限循環播放音樂
```

## 播放科學小飛俠主題曲之整合程式

最後使用 Python 程式碼，完成下列程式：

表 27 播放科學小飛俠主題曲之整合程式

```
播放科學小飛俠主題曲之整合程式(py0501.py)
import pygame    #匯入 PyGame 套件

pygame.init()   #啟動 PyGame 套件
screen = pygame.display.set_mode((800, 600))
#screen 為視窗變數，來使用建立的視窗
#視窗變數 = pygame.display.set_mode(視窗寬度尺寸:pixels，視窗高度
尺寸:pixels)

pygame.display.set_caption("PyGame Mixer 功能介紹:播放科學小飛俠
主題曲")
#pygame.display.set_caption(視窗標題的內容)

#視窗變數.fill(RGB 變數參數)
screen.fill((255, 255, 255))

pygame.mixer.music.load('./music/ninja.mp3') #載入科學小飛俠主題曲
的音樂檔
pygame.mixer.music.play(-1)          # 無限循環播放音樂

running = True
while running:
```

~ 299 ~

```
        for event in pygame.event.get():
                # pygame.event.get()是一個滑鼠移動、動作、按下、放開….
等所有事件集合
                # event 迴圈找出每一個事件變數
                if event.type == pygame.QUIT:
                        # pygame.QUIT 就是按到系統結束按鈕
                        running = False    # 設定 pygame 視窗正常運行之控制參
數，並設為 False
                        # 設定 pygame 視窗正常運行之控制參數，並設為 False，
會離開迴圈

pygame.quit()    # 離開且關閉 pygame 視窗
```

程式下載區：https://github.com/brucetsao/pygame_basic

　　下列程式所以我們使用 Python 語言，攥寫寫上面程式，執行程式後可以看到上面程式的執行結果。其結果如下圖所示：

圖 183 播放科學小飛俠主題曲之結果畫面

# 加入鍵盤控制的背景音樂

呈上述使用 py0501.py 的 PyGame 程式，我們可以看到一開始就一直播放主題音樂，本例子希望加入按下『p』可以暫停播放主題音樂，再按下『c』可以恢復播放。

為了能夠抓到鍵盤資訊，我們先匯入一些必要的套件：

1. sys 套件：由於會抓到系統用的資訊，所以必須匯入此套件
2. pygame.locals 套件：由於要比對按下鍵盤資訊，判別哪一個鍵盤，所以必須匯入此套件

```
import sys
import pygame    #匯入 PyGame 套件
from pygame.locals import *
```

## 讀取使用者按下鍵盤資訊

為了能夠抓到鍵盤資訊，我們使用 pygame.key.get_pressed()的方法讀取使用者按下鍵盤資訊，如果有使用者按下鍵盤時，將鍵盤的鍵值回傳到 keys 變數之中。

```
keys = pygame.key.get_pressed()
```

## 辨識使用者按下鍵盤資訊進行處理

筆者使用 pygame.key.get_pressed()的方法讀取使用者按下鍵盤資訊，並將鍵盤的鍵值回傳到 keys 變數之中後，透過 if 判斷式判斷哪一個按鍵後，執行對應的動作。

1. 按下 ESC 鍵：離開系統
2. 按下『p』鍵。暫停播放主題音樂。
3. 按下『c』鍵，恢復播放主題音樂。

```
if keys[K_ESCAPE]: sys.exit()
if keys[K_p]:
    pygame.mixer.music.pause()
if keys[K_c]:
    pygame.mixer.music.unpause()
```

## 加入鍵盤控制的背景音樂整合

最後使用 Python 程式碼，完成下列程式：

表 28 加入鍵盤控制之播放科學小飛俠主題曲之整合程式

加入鍵盤控制之播放科學小飛俠主題曲之整合程式(py0502.py)

```
import sys
import pygame    #匯入 PyGame 套件
from pygame.locals import *

pygame.init()    #啟動 PyGame 套件
screen = pygame.display.set_mode((800, 600))
#screen 為視窗變數，來使用建立的視窗
#視窗變數 = pygame.display.set_mode(視窗寬度尺寸:pixels，視窗高度尺寸:pixels)

pygame.display.set_caption("PyGame Mixer 功能介紹:播放科學小飛俠主題曲")
#pygame.display.set_caption(視窗標題的內容)

#視窗變數.fill(RGB 變數參數)
screen.fill((255, 255, 255))

pygame.mixer.music.load('./music/ninja.mp3') #載入科學小飛俠主題曲的音樂檔
pygame.mixer.music.play(loops=1)           # 無限循環播放音樂
```

```
running = True
while running:
    for event in pygame.event.get():
        # pygame.event.get()是一個滑鼠移動、動作、按下、放開….
等所有事件集合
        # event 迴圈找出每一個事件變數
        if event.type == pygame.QUIT:
            # pygame.QUIT 就是按到系統結束按鈕
            running = False   # 設定 pygame 視窗正常運行之控制參
數，並設為 False
            # 設定 pygame 視窗正常運行之控制參數，並設為 False，
會離開迴圈
    keys = pygame.key.get_pressed()
    if keys[K_ESCAPE]: sys.exit()
    if keys[K_p]:
        pygame.mixer.music.pause()
    if keys[K_c]:
        pygame.mixer.music.unpause()

pygame.quit()   # 離開且關閉 pygame 視窗
```

程式下載區：https://github.com/brucetsao/pygame_basic

下列程式所以我們使用 Python 語言，攥寫寫上面程式，執行程式後可以看到上面程式的執行結果。其結果如下圖所示：

圖 184 鍵盤控制播放科學小飛俠主題曲之結果畫面

# 背景音效基本介紹

　　PyGame 是一個用於開發 2D 遊戲的 Python 套件模組，而 pygame.mixer.Sound 是 pygame 模組中的一個類別，用來處理較短的音效播放。與 pygame.mixer.music 主要用來播放背景音樂不同，pygame.mixer.Sound 主要適合處理短促的音效，如按鈕點擊聲、爆炸聲等，並且能夠同時播放多個音效。

## Sound 用途

- 播放短音效：適合用來播放較短的音效片段，如遊戲中的跳躍聲、攻擊聲、得分音效等。
- 即時回應：pygame.mixer.Sound 允許即時播放多個音效，適合需要快速回應的遊戲場景。
- 音量與播放控制：可以單獨控制每個音效的音量，並支持播放的停止和循環控制。

## Sound 原理

pygame.mixer.Sound 使用 Pygame 的 SDL_mixer 來處理音效。當音效文件被載入後，它會被加載到記憶體中，因此適合處理較短的音效。每個音效對象可以獨立控制播放和停止，並且可以同時播放多個音效而不會互相影響。

## Sound 基本用法

### 初始化

初始化 pygame.mixer 系統與 pygame.mixer.music 相同，在使用 pygame.mixer.Sound 前也需要初始化混音器系統。

```
import pygame
pygame.mixer.init()    # 初始化音效系統
```

### 載入音效文件

使用 pygame.mixer.Sound() 來載入音效文件。可以使用 .wav、.ogg 等音效文件格式。

```
sound_effect = pygame.mixer.Sound('ballhit.wav')    # 載入音效文件
```

## 播放音效

使用 Sound.play() 方法播放音效。可以設置循環次數和淡入效果。

```
sound_effect.play()    # 播放音效
```

## 停止音效

使用 Sound.stop() 來停止播放音效。

```
sound_effect.stop()    # 停止音效
```

## 音量調整

可以使用 Sound.set_volume() 來設置音效的音量，範圍是從 0.0 到 1.0。

```
sound_effect.set_volume(0.5)    # 設置音效音量為 50%
```

## 循環播放音效

可以在 play() 方法中設置 loops 參數來控制音效的循環播放次數。如果設置為 -1，則會無限循環播放。

```
sound_effect.play(loops=-1)    # 無限循環播放音效
```

## 淡入淡出音效

使用 fadeout() 方法讓音效逐漸淡出並停止。你還可以在播放時設置淡入時間。

```
sound_effect.play(fade_ms=1000)    # 音效淡入 1 秒後播放
sound_effect.fadeout(2000)    # 音效淡出 2 秒後停止
```

## 完整範例

下面是一個完整的範例，演示如何載入並播放音效，以及如何控制音效播放過程。

```
import pygame

# 初始化 pygame
pygame.mixer.init()

# 載入音效
jump_sound = pygame.mixer.Sound(' ballhit.wav')

# 設置音量
jump_sound.set_volume(0.8)

# 播放音效
jump_sound.play()

# 暫停 2 秒後停止音效
pygame.time.wait(2000)
jump_sound.stop()
```

使用 Sound 音效必須注意事項

- 混音器初始化：如同 pygame.mixer.music，使用 pygame.mixer.Sound 前需要初始化混音器系統，否則可能會引發錯誤。

- 音效的適用場景：pygame.mixer.Sound 更適合用來處理短而頻繁的音效。長時間播放的音頻應該使用 pygame.mixer.music。

- 記憶體管理：由於音效會被載入到記憶體中，因此如果音效過多或過大，可能會消耗較多的系統資源。對於長音效或背景音樂，應考慮使用 pygame.mixer.music。

- 支持的音效格式：pygame.mixer.Sound 支援常見的音效文件格式（如 .wav、.ogg 等），具體格式取決於系統上的 SDL_mixer 支援的解碼器。

## 加入鍵盤控制的音效

呈上述參考 py0502.py 的 PyGame 程式,本例子希望加入按下『h』可以發出特定的音效。

為了能夠抓到鍵盤資訊,我們先匯入一些必要的套件:

3. sys 套件:由於會抓到系統用的資訊,所以必須匯入此套件
4. pygame.locals 套件:由於要比對按下鍵盤資訊,判別哪一個鍵盤,所以必須匯入此套件

```
import sys
import pygame    #匯入 PyGame 套件
from pygame.locals import *
```

## 載入音效

筆者使用 pygame.mixer.Sound(音效檔的路徑+檔案)的方法,將音效檔讀入後,變成一個音效物件,回傳到 hit_sound 音效物件。

```
hit_sound = pygame.mixer.Sound('./music/ballhit.wav') #載入科學小飛俠主題曲的音樂檔
```

## 讀取使用者按下鍵盤資訊

為了能夠抓到鍵盤資訊,我們使用 pygame.key.get_pressed()的方法讀取使用者按下鍵盤資訊,如果有使用者按下鍵盤時,將鍵盤的鍵值回傳到 keys 變數之中。

```
keys = pygame.key.get_pressed()
```

## 辨識使用者按下鍵盤資訊進行處理

筆者使用 pygame.key.get_pressed()的方法讀取使用者按下鍵盤資訊，並將鍵盤的鍵值回傳到 keys 變數之中後，透過 if 判斷式判斷哪一個按鍵後，執行對應的動作。

本段程式是判斷按下按下『h』鍵後就播放音效，而用 hit_sound 音效物件的 play(1)播放音效的方法來執行：hit_sound.play(1)

1. 按下 ESC 鍵：離開系統
2. 按下『h』鍵：播放音效。

```
if keys[K_ESCAPE]: sys.exit()
if keys[K_h]:
    hit_sound.play(1)
```

## 加入鍵盤控制的音效

最後使用 Python 程式碼，完成下列程式：

表 29 加入鍵盤控制之播放音效之整合程式

```
加入鍵盤控制之播放音效之整合程式(py0511.py)
import sys
import pygame    #匯入 PyGame 套件
from pygame.locals import *

pygame.init()    #啟動 PyGame 套件
screen = pygame.display.set_mode((800, 600))
#screen 為視窗變數，來使用建立的視窗
```

```
#視窗變數 = pygame.display.set_mode(視窗寬度尺寸:pixels，視窗高度
尺寸:pixels)

pygame.display.set_caption("PyGame Sound 功能介紹:按下 h 鍵發出
球撞到的聲音")
#pygame.display.set_caption(視窗標題的內容)

# 畫面填充背景為白色顏色
screen.fill((255, 255, 255))
#視窗變數.fill(RGB 變數參數)
pygame.display.update()

hit_sound = pygame.mixer.Sound('./music/ballhit.wav') #載入科學小飛
俠主題曲的音樂檔

running = True
while running:
    for event in pygame.event.get():
        # pygame.event.get()是一個滑鼠移動、動作、按下、放開….
等所有事件集合
        # event 迴圈找出每一個事件變數
        if event.type == pygame.QUIT:
            # pygame.QUIT 就是按到系統結束按鈕
            running = False    # 設定 pygame 視窗正常運行之控制參
數，並設為 False
            # 設定 pygame 視窗正常運行之控制參數，並設為 False，
會離開迴圈
    keys = pygame.key.get_pressed()
    if keys[K_ESCAPE]: sys.exit()
    if keys[K_h]:
        hit_sound.play(1)

pygame.quit()    # 離開且關閉 pygame 視窗
```

程式下載區：https://github.com/brucetsao/pygame_basic

下列程式所以我們使用 Python 語言，攥寫寫上面程式，執行程式後可以看到上面程式的執行結果。其結果如下圖所示：

圖 185 加入鍵盤控制之播放音效之整合程式之結果畫面

# 以球在平面移動撞壁產生音效

使用 PyGame 時，所有 Pygame 遊戲都需要先啟動 PyGame 套件，語法如下：

```
import pygame    #匯入 PyGame 套件
import math
import random
```

## 初始化 pygame

使用 PyGame 時，所有 Pygame 遊戲都需要初始化 pygame，所以我們必須要進行初始化的指令。

```
pygame.init()    #啟動 PyGame 套件
```

## 建立視窗大小

　　使用 PyGame 時，所有 Pygame 遊戲都需要建立一個視窗，由於視窗需要知道視窗的大小，所以必須告訴系統建立一個視窗變數，本文使用 screen 為視窗變數的名稱，來使用建立的視窗。

　　接下來我們必須使用視窗變數來承接建立建立繪圖視窗的大小，語法如下：

*視窗變數 = pygame.display.set_mode(視窗尺寸)*

最後使用 Python 程式碼，完成下列程式：

```
screen = pygame.display.set_mode((800, 600))
#screen 為視窗變數，來使用建立的視窗
#視窗變數 = pygame.display.set_mode(視窗寬度尺寸:pixels，視窗高度尺寸:pixels)
```

　　使用視窗變數來承接建立建立繪圖視窗的大小，如果顯示本視窗，其語法結果如下圖所示：

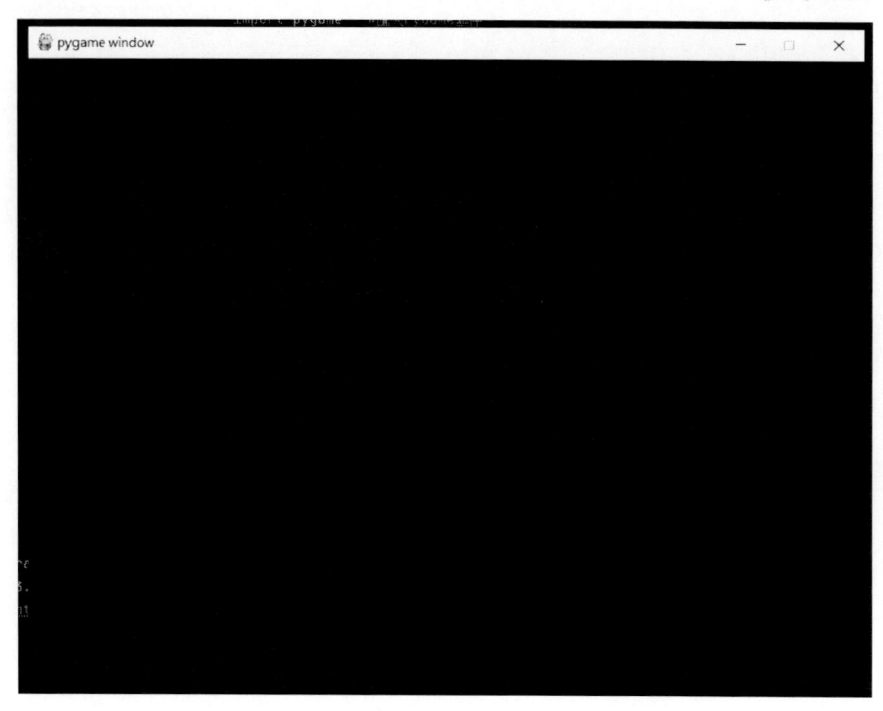

圖 186 產生 800x600 寬度的 PyGame 視窗結果

## 建立視窗抬頭

建立繪圖視窗之後，我們可以設定繪圖視窗的抬頭，我們建立『PyGame Sprite 功能介紹:產生一個球，碰掉牆壁會發出音效』文字內容的抬頭，語法如下:

```
pygame.display.set_caption("PyGame Sprite 功能介紹:產生一個球、碰掉牆壁會發出音效")
#pygame.display.set_caption(視窗標題的內容)
```

## 建立視窗背景顏色

建立繪圖視窗之後，我們可以設定繪圖視窗的背景顏色，由於對於繪圖視窗的背景就是一個畫布，所以我們必須先取得畫布，語法如下:

### 視窗變數.fill(RGB 變數參數)

下列程式使用純綠色來填滿視窗背景，由於純綠色的變數可以使用(R,G,B)，也就是使用(256 階層紅色顏色數, 256 階層綠色顏色數, 256 階層藍色顏色數)來產生 RGB 顏色變數。

最後使用 Python 程式碼，完成下列程式：

```
# 畫面填充背景為白色顏色
screen.fill((255, 255, 255))
#視窗變數.fill(RGB 變數參數)
pygame.display.update()
```

所以我們使用 Python 語言，運用 screen.fill((255, 255, 255))產生白色變數，來繪製視窗背景顏色為白色。

圖 187 設定視窗背景為白色之結果畫面

## 建立一個 Ball 的 Sprite 類別

由於 sprite 精靈物件直接使用，會有許多問題，因為 sprite 精靈類別已經非常複雜，且對於畫面操作與控制，直接使用會有許多困難點，且 sprite 精靈類別已經建立許多介面方法來供繼承類別來實作其內部方法，所以直接使用 sprite 精靈類別來建立 sprite 精靈物件來使用，是非常迂蠢的一種方法。

所以本文建立一個 Ball 類別，可以產生一個球的精靈物件，並可以傳入精靈圖片與碰撞音效，並且可以設定初始位置與命名物件。

透過上一個例子，我們使用 Ball() 建立了一個以『./images/ball.png』位置的 ball.png 圖形的精靈物件，並在 update() 事件中，建立起向右的動作規則，如果見到圖形的精靈物件會一直向右，如果碰到視窗右邊界，就必須改變向右方向為左，反之，如果碰到視窗左邊界，就必須改變向左方向為右。

同理得知，並在 update() 事件中，建立起向下的動作規則，如果見到圖形的精靈物件會一直向下，如果碰到視窗下邊界，就必須改變向下方向為上，反之，如果碰到視窗上邊界，就必須改變向上方向為下。

所以我們發現，我們必須建立向上下的變數(_dirXway)與建立向上下的變數(_dirYway)來代表目前移動的上下左右的方向，透過上下左右的方向來決定向上移動或向下移動或向左移動或向右移動等位移動作。

## Ball 的基本操作

*初始化*：通常，我們會創建一個自定義的 Ball 類別，並繼承自 pygame.sprite.Sprite 基礎類別。

在這個類別中，我們 __init__ 方法來載入初始化圖像和定義對應位置矩形的位置座標,並傳入所處視窗的參考物件。

在 class 創建內容,我們加入了:

- _xpos = 0    #精靈類別:Player 的 x 座標
- _ypos = 0    #精靈類別:Player 的 y 座標
- _dirXway = 1    #精靈類別:Player 的 x 座標的移動方向,1=向右,-1=向左
- _dirYway = 1    #精靈類別:Player 的 y 座標的移動方向,1=向下,-1=向上
- _movedistance = 5    #精靈類別:Player 的 x 座標的移動間距
- _scr = screen    #精靈物件所處的畫面參考繪圖之 Surface

透過上面的內部屬性,來儲存 Player 的 x 座標、:Player 的 y 座標、精靈類別:Player 的 x 座標的移動方向與 y 座標的移動方向與精靈類別:Player 的 x 座標的移動間距與精靈類別:Player 的 y 座標的移動間距等資訊,之外筆者還建立一個_scr 的參考視窗。

```
# 創建精靈類別
class Ball(pygame.sprite.Sprite):
    _xpos = 0    #精靈類別:Player 的 x 座標
    _ypos = 0    #精靈類別:Player 的 y 座標
    _dirXway = 1    #精靈類別:Player 的 x 座標的移動方向,1=向右,-1=向左
    _dirYway = 1    #精靈類別:Player 的 y 座標的移動方向,1=向下,-1=向上
    _movedistance = 5    #精靈類別:Player 的 x 座標的移動間距
    _scr = screen #精靈物件所處的畫面參考繪圖之 Surface
```

## Ball 的初始化

*初始化*:通常,我們會創建一個自定義的 Ball 類別,並繼承自 pygame.sprite.Sprite 基礎類別。

在這個類別中，我們會定義 __init__ 方法來載入初始化圖像、產生物件的名稱，定義對應位置矩形的起始位置座標(x,y)、還有音效的音效檔(路徑+檔名)與精靈繪製的參考視窗，讓精靈可以計算內部移動的範圍與大小。

- image_path：載入初始化圖像檔(路徑+檔名)
- nn：產生物件的名稱(文字字串)
- x：整數值，產生精靈時，預設起始 X 座標位置值
- y：整數值，產生精靈時，預設起始 Y 座標位置值
- sound_path：載入初始化音效的音效檔(路徑+檔名)
- scr：精靈繪製的參考視窗，通常就是 screen

```
def __init__(self, image_path, nn, x, y, sound_path, scr):
    super().__init__()
    self.image = pygame.Surface((50, 50))
    self.image = pygame.image.load(image_path)  #載入圖片
    self.image.convert_alpha()  #改變 alpha 值
    self.rect = self.image.get_rect()  #取得圖形大小位置
    self._xpos = x          #設定起始 X 座標位置
    self._ypos = y          #設定起始 Y 座標位置
    self.rect.x = self._xpos    #設定精靈類別位置為物件_xpos
    self.rect.y = self._ypos    #設定精靈類別位置為物件_ypos
    self.rect.topleft = (self._xpos, self._ypos)  # 設定初始位置
    self.__Name = nn
    self._sound = pygame.mixer.Sound(sound_path)  #載入科學小飛俠主題曲的音樂檔
    self._sound.set_volume(1)
    self._scr = scr         #類別內參考繪圖之 Surface
    self.__move=self.__movedistance    #外部可以讀寫的移動距離屬性
```

上述程式解釋如下

- super().__init__()：執行 pygame.sprite.Sprite 原始設定的 init()初始化程序
- self.image = pygame.Surface((50, 50))：產生預設圖片大小為 50 x 50 像數圖

~ 317 ~

片大小

- self.image = pygame.image.load(image_path):以載入 image_path 路徑+圖片之圖片，為精靈的圖片
- self.image.convert_alpha():改變 alpha 值
- self.rect = self.image.get_rect():將精靈大小，取得傳入圖形之真實內容來設定大小位置
- self._xpos = x: 以傳入的 x 值設定起始 X 座標位置變數
- self._xpos = x: 以傳入的 y 值設定起始 Y 座標位置變數
- self.rect.x = self._xpos: 設定精靈 x 座標為 X 座標位置變數
- self.rect.y = self._ypos: 設定精靈 y 座標為 Y 座標位置變數
- self.rect.topleft = (self._xpos, self._ypos) :以上面變數值設定初始位置
- self.__Name = nn: 以傳入的 nn 值設定__Name 屬性變數內容
- self._sound = pygame.mixer.Sound(sound_path):以載入 sound_path 路徑+音效之音效黨，為精靈的音效
- self._sound.set_volume(1): 設定精靈的音效為最大響聲值
- self._scr = scr :設定類別內參考繪圖之 Surface
- self.__move=self._movedistance: 設定__move 屬性變數的內容值為_movedistance(_movedistance 為內部運作為移之計算運算變數值)

## Ball 的屬性讀寫方法

因為在 Ball 類別之中，筆者設計 move 之屬性變數，所以必須加入 move 之屬性變數之讀寫方法：

```
@property    # 設定下面為屬性的讀取
def move(self):
    return self.__move    # 回傳__move 屬性內容

@move.setter    # 設定下面為屬性的寫入
```

```
def move(self, cc):
    self.__move = cc    ##設定__move 屬性內容
    self._movedistance = self.__move
#  將__move 屬性設定給實際移動的變數_movedistance
```

因為在 Ball 類別之中，筆者設計 Name 之屬性變數，所以必須加入 Name 之屬性變數之讀寫方法：

```
@property    #  設定下面為屬性的讀取
def Name(self):
    return self.__Name    #  回傳__Name 屬性內容


@move.setter    #  設定下面為屬性的寫入
def Name(self, cc):
    self.__Name = cc    ##設定__Name 屬性內容
```

## Ball 的更新方法

　　*更新 (update)*：Sprite 通常有一個 update 方法，該方法負責更新 Sprite 的狀態，如位置、動畫等。這個方法會在每一個 frame 被呼叫與使用。

```
def update(self):
    #  更新精靈的位置，這裡我們讓它向右移動
    if self._dirXway == 1:    #如果向右
        if self._dirYway == 1:    #如果向下
            self._xpos += self._movedistance    #向右移動
            self._ypos += self._movedistance    #向下移動
            self.rect.x = self._xpos    #設定精靈類別位置為物件 xpos
            self.rect.y = self._ypos    #設定精靈類別位置為物件 ypos
        else:       #如果向上
            self._xpos += self._movedistance    #向右移動
            self._ypos -= self._movedistance    #向上移動
            self.rect.x = self._xpos    #設定精靈類別位置為物件 xpos
            self.rect.y = self._ypos    #設定精靈類別位置為物件 ypos
```

```
        else:          #如果向左
            if self._dirYway == 1:  #如果向下
                self._xpos -= self._movedistance      #向左移動
                self._ypos += self._movedistance      #向下移動
                self.rect.x = self._xpos    #設定精靈類別位置為物件 xpos
                self.rect.y = self._ypos    #設定精靈類別位置為物件 ypos
            else:          #如果向下
                self._xpos -= self._movedistance      #向左移動
                self._ypos -= self._movedistance      #向上移動
                self.rect.x = self._xpos    #設定精靈類別位置為物件 xpos
                self.rect.y = self._ypos    #設定精靈類別位置為物件 ypos

    if (self.rect.x + self.rect.width) > self._scr.get_width():#判斷右邊界
        self._dirXway = -1    #轉向左邊
        self._sound.play(loops=0)
        print("Hit !!!!")
    if self.rect.x < 1: #判斷左邊界
        self._dirXway = 1     #轉向右邊
        self._sound.play(loops=0)
        print("Hit !!!!")
    if (self.rect.y + self.rect.height) > self._scr.get_height():    #判斷下邊界
        self._dirYway = -1    #轉向上邊
        self._sound.play(loops=0)
        print("Hit !!!!")
    if self.rect.y < 1: #判斷上邊界
        self._dirYway = 1     #轉向下邊
        self._sound.play(loops=0)
        print("Hit !!!!")
```

## 移動程序

接下來我們介紹移動原理：

的不同考慮條件，來各自建立在向右時的動作與向左時的動作：

向右條件(self._dirXway == 1)：

```
            self._xpos += self._movedistance
```

　　　　　　　self.rect.x = self._xpos　　#設定精靈類別位置為物件 xpos

　　向左條件(self._dirXway != 1)：

　　　　　　　self._xpos -= self._movedistance

　　　　　　　self.rect.x = self._xpos　　#設定精靈類別位置為物件 xpos

再建立 self._dirYway 來代表方向，透過 if self._dirYway == 1:來建立向下與向上的不同考慮條件，來各自建立在向下時的動作與向上時的動作：

　　向下條件(self._dirYway == 1)：

　　　　　　　self._ypos += self._movedistance

　　　　　　　self.rect.y = self._ypos　　#設定精靈類別位置為物件 xpos

　　向上條件(self._dirYway != 1)：

　　　　　　　self._ypos -= self._movedistance

　　　　　　　self.rect.y = self._ypos　　#設定精靈類別位置為物件 xpos

如果精靈如果向右移動，我們必須考慮上下移動方向分別進行移動的程序：

```
if self._dirXway == 1:  #如果向右
    if self._dirYway == 1:  #如果向下
        self._xpos += self._movedistance      #向右移動
        self._ypos += self._movedistance      #向下移動
        self.rect.x = self._xpos  #設定精靈類別位置為物件 xpos
        self.rect.y = self._ypos  #設定精靈類別位置為物件 ypos
    else:    #如果向上
        self._xpos += self._movedistance      #向右移動
        self._ypos -= self._movedistance      #向上移動
        self.rect.x = self._xpos  #設定精靈類別位置為物件 xpos
        self.rect.y = self._ypos  #設定精靈類別位置為物件 ypos
```

如果精靈如果向左移動，我們必須考慮上下移動方向分別進行移動的程序：

```
else:              #如果向左
    if self._dirYway == 1:  #如果向下
        self._xpos -= self._movedistance     #向左移動
        self._ypos += self._movedistance     #向下移動
        self.rect.x = self._xpos   #設定精靈類別位置為物件 xpos
        self.rect.y = self._ypos   #設定精靈類別位置為物件 ypos
    else:          #如果向下
        self._xpos -= self._movedistance     #向左移動
        self._ypos -= self._movedistance     #向上移動
        self.rect.x = self._xpos   #設定精靈類別位置為物件 xpos
        self.rect.y = self._ypos   #設定精靈類別位置為物件 ypos
```

## 碰撞邊界處理程序

我們用下列原則來判斷是否碰到是牆壁：

- 我們必須要用精靈物件左邊 X 位置：self.rect.x 是否小於零來當作是碰到左邊牆壁: if self.rect.x < 1: #判斷左邊界

- 我們必須要用精靈物件左邊 X 位置+本身寬度：self.rect.x + self.rect.width 是否大於螢幕寬度(self._scr.get_width())來當作是碰到右邊牆壁： if (self.rect.x + self.rect.width) > self._scr.get_width()

- 我們必須要用精靈物件左邊 Y 位置：self.rect.y 是否小於零來當作是碰到上邊牆壁: self.rect.y < 1: #判斷上邊界

- 我們必須要用精靈物件左邊 Y 位置+本身高度：self.rect.y + self.rect.height 是否大於螢幕高度(self._scr.get_height())來當作是碰到下邊牆壁： if (self.rect.y + self.rect.height) > self._scr.get_height():

```
if (self.rect.x + self.rect.width) > self._scr.get_width():#判斷右邊界
    self._dirXway = -1    #轉向左邊
    self._sound.play(loops=0)  #發出碰撞的音效
    print("Hit !!!!")#印出碰到邊界
if self.rect.x < 1: #判斷左邊界
```

```
        self._dirXway = 1        #轉向右邊
        self._sound.play(loops=0)  #發出碰撞的音效
        print("Hit !!!!")#印出碰到邊界
if (self.rect.y + self.rect.height) > self._scr.get_height():    #判斷下邊界
        self._dirYway = -1      #轉向上邊
        self._sound.play(loops=0)  #發出碰撞的音效
        print("Hit !!!!")#印出碰到邊界
if self.rect.y < 1: #判斷上邊界
        self._dirYway = 1       #轉向下邊
        self._sound.play(loops=0)  #發出碰撞的音效
        print("Hit !!!!")#印出碰到邊界
```

此外，碰到邊界時，我們必須要往反方向運動，就是將 X 軸或 Y 軸的運動方向變數由+1 變為-1，反之是由-1 變為+1，原則如下：

- 碰到左邊界：dirXway = 1
- 碰到右邊界：dirXway = -1
- 碰到上邊界：dirYway = 1
- 碰到下邊界：dirYway = -1

此外，碰到邊界時，我們必須發出音效，並且是印出碰撞訊息，原則如下：

- self._sound.play(loops=0)      #發出碰撞的音效
- print("Hit !!!!")      #印出碰到邊界

## 建立精靈群組來處理更新與繪製機制

建立精靈玩家: 接下來我們必須要用 Ball 類別來建立一個玩家，並且傳入建立玩家的圖形、名稱、亂數決定的起始位置、音效檔案與參考視窗。

```
# 創建一個玩家精靈
ball1 = Ball('./images/ball.png','ball' ,random.randint(50,screen.get_width()),
random.randint(50,screen.get_height()),'./music/ballhit.wav',screen)
```

```
ball1.move = random.randint(3,10)
# 透過亂數函數 random.randint(a,b)，設定產生物件之移動距離為 a~b 之間，亦
為 3~103,10
```

我們為了統一處理更新與繪製機制，筆者用精靈群組來建立統一方法：

```
# 創建精靈群組
all_sprites = pygame.sprite.Group()
```

由於本文中，使用 Player()建立了一個以『./images/ball.png』位置的 ball.png 圖形 的精靈物件。

為了可以自動化繪製這些精靈物件於視窗上，我們必須將圖形 的精靈物件加入創建精靈群組之中。

```
# 將創建的玩家精靈並加入群組
all_sprites.add(player)
```

由於整個更新程序，仍然是寫在最後的迴圈當中，由於 Python 的 pygame 在電腦上執行，不同電腦有不同的設備規格與速度，所以會產生不同的更新速度，造成每一台電腦跑 pygame 的速度不一致，而且用計算電腦速度來進行延遲的方法，也不切實際，所以 pygame 以目前遊戲設計主流，用 frames(禎)來計算畫面更新的速度，剛好符合人類視覺暫留的原則。

所以我們必須告訴 pygame，我們目前的 frames(禎)畫面更新的速度，我已我們加上：

```
# 設定遊戲主循環
clock = pygame.time.Clock()
```

之後我們會在整個更新程序，就是最後的迴圈當中，告知告訴 pygame，我們

目前的 frames(禎)畫面更新的速度。

## 建立最後迴圈程序

由於整個更新程序，仍然是寫在最後的迴圈當中，我們使用 while 迴圈來永久更新遊戲程序，透過變數：running 來控制整個 while 迴圈運行與終止。

接下來我們使用 for event in pygame.event.get():的 for 迴圈，一個一個檢視每一個事件(event)，並透過 event.get()的方式取得過程中，所有 pygame 的事件(event)，最後透過事件型態(event.type)，進行識別後，來產生對應的動作：如 event.type == pygame.QUIT，就設定變數：running=false，來中止整個遊戲。

```
running = True
while running:
    for event in pygame.event.get():
        # pygame.event.get()是一個滑鼠移動、動作、按下、放開….等所有事件集合
        # event 迴圈找出每一個事件變數
        if event.type == pygame.QUIT:
            # pygame.QUIT 就是按到系統結束按鈕
            running = False   # 設定 pygame 視窗正常運行之控制參數，並設為 False
            # 設定 pygame 視窗正常運行之控制參數，並設為 False，會離開迴圈

    # 更新所有精靈
    all_sprites.update()

    # 畫面填充背景為白色顏色
    screen.fill((255, 255, 255))

    # 繪製所有精靈
    all_sprites.draw(screen)
```

```
# 更新顯示
pygame.display.flip()

# 控制幀率
clock.tick(30)

pygame.quit()    # 離開且關閉 pygame 視窗
```

接下來我們在整個 while 迴圈進行當中，寫下下列遊戲更新的動作：

```
# 更新所有精靈
all_sprites.update()

# 畫面填充背景顏色
screen.fill((255, 255, 255))

# 繪製所有精靈
all_sprites.draw(screen)

# 更新顯示
pygame.display.flip()

# 控制幀率
clock.tick(30)
```

接下來一一解釋上述程序：

- all_sprites.update()：透過 pygame.sprite.Group()下的 update()，該方法會將 pygame.sprite.Group() 的 add(精靈角色:sprite)加入的所有精靈角色:sprite，透過內部方法，進行所有精靈角色:sprite 迴圈，對應執行個別精靈角色:sprite 各自的 update()方法，對於這個 update()方法則不需要重新攥寫對應的程序。

- screen.fill((255, 255, 255))：對於 pygame 的視窗，其背景畫面仍必須更新重新繪製，本文用：screen.fill((255, 255, 255))來重新繪製背景畫面。

- all_sprites.draw(screen)：上面有提及，我們要將繪製所有精靈:sprite，根據每一個所有精靈:sprite，根據所有精靈:sprite.rect()：角色位置與大小的物件，根據其精靈:sprite.rect()：角色位置與大小，一一繪製其傳入 draw(繪製 Rect())的 pygame 視窗之中(本文 screen 就是 pygame 的遊戲視窗)。

- pygame.display.flip()：之前所有的畫面更新，都必須透過 pygame.display.update()的方法來更新 pygame 的遊戲視窗，由於畫面處裡頗為複雜，所以在精靈更新繪製方法中，使用 pygame.display.flip()來加快更新 pygame 的遊戲視窗。

- clock.tick(30)：上面我們有寫到 clock = pygame.time.Clock()，就是透過 clock 物件來取得遊戲更新 frame(禎)的更新時間物件，接下來透過 ticlk(30)，透過 clock.tick(frame(禎數))，來控制畫面更新速度。

## 離開遊戲

在離開上述 while 會圈後，代表整個程式已離開畫面事件處理程序與畫面角色更新程序，所以我們要將 pygame 正式結束，所以我們必須加上下列程式：

pygame.quit()    # 離開且關閉 pygame 視窗

所以我們使用 pygame.quit()來關閉 pygame 視窗且離開整個程式系統。

## 最後產生一個球碰掉牆壁會發出音效整合程式

最後使用 Python 程式碼，完成下列程式：

表 30 產生一個球碰掉牆壁會發出音效

產生一個球碰掉牆壁會發出音效(py0512.py)
import pygame    #匯入 PyGame 套件
import math
import random

pygame.init()    #啟動 PyGame 套件

~ 327 ~

```
screen = pygame.display.set_mode((800, 600))
#screen 為視窗變數,來使用建立的視窗
#視窗變數 = pygame.display.set_mode(視窗寬度尺寸:pixels,視窗高度尺寸:pixels)

pygame.display.set_caption("PyGame Sprite 功能介紹:產生一個球,碰掉牆壁會發出音效")
#pygame.display.set_caption(視窗標題的內容)

# 畫面填充背景為白色顏色
screen.fill((255, 255, 255))
#視窗變數.fill(RGB 變數參數)
pygame.display.update()


# 創建精靈類別
class Ball(pygame.sprite.Sprite):
    _xpos = 0      #精靈類別:Player 的 x 座標
    _ypos = 0      #精靈類別:Player 的 y 座標
    _dirXway = 1   #精靈類別:Player 的 x 座標的移動方向,1=向右,-1=向左
    _dirYway = 1   #精靈類別:Player 的 y 座標的移動方向,1=向下,-1=向上
    _movedistance = 5   #精靈類別:Player 的 x 座標的移動間距
    _scr = screen #精靈物件所處的畫面參考繪圖之 Surface


    def __init__(self, image_path, nn, x, y,sound_path ,scr):
        super().__init__()
        self.image = pygame.Surface((50, 50))
        self.image = pygame.image.load(image_path)#載入圖片
        self.image.convert_alpha()#改變 alpha 值
        self.rect = self.image.get_rect() #取得圖形大小位置
        self._xpos = x      #設定起始 X 座標位置
        self._ypos = y      #設定起始 Y 座標位置
        self.rect.x = self._xpos   #設定精靈類別位置為物件_xpos
        self.rect.y = self._ypos   #設定精靈類別位置為物件_ypos
        self.rect.topleft = (self._xpos, self._ypos)   # 設定初始位置
```

```python
        self.__Name = nn          #以傳入的 nn 值設定__Name 屬性變數內容
        self._sound = pygame.mixer.Sound(sound_path) #以載入 sound_path 路徑+音效之音效黨，為精靈的音效
        self._sound.set_volume(1)      #設定精靈的音效為最大響聲值
        self._scr = scr          #類別內參考繪圖之 Surface
        self.__move=self._movedistance     #外部可以讀寫的移動距離屬性


    @property    # 設定下面為屬性的讀取
    def move(self):
        return self.__move     # 回傳__move 屬性內容

    @move.setter    # 設定下面為屬性的寫入
    def move(self, cc):
        self.__move = cc     ##設定__move 屬性內容
        self._movedistance = self.__move
    # 將__move 屬性設定給實際移動的變數_movedistance

    @property    # 設定下面為屬性的讀取
    def Name(self):
        return self.__Name    # 回傳__Name 屬性內容

    @move.setter    # 設定下面為屬性的寫入
    def Name(self, cc):
        self.__Name = cc     ##設定__Name 屬性內容


    def update(self):
        # 更新精靈的位置，這裡我們讓它向右移動
        if self._dirXway == 1:    #如果向右
            if self._dirYway == 1:    #如果向下
                self._xpos += self._movedistance      #向右移動
                self._ypos += self._movedistance      #向下移動
                self.rect.x = self._xpos    #設定精靈類別位置為物件 xpos
```

```
                    self.rect.y = self._ypos    #設定精靈類別位置為物件ypos
            else:     #如果向上
                self._xpos += self._movedistance     #向右移動
                self._ypos -= self._movedistance     #向上移動
                self.rect.x = self._xpos    #設定精靈類別位置為物件xpos
                self.rect.y = self._ypos    #設定精靈類別位置為物件ypos
        else:     #如果向左
            if self._dirYway == 1:    #如果向下
                self._xpos -= self._movedistance     #向左移動
                self._ypos += self._movedistance     #向下移動
                self.rect.x = self._xpos    #設定精靈類別位置為物件xpos
                self.rect.y = self._ypos    #設定精靈類別位置為物件ypos
            else:     #如果向下
                self._xpos -= self._movedistance     #向左移動
                self._ypos -= self._movedistance     #向上移動
                self.rect.x = self._xpos    #設定精靈類別位置為物件xpos
                self.rect.y = self._ypos    #設定精靈類別位置為物件ypos

        if (self.rect.x + self.rect.width) > self._scr.get_width():   # 判斷右邊界
            self._dirXway = -1    # 轉向左邊
            self._sound.play(loops=0)    # 發出碰撞的音效
            print("Hit !!!!")    # 印出碰到邊界
        if self.rect.x < 1:    # 判斷左邊界
            self._dirXway = 1    # 轉向右邊
            self._sound.play(loops=0)    # 發出碰撞的音效
            print("Hit !!!!")    # 印出碰到邊界
        if (self.rect.y + self.rect.height) > self._scr.get_height():   # 判斷下邊界
            self._dirYway = -1    # 轉向上邊
            self._sound.play(loops=0)    # 發出碰撞的音效
```

```
            print("Hit !!!!")   #  印出碰到邊界
        if self.rect.y < 1:   #  判斷上邊界
            self._dirYway = 1   #  轉向下邊
            self._sound.play(loops=0)   #  發出碰撞的音效
            print("Hit !!!!")   #  印出碰到邊界


#  創建一個玩家精靈
ball1 = Ball('./images/ball.png','ball' ,random.randint(50,screen.get_width()), random.randint(50,screen.get_height()),'./music/ballhit.wav',screen)
ball1.move = random.randint(3,10)
#透過亂數函數 random.randint(a,b)，設定產生物件之移動距離為 a~b 之間，亦為 3~103,10


#  創建精靈群組
all_sprites = pygame.sprite.Group()


#  將創建的玩家精靈並加入群組
all_sprites.add(ball1)

#  設定遊戲主循環
clock = pygame.time.Clock()



running = True
while running:
    for event in pygame.event.get():
        #  pygame.event.get()是一個滑鼠移動、動作、按下、放開….等所有事件集合
        #  event 迴圈找出每一個事件變數
        if event.type == pygame.QUIT:
            #  pygame.QUIT 就是按到系統結束按鈕
            running = False   #  設定 pygame 視窗正常運行之控制參數，並設為 False
            #  設定 pygame 視窗正常運行之控制參數，並設為 False，會離開迴圈
    #  更新所有精靈
```

```
    all_sprites.update()

    # 畫面填充背景為白色顏色
    screen.fill((255, 255, 255))

    # 繪製所有精靈
    all_sprites.draw(screen)

    # 更新顯示
    pygame.display.flip()

    # 控制幀率
    clock.tick(30)

pygame.quit()    # 離開且關閉 pygame 視窗
```

程式下載區：https://github.com/brucetsao/pygame_basic

下列程式所以我們使用 Python 語言，攥寫寫上面程式，執行程式後可以看到上面程式的執行結果。其結果如下圖所示：

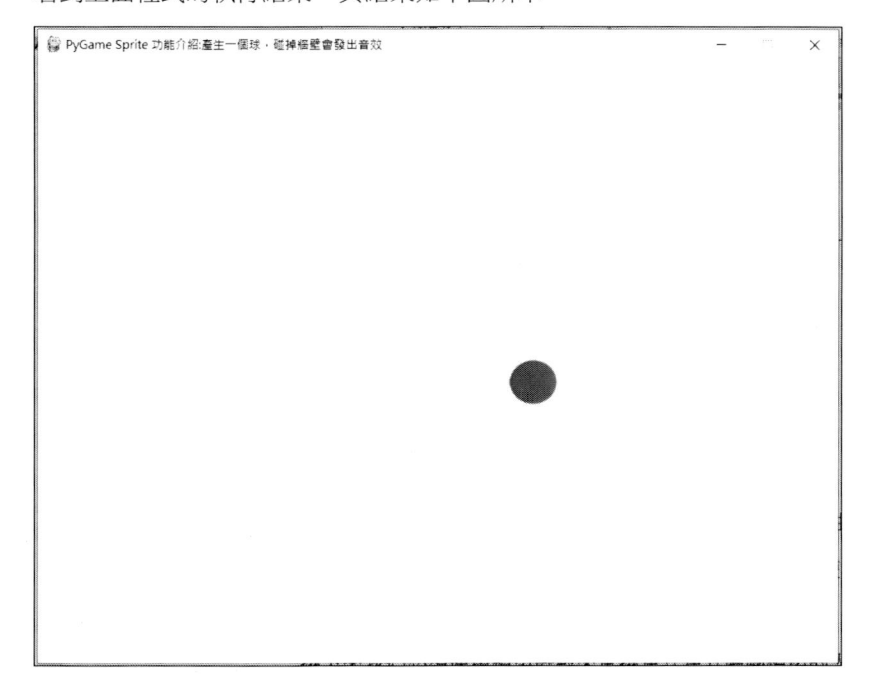

~ 332 ~

圖 188 產生一個球碰到牆壁會發出音效之結果畫面

## 章節小結

　　本章主要介紹 pygame 背景音樂與音效，在遊戲視窗產生可以創造背景音樂，可以用鍵盤控制背景音樂啟動雨暫停。接下來運用前面精靈的技術，透過精靈 BALL 碰到邊界時產生碰撞的音效來一一介紹 pygame 處理背景音樂與音效的操作，相信讀者會對 pygame 強大處理背景音樂與音效的操作與方便性與基本運作，有更深入的了解與體認。

# 6
CHAPTER

# PyGame 操控功能介紹

在遊戲開發中，遊戲不是一直自動運行的，因為遊戲是給人類遊玩的，他的主體是人類，而目前遊戲展示的內容大部分是透過人類的眼睛與雙耳所接收(當然觸覺、嗅覺、甚至未來的精神感應等等)，遊戲的過程、動作與反應主要對象都是人類，不管是角色、敵人、道具、子彈等任何可視覺化的元素都是以人類可以接收的五感為主。

然而，目前人類對於這些五感的接收，反應的器官不外乎是眼睛、語音、語言、四肢動作...等等，然而目前可以快速有效的回應與物理回饋的不外乎是四肢，而四肢之中最重要的是手部的回應，而手部的回應主要更是透過手指的動作為常見的物理回應為主。

目前電腦透過許多特殊裝置，已經可以接受眼睛、語音、語言、四肢動作等，但是眼睛、語音、語言仍然必須透過高檔且高價的設備，才能快速回應且辨識這些人類的反應。而遊戲從最早的發展開始，遊戲一直以手部的回應與反饋為主要的的互動反應的接收裝置。

而手部的回應主要更是透過手指的動作來反映，而遊戲從最早的發展以手指的動作來反映的裝置，大部分是以搖桿與按鈕為主要的回應為主要的裝置，而搖桿雖然是手掌與手軸的反應動作，但是對於反應的回饋，機器一開始的設計也是解譯為四個方向、到後面八個方向、甚至是十六、三十二個方向，然而這些方向由於遊戲主機以電腦為主，而電腦與人類互動的裝置，在一開始以鍵盤為主要媒介，所以這些動作也都被解譯為按鍵的動作與回饋為主。

然後到了視窗作業系統開始，電腦與人類互動的裝置除了鍵盤之外，加入了滑鼠這個整合 360 度的方位移動與更加靈巧的手指滑鼠按紐反應動作，讓整個遊戲與人類的互動的操控功能，更加完善。

本章節主要介紹 Pygame 與人類互動之中，鍵盤動作與滑鼠動作一直是遊戲互動的主體，所以本章節會先介紹鍵盤動作的反應與操控，後段會介紹滑鼠動作的反應與操控來貫穿整個 Pygame 的操控功能。

## 鍵盤操控介紹

首先、Pygame 的鍵盤操控主要透過 pygame.key 的類別來取的一連串的控制與回饋，pygame.key.get_pressed() 是 pygame 中用來檢測鍵盤按鍵當前狀態的函數。它會返回一個布林值列表，表示鍵盤上的每個按鍵是否處於按下狀態。這個函數非常適合用來檢測持續按下的按鍵，特別是在遊戲中需要連續監測用戶輸入的情況下，例如角色移動或持續射擊的場景。

## 鍵盤檢測用途

- 檢測連續按鍵輸入：用來檢測玩家是否長時間按住某個鍵。例如，在遊戲中移動角色時，玩家可能會持續按住方向鍵。
- 實時按鍵狀態檢測：該函數能夠即時檢查每個按鍵的狀態，因此適合需要連續檢測按鍵的應用場景，而不是單次按下的檢測。
- 多鍵同時檢測：可以同時檢測多個按鍵是否被按下，如玩家同時按住「上」和「左」鍵來使角色進行斜向移動。

## 鍵盤檢測原理

pygame.key.get_pressed() 返回一個代表鍵盤當前狀態的列表，每個列表中的元素對應一個按鍵，值為 1 表示該按鍵被按下，0 表示未被按下。這個函數是基於鍵盤事件更新的，因此需要放在遊戲循環中，以實時檢測按鍵狀態。

該函數不會處理單次按鍵事件（例如，按下後立即釋放），它只用於檢測當前按住的按鍵狀態。如果需要處理按鍵按下與釋放的瞬間行為，應該使用 pygame.event 來處理 KEYDOWN 和 KEYUP 事件。

## 鍵盤基本用法

初始化 pygame 在檢測按鍵前需要初始化 pygame，並確保遊戲主循環正在運行。

```
import pygame
pygame.init()   # 初始化 pygame
```

檢測按鍵狀態 使用 pygame.key.get_pressed() 檢測當前按下的按鍵。可以通過檢查列表中對應鍵位的值來判斷按鍵是否被按下。

```
keys = pygame.key.get_pressed()   # 獲取按鍵狀態
if keys[pygame.K_LEFT]:   # 如果左方向鍵被按下
    print("左鍵按下")
```

遊戲循環中的應用 通常會在遊戲主循環中反覆檢查按鍵狀態，來決定遊戲中角色的行為。

```
import pygame
pygame.init()

screen = pygame.display.set_mode((640, 480))
running = True

while running:
    for event in pygame.event.get():
        if event.type == pygame.QUIT:
            running = False

    # 獲取所有按鍵的狀態
    keys = pygame.key.get_pressed()

    # 檢測是否按下方向鍵來移動角色
```

```
    if keys[pygame.K_LEFT]:
        print("角色向左移動")
    if keys[pygame.K_RIGHT]:
        print("角色向右移動")

    pygame.display.flip()

pygame.quit()
```

## 常見按鍵常用變數

pygame 提供了一組常用鍵盤變數來表示不同的按鍵，當您使用 from pygame.locals import *的敘述後，你可以通過這些常用鍵盤變數來檢查具體的按鍵是否被按下，例如：

- pygame.K_LEFT：左方向鍵
- pygame.K_RIGHT：右方向鍵
- pygame.K_UP：上方向鍵
- pygame.K_DOWN：下方向鍵
- pygame.K_SPACE：空白鍵

pygame.K_w、pygame.K_a、pygame.K_s、pygame.K_d：WASD 鍵

注意事項

主循環中的持續檢測：pygame.key.get_pressed() 是持續檢測按鍵的工具，因此需要放在主遊戲循環中定期調用。

與事件檢測的區別：pygame.key.get_pressed() 與 pygame.event.get() 的作用不同。get_pressed() 用於持續檢測按鍵的按住狀態，而 pygame.event 則用於處理按鍵按下或釋放的事件。

按鍵重複：某些系統可能會有按鍵重複輸入的問題，即按住鍵盤時會多次觸發按鍵事件。get_pressed() 不會受到這個問題的影響，因為它只檢測鍵是否按下。

這個函數特別適合在需要連續移動、攻擊等操作的遊戲中,確保按住按鍵時動作能持續執行。

## 檢測鍵盤判斷按鍵常用變數

本章節介紹檢測鍵盤判斷按鍵常用變數,當您使用 from pygame.locals import * 的敘述後,你可以通過下表所示之這些常用鍵盤變數來檢查具體的按鍵是否被按下:

表 31 Pygame 一般按鍵常用變數一覽表

```
Pygame 變數        ASCII        用途與解釋
================================================
K_BACKSPACE        \b           backspace
K_TAB              \t           tab
K_CLEAR                         clear
K_RETURN           \r           return
K_PAUSE                         pause
K_ESCAPE           ^[           escape
K_SPACE                         space
K_EXCLAIM          !            exclaim
K_QUOTEDBL         "            quotedbl
K_HASH             #            hash
K_DOLLAR           $            dollar
K_AMPERSAND        &            ampersand
K_QUOTE                         quote
K_LEFTPAREN        (            left parenthesis
K_RIGHTPAREN       )            right parenthesis
K_ASTERISK         *            asterisk
K_PLUS             +            plus sign
K_COMMA            ,            comma
K_MINUS            -            minus sign
K_PERIOD           .            period
K_SLASH            /            forward slash
K_0                0            0
```

| | | |
|---|---|---|
| K_1 | 1 | 1 |
| K_2 | 2 | 2 |
| K_3 | 3 | 3 |
| K_4 | 4 | 4 |
| K_5 | 5 | 5 |
| K_6 | 6 | 6 |
| K_7 | 7 | 7 |
| K_8 | 8 | 8 |
| K_9 | 9 | 9 |
| K_COLON | : | colon |
| K_SEMICOLON | ; | semicolon |
| K_LESS | < | less-than sign |
| K_EQUALS | = | equals sign |
| K_GREATER | > | greater-than sign |
| K_QUESTION | ? | question mark |
| K_AT | @ | at |
| K_LEFTBRACKET | [ | left bracket |
| K_BACKSLASH | \ | backslash |
| K_RIGHTBRACKET | ] | right bracket |
| K_CARET | ^ | caret |
| K_UNDERSCORE | _ | underscore |
| K_BACKQUOTE | ` | grave |
| K_a | a | a |
| K_b | b | b |
| K_c | c | c |
| K_d | d | d |
| K_e | e | e |
| K_f | f | f |
| K_g | g | g |
| K_h | h | h |
| K_i | i | i |
| K_j | j | j |
| K_k | k | k |
| K_l | l | l |
| K_m | m | m |
| K_n | n | n |
| K_o | o | o |
| K_p | p | p |

| | | |
|---|---|---|
| K_q | q | q |
| K_r | r | r |
| K_s | s | s |
| K_t | t | t |
| K_u | u | u |
| K_v | v | v |
| K_w | w | w |
| K_x | x | x |
| K_y | y | y |
| K_z | z | z |
| K_DELETE | | delete |
| K_KP0 | | keypad 0 |
| K_KP1 | | keypad 1 |
| K_KP2 | | keypad 2 |
| K_KP3 | | keypad 3 |
| K_KP4 | | keypad 4 |
| K_KP5 | | keypad 5 |
| K_KP6 | | keypad 6 |
| K_KP7 | | keypad 7 |
| K_KP8 | | keypad 8 |
| K_KP9 | | keypad 9 |
| K_KP_PERIOD | . | keypad period |
| K_KP_DIVIDE | / | keypad divide |
| K_KP_MULTIPLY | * | keypad multiply |
| K_KP_MINUS | - | keypad minus |
| K_KP_PLUS | + | keypad plus |
| K_KP_ENTER | \r | keypad enter |
| K_KP_EQUALS | = | keypad equals |
| K_UP | | up arrow |
| K_DOWN | | down arrow |
| K_RIGHT | | right arrow |
| K_LEFT | | left arrow |
| K_INSERT | | insert |
| K_HOME | | home |
| K_END | | end |
| K_PAGEUP | | page up |
| K_PAGEDOWN | | page down |
| K_F1 | | F1 |

| | |
|---|---|
| K_F2 | F2 |
| K_F3 | F3 |
| K_F4 | F4 |
| K_F5 | F5 |
| K_F6 | F6 |
| K_F7 | F7 |
| K_F8 | F8 |
| K_F9 | F9 |
| K_F10 | F10 |
| K_F11 | F11 |
| K_F12 | F12 |
| K_F13 | F13 |
| K_F14 | F14 |
| K_F15 | F15 |
| K_NUMLOCK | numlock |
| K_CAPSLOCK | capslock |
| K_SCROLLOCK | scrollock |
| K_RSHIFT | right shift |
| K_LSHIFT | left shift |
| K_RCTRL | right control |
| K_LCTRL | left control |
| K_RALT | right alt |
| K_LALT | left alt |
| K_RMETA | right meta |
| K_LMETA | left meta |
| K_LSUPER | left Windows key |
| K_RSUPER | right Windows key |
| K_MODE | mode shift |
| K_HELP | help |
| K_PRINT | print screen |
| K_SYSREQ | sysrq |
| K_BREAK | break |
| K_MENU | menu |
| K_POWER | power |
| K_EURO | Euro |
| K_AC_BACK | Android back button |

有時候，我們也會使用一些組合鍵，如『ALT』、『CTRL』、『SHIFT』等複合鍵加上一些特殊的按鍵來判斷一些特殊的情形，如下表所示，是這些複合鍵加上一些特殊的組合按鍵常用變數一覽表。

表 32 Pygame 組合按鍵常用變數一覽表

| Pygame 變數 | ASCII 用途與解釋 |
|---|---|
| KMOD_NONE | no modifier keys pressed |
| KMOD_LSHIFT | left shift |
| KMOD_RSHIFT | right shift |
| KMOD_SHIFT | left shift or right shift or both |
| KMOD_LCTRL | left control |
| KMOD_RCTRL | right control |
| KMOD_CTRL | left control or right control or both |
| KMOD_LALT | left alt |
| KMOD_RALT | right alt |
| KMOD_ALT | left alt or right alt or both |
| KMOD_LMETA | left meta |
| KMOD_RMETA | right meta |
| KMOD_META | left meta or right meta or both |
| KMOD_CAPS | caps lock |
| KMOD_NUM | num lock |
| KMOD_MODE | AltGr |

## 建立一個以方向鍵移動的角色

由上面章節介紹之中，筆者已經介紹設計類別，可以自動移動，自動載入圖片與音效等等，為了簡化程序，本章節透過設計一個 Player 類別，

最後使用 Python 程式碼，完成下列程式：

表 33 設計一個 Player 類別

| 設計一個 Player 類別(Player.py) |
|---|
| import pygame     #匯入 PyGame 套件<br>from pygame.math import Vector2      #向量的運算套件 |

```python
# 創建精靈類別
class Player(pygame.sprite.Sprite):
    _xpos = 0    #精靈類別:Player 的 x 座標
    _ypos = 0    #精靈類別:Player 的 y 座標
    _scr = pygame.rect   #設定參考視窗 pygame 的畫布，預設為 pygame.rect

    def __init__(self, image_path,nn ,x, y, scr):#類別的 init()建構式
        super().__init__() #執行 pygame.sprite.Sprite 母類別的 init()建構式
        self.image = pygame.Surface((50, 50))    #預設精靈圖片畫布
        self.image = pygame.image.load(image_path)#載入圖片
        self.image.convert_alpha() #改變 alpha 值
        self.rect = self.image.get_rect() #取得圖形大小位置
        self.rect.size = self.image.get_size() #設定精靈尺寸為載入圖片大小的尺寸
        self._xpos = x      #設定起始 X 座標位置
        self._ypos = y      #設定起始 Y 座標位置
        self.rect.x = self._xpos    #設定精靈類別位置為物件_xpos
        self.rect.y = self._ypos    #設定精靈類別位置為物件_ypos
        self.rect.topleft = (self._xpos, self._ypos)  # 設定精靈物件初始位置
        self._scr = scr     #精靈類別內參考繪圖之 Surface(畫布)
        self.XDistance = self.rect.width #設定 X 軸移動距離，並設定內容為取得精靈大小之 寬度
        self.YDistance = self.rect.height  #設定 Y 軸移動距離，並設定內容為取得精靈大小之 高度
        self.Name = nn      #設定精靈物件名稱為傳入精靈名稱之內容
        print(self.XDistance,self.YDistance)       #列印出 X 軸移動距離與 Y 軸移動距離

    @property   # 設定下面為 XMove 屬性的讀取
    def XDistance(self):
        return self.__XDistance    # 回傳__XDistance 屬性內容

    @XDistance.setter   # 設定下面為 XDistance 屬性的寫入
    def XDistance(self, cc):
        self.__XDistance = cc    ##設定__XDistance 屬性內容
```

```python
        # 將__XMove 屬性設定給實際移動的變數_XDistance

    @property    # 設定下面為 YDistance 屬性的讀取
    def YDistance(self):
        return self.__XDistance    # 回傳__YDistance 屬性內容

    @YDistance.setter    # 設定下面為屬性的寫入
    def YDistance(self, cc):
        self.__YDistance = cc    ##設定__YDistance 屬性內容

        # 將__YMove 屬性設定給實際移動的變數_YDistance

    @property    # 設定下面為屬性的讀取
    def Name(self):
        return self.__Name    # 回傳__Name 屬性內容

    @Name.setter    # 設定下面為屬性的寫入
    def Name(self, cc):
        self.__Name = cc    ##設定__Name 屬性內容

    def update(self):    #更新精靈自動化動作程序
        # 更新精靈的位置，這裡我們讓它向右移動
        pass    #目前不動作

    def Right(self):
        # 更新精靈的位置，這裡我們讓它向右移動
        if (self.rect.x + self.rect.width+self.__XDistance) < self._scr.get_width() :
            self._xpos += self.__XDistance
            self.rect.x = self._xpos    #設定精靈類別位置為物件_xpos
            print("right")    #印出移動右方訊息

    def Left(self):
        # 更新精靈的位置，這裡我們讓它向左移動
        if self.rect.x > self.__XDistance :
            self._xpos -= self.__XDistance
            self.rect.x = self._xpos    #設定精靈類別位置為物件_xpos
```

```
            print("left") #印出移動左方訊息

    def Down(self):
        # 更新精靈的位置,這裡我們讓它向下移動
        if (self.rect.y + self.rect.height+self.__YDistance) < self._scr.get_height() :
            self._ypos += self.__YDistance
            self.rect.y = self._ypos    #設定精靈類別位置為物件_xpos
            print("down") #印出移動下方訊息

    def Up(self):
        # 更新精靈的位置,這裡我們讓它向上移動
        if self.rect.y > self.__YDistance :
            self._ypos -= self.__YDistance
            self.rect.y = self._ypos    #設定精靈類別位置為物件_xpos
            print("up") #印出移動上方訊息
```

程式下載區:https://github.com/brucetsao/pygame_basic

下列解釋,大略解紹程式內重要的變數與方法:

## 內部變數部分:

- _xpos = 0 :精靈類別:Player 的 x 座標
- _ypos = 0 :精靈類別:Player 的 y 座標
- XDistance: 精靈類別:Player 的 x 座標的移動間距
- YDistance: 精靈類別:Player 的 x 座標的移動間距
- _scr: 設定參考視窗 pygame 的畫布,預設為 pygame.rect

## 初始化部分:

- __init__():執行 pygame.sprite.Sprite 母類別的 init()建構式
  - self.image = pygame.Surface((50, 50)):預設精靈圖片畫布
  - self.image = pygame.image.load(image_path):載入圖片

- self.image.convert_alpha(): 改變 alpha 值
- self.rect = self.image.get_rect()： 取得圖形大小位置
- self.rect.size = self.image.get_size()：設定精靈尺寸為載入圖片大小的尺寸
- self._xpos = x: 設定起始 X 座標位置
- self._ypos = y: 設定起始 Y 座標位置
- self.rect.x = self._xpos: 設定精靈類別位置為物件_xpos
- self.rect.y = self._ypos: 設定精靈類別位置為物件_ypos
- self.rect.topleft = (self._xpos, self._ypos)： 設定精靈物件初始位置
- self._scr = scr: 精靈類別內參考繪圖之 Surface(畫布)
- self.XDistance = self.rect.width: 設定 X 軸移動距離，並設定內容為取得精靈大小之 寬度
- self.YDistance = self.rect.height: 設定 Y 軸移動距離，並設定內容為取得精靈大小之 高度
- self.Name = nn: 設定精靈物件名稱為傳入精靈名稱之內容
- print(self.XDistance,self.YDistance): 列印出 X 軸移動距離與 Y 軸移動距離

屬性部分：

- XDistance: X 軸移動距離
- YDistance: Y 軸移動距離
- Name: 精靈物件的名字

類別公開方法部分：

- update():更新精靈自動化動作程序

- Up():更新精靈的位置，這裡我們讓它向上移動
- Down():更新精靈的位置，這裡我們讓它向下移動
- Left():更新精靈的位置，這裡我們讓它向左移動
- Right():更新精靈的位置，這裡我們讓它向右移動

類別使用方法：

利用下列語法 ：

精靈物件 = Player(精靈圖片路徑+圖片檔名， 精靈物件名字，精靈物件 X 軸位置，精靈物件 Y 軸位置，精靈物件繪圖之參考畫面)，讀者可以用下表之參考程式來產生精靈物件。

```
# 創建一個玩家精靈並加入群組
pac =   Player('./images/ball.png','PacMan' ,random.randint(50,screen.get_width()), random.randint(50,screen.get_height()),screen)
```

# 建立一個小精靈(吃豆人)可以上下左右鍵移動的角色

由上面章節介紹之中，筆者設計一隻 Python 程式，使用上面已經設計之 Player 類別，產生一個小精靈(吃豆人)的精靈物件，並可以透過介紹設計類別，可以自動移動，自動載入圖片與音效等等，為了簡化程序，本章節透過設計一個 Player 類別，

最後使用 Python 程式碼，完成下列程式：

表 34 建立一個小精靈(吃豆人)可以上下左右鍵移動的角色

| 建立一個小精靈(吃豆人)可以上下左右鍵移動的角色(py0601.py) |
|---|
| import sys    #使用作業系統用到的套件 |
| import pygame   #  匯入  PyGame  套件 |

```python
import math  #使用常用數學函式套件
import random     #使用亂數功能之套件
from Player import *   # 匯入自定義的 Player 類別
from pygame.locals import *   # 匯入 Pygame 的所有常數和函數,主
要可以使用到鍵盤常數變數

FPS = 30   # 設定每秒更新幀數(Frame Per Second)

#遊戲初始化:使用 pygame.init() 初始化 Pygame,並設置遊戲視窗的
大小和標題
pygame.init()   # 啟動 PyGame 套件

screen = pygame.display.set_mode((800, 600))   # 建立一個 800x600
的遊戲視窗
# screen 為視窗變數,用來存取建立的視窗
# 視窗變數 = pygame.display.set_mode(視窗寬度尺寸:pixels,視窗高
度尺寸:pixels)

pygame.display.set_caption("PyGame 操控功能介紹:建立一個小精靈
(吃豆人)可以上下左右鍵移動的角色")
# pygame.display.set_caption() 用來設定視窗標題

screen.fill((0, 0, 0))   # 用黑色 (RGB: 0, 0, 0) 填充整個視窗背景
# 視窗變數.fill(RGB 變數參數)

#精靈(吃豆人)創建:透過 Player 類來創建吃豆人,並隨機設置初始
位置。該精靈將加入到精靈群組中
# 創建一個玩家精靈並隨機設置其初始位置,並加入精靈群組
pac = Player('./images/ball.png', 'PacMan', random.randint(50,
screen.get_width()), random.randint(50, screen.get_height()), screen)
# pac 是主角吃豆人的 Player 類別的實例,設定角色的圖像、名稱、初
始位置等
# 使用隨機位置來放置吃豆人

clock = pygame.time.Clock()   # 創建一個時鐘對象,用來控制遊戲循環
的幀率

# 創建精靈群組
```

```python
all_sprites = pygame.sprite.Group()

# 將玩家精靈加入精靈群組
all_sprites.add(pac)

pygame.key.set_repeat(0, 500)   # 設置按鍵重複時間，0 表示立即重
複，500 毫秒之後觸發下一次按鍵重複

# 設定遊戲主循環是否離開或在遊戲進行程序之控制變數
running = True #設定遊戲主循環是否離開或在遊戲進行程序之控制變數

# 遊戲主循環迴圈
while running:
    #事件處理：處理玩家的按鍵輸入，透過上下左右鍵控制吃豆人的移
動，當按下 ESC 鍵時退出遊戲
    for event in pygame.event.get():
        # pygame.event.get() 會取得所有的事件，例如滑鼠移動、按下
按鍵等
        # 每次迴圈會檢查每個事件變數
        if event.type == pygame.QUIT:      #是否按下結束按鈕，按下的
話，結束遊戲
            # 如果事件類型是 pygame.QUIT，表示點擊了關閉按鈕
            #遊戲結束：當遊戲主循環結束時，執行 pygame.quit() 關
閉視窗並退出遊戲。
            running = False   # 設定遊戲狀態為 False，終止主循環
            # 當遊戲狀態變為 False，會跳出迴圈並結束遊戲

    # 取得當前按鍵的狀態
    keys = pygame.key.get_pressed()
    if keys[K_ESCAPE]:   # 如果按下 ESC 鍵，退出遊戲
        sys.exit()   # 系統退出，關閉遊戲視窗
        #遊戲結束：當遊戲主循環結束時，執行 pygame.quit() 關閉視
窗並退出遊戲。
    if keys[K_UP]:
        pac.Up()   # 如果按下上鍵，讓吃豆人向上移動
    if keys[K_DOWN]:
        pac.Down()   # 如果按下下鍵，讓吃豆人向下移動
    if keys[K_RIGHT]:
```

```
        pac.Right()   # 如果按下右鍵，讓吃豆人向右移動
    if keys[K_LEFT]:
        pac.Left()    # 如果按下左鍵，讓吃豆人向左移動

    #畫面更新：在每個遊戲循環中，更新精靈狀態並將它們繪製在螢幕
上，然後更新顯示
    # 更新所有精靈的狀態
    all_sprites.update()

    # 填充背景為白色(重畫遊戲視窗背景)
    screen.fill((255, 255, 255))

    # 在視窗上繪製所有精靈
    all_sprites.draw(screen)

    # 更新螢幕顯示
    pygame.display.flip()

    # 控制幀率
    clock.tick(20)

# 離開遊戲並關閉 Pygame
pygame.quit()
```

程式下載區：https://github.com/brucetsao/pygame_basic

下列解釋，大略解紹程式內重要的變數與方法：

# Import 匯入套件部分：

- import sys：使用作業系統用到的套件
- import pygame：匯入 PyGame 套件
- import math：使用常用數學函式套件
- import random：使用亂數功能之套件
- from Player import *： 匯入自定義的 Player 類別
- from pygame.locals import *： 匯入 Pygame 的所有常數和函

數，主要可以使用到鍵盤常數變數

## 系統初始化部分：

- FPS = 30: 設定每秒更新幀數（Frame Per Second）
- pygame.init(): 啟動 PyGame 套件
- screen = pygame.display.set_mode((800, 600))：建立一個 800x600 的遊戲視窗
  - screen 為視窗變數，用來存取建立的視窗
  - 視窗變數 = pygame.display.set_mode(視窗寬度尺寸:pixels, 視窗高度尺寸:pixels)
- pygame.display.set_caption("PyGame 操控功能介紹:建立一個小精靈 ( 吃豆人 ) 可以上下左右鍵移動的角色 ")：pygame.display.set_caption() 用來設定視窗標題
- screen.fill((0, 0, 0))：用黑色 (RGB: 0, 0, 0) 填充整個視窗背景
- clock = pygame.time.Clock()：創建一個時鐘對象，用來控制遊戲循環的幀率

## 精靈設計部分：

- pac = Player('./images/ball.png', 'PacMan', random.randint(50, screen.get_width()), random.randint(50, screen.get_height()), screen)
  - 創建一個玩家精靈並隨機設置其初始位置
  - pac 是主角吃豆人的 Player 類別的實例，設定角色的圖像、名稱、初始位置等
  - 使用隨機位置來放置吃豆人

## 精靈群組設計部分：

- all_sprites = pygame.sprite.Group()：創建精靈群組
- all_sprites.add(pac)：將玩家精靈加入精靈群組
- pygame.key.set_repeat(0, 500)：設置按鍵重複時間，0 表示立即重複，500 毫秒之後觸發下一次按鍵重複

## 遊戲主程序設計部分：

- running = True: 設定遊戲主循環是否離開或在遊戲進行程序之控制變數

## 遊戲主程序迴圈控制部分：

- while running: 遊戲主循環迴圈
- for event in pygame.event.get(): 透過迴圈來處理遊戲中各種操控互動事件
    - pygame.event.get() 會取得所有的事件，例如滑鼠移動、按下按鍵等
    - 每次迴圈會檢查每個事件變數
- if event.type == pygame.QUIT: 是否按下結束按鈕，按下的話，結束遊戲

## 遊戲主程序檢測鍵盤操控部分：

- keys = pygame.key.get_pressed():取得當前按鍵的狀態
- if keys[K_ESCAPE]: 如果按下 ESC 鍵，退出遊戲
- if keys[K_UP]: 如果按下上鍵，讓吃豆人向上移動

- if keys[K_DOWN]: 如果按下下鍵，讓吃豆人向下移動
- if keys[K_RIGHT]: 如果按下右鍵，讓吃豆人向右移動
- if keys[K_LEFT]: 如果按下左鍵，讓吃豆人向左移動

## 畫面更新部分：

- all_sprites.update():更新所有精靈的狀態
- screen.fill((255, 255, 255)): 填充背景為白色(重畫遊戲視窗背景)
- all_sprites.draw(screen): 在視窗上繪製所有精靈
- pygame.display.flip():更新螢幕顯示
- clock.tick(20): 控制幀率

## 最後程序：

- pygame.quit():離開遊戲並關閉 Pygame

下列程式所以我們使用 Python 語言，攥寫寫上面程式，執行程式後可以看到上面程式的執行結果。其結果如下圖所示：

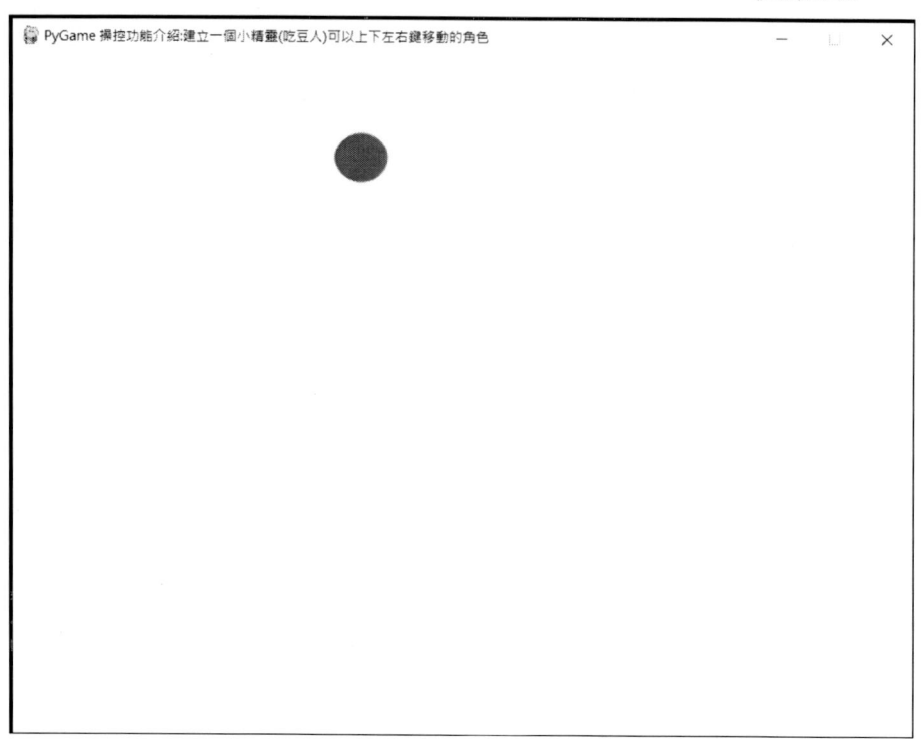

圖 189 建立一個小精靈(吃豆人)可以上下左右鍵移動的角色之結果畫面

## 滑鼠操控介紹

首先、Pygame 的滑鼠操控主要透過 pygame. mouse 的類別來讀取滑鼠動作的一連串的控制與回饋，pygame.mouse 是 Pygame 模組中的一個子模組，用來管理滑鼠的相關功能，包括取得滑鼠的位置、按鍵狀態，控制滑鼠游標的外觀等。它能讓開發者輕鬆地在遊戲或應用中實現滑鼠事件的處理和操作，例如根據滑鼠點擊來觸發動作或遊戲內物件的交互。

### 滑鼠操控原理

Pygame 提供了滑鼠事件的偵測與控制，主要原理是透過 Pygame 的事件系統來追蹤滑鼠的操作，像是滑鼠移動、按鍵按下或釋放。透過 pygame.mouse 可以查詢滑鼠當前的位置和按鍵狀態，或改變滑鼠游標的外觀。

當玩家在遊戲中操作滑鼠時，Pygame 會產生對應的事件，例如：

- MOUSEMOTION：滑鼠移動事件。
- MOUSEBUTTONDOWN：滑鼠按鍵按下事件。
- MOUSEBUTTONUP：滑鼠按鍵釋放事件。

開發者可以使用 pygame.event.get() 來捕捉這些滑鼠事件，並使用 pygame.mouse 提供的函數來進一步處理。

## 滑鼠操控基本用法

以下介紹 pygame.mouse 中常用的幾個功能：

**pygame.mouse.get_pos()**

用途：獲取當前滑鼠游標在視窗內的座標（x, y）。

用法如下表

```
x, y = pygame.mouse.get_pos()
print(f"滑鼠位置: ({x}, {y})")
```

**pygame.mouse.get_pressed()**

用途：檢查滑鼠按鈕是否被按下，會返回一個包含三個布林值的元組，分別對應滑鼠的左鍵、中鍵和右鍵。

用法如下表：

```
left, middle, right = pygame.mouse.get_pressed()
if left:
    print("左鍵被按下")
```

### pygame.mouse.set_pos()

主要用途：設置滑鼠游標的位置。

用法如下表：

```
pygame.mouse.set_pos((100, 100))    # 將滑鼠游標移動到 (100, 100)
```

### pygame.mouse.set_visible()

主要用途：控制滑鼠游標的顯示或隱藏。傳入 True 顯示游標，False 隱藏游標。

用法如下表：

```
pygame.mouse.set_visible(False)    # 隱藏滑鼠游標
```

### pygame.mouse.get_focused()

主要用途：檢查當前應用程式是否獲得了滑鼠的焦點（即視窗是否在前景）。如果視窗失去焦點，滑鼠事件將無法被接收。

用法如下表：

```
if pygame.mouse.get_focused():
    print("視窗獲得滑鼠焦點")
```

## 簡單的範例

以下是一個簡單的 Pygame 程式，展示如何使用 pygame.mouse 來檢測滑鼠位置和按鍵狀態，並根據滑鼠按下的情況進行畫面變色。

```python
import pygame
import sys

# 初始化 Pygame
pygame.init()

# 設置視窗
screen = pygame.display.set_mode((640, 480))
pygame.display.set_caption("滑鼠操作範例")

# 設定顏色
WHITE = (255, 255, 255)
BLUE = (0, 0, 255)
RED = (255, 0, 0)

running = True

# 遊戲主循環
while running:
    for event in pygame.event.get():
        if event.type == pygame.QUIT:
            running = False

    # 清空畫面
    screen.fill(WHITE)

    # 獲取滑鼠位置
    mouse_pos = pygame.mouse.get_pos()
    pygame.draw.circle(screen, BLUE, mouse_pos, 20)   # 在滑鼠位置畫一個藍色圓圈

    # 檢查滑鼠按鈕
    mouse_pressed = pygame.mouse.get_pressed()
    if mouse_pressed[0]:   # 如果左鍵被按下
```

```
        screen.fill(RED)   # 畫面變成紅色

    # 更新螢幕顯示
    pygame.display.flip()

# 結束 Pygame
pygame.quit()
sys.exit()
```

pygame.mouse 提供了方便的滑鼠操作介面，讓開發者能夠輕鬆地處理滑鼠的移動、按鍵操作等事件。在遊戲開發中，滑鼠事件常常用於 UI 互動、選單操作以及遊戲內物件的點擊等功能。透過 pygame.mouse，可以靈活地實現這些功能。

## 滑鼠操作基本用法

初始化 pygame 在檢測滑鼠操作前需要初始化 pygame，並確保遊戲主循環正在運行。

```
import pygame
pygame.init()   # 初始化 pygame
```

檢測滑鼠按鍵狀態使用 pygame.mouse.get_pressed()檢測當前滑鼠按鍵狀態是否按下的按鍵。可以通過檢查列表中滑鼠按鍵對應鍵位的值來判斷按鍵是否被按下。

```
mouse_pressed = pygame.mouse.get_pressed()   # 獲取按鍵狀態
if mouse_pressed[0]: # 如果左鍵被按下
    screen.fill(RED) # 畫面變成紅色
```

遊戲循環中的應用 通常會在遊戲主循環中反覆檢查滑鼠按鍵狀態，來決定遊戲中角色的行為。

```
    mouse_pressed = pygame.mouse.get_pressed() #檢查滑鼠按鍵狀態
    if mouse_pressed[0]:   # 如果左邊按鍵被按下
```

```
if mouse_pressed[1]:     # 如果中間按鍵被按下
if mouse_pressed[0]:     # 如果右邊按鍵被按下
```

## 常見按鍵常用變數

pygame 提供了一組常用滑鼠按鍵變數來表示不同的按鍵，當您使用 mouse_pressed = pygame.mouse.get_pressed() 的敘述後，你可以通過這些回傳取得變數來檢查具體的滑鼠哪一個按鍵是否被按下，例如：

- mouse_pressed[0]：如果為 True，則左邊按鍵被按下
- mouse_pressed[1]：如果為 True，則中間按鍵被按下
- mouse_pressed[0]：如果為 True，則右邊按鍵被按下

注意事項

主循環中的持續檢測：pygame.mouse.get_pressed() 是持續檢測滑鼠按鍵的工具，因此需要放在主遊戲循環中定期調用。

與事件檢測的區別：pygame.mouse.get_pressed() 與 pygame.event.get() 的作用不同。get_pressed() 用於持續檢測滑鼠按鍵的按住狀態，而 pygame.event 則用於處理按鍵按下或釋放的事件。

按鍵重複：某些系統可能會有滑鼠按鍵重複輸入的問題，即按住滑鼠按鍵時會多次觸發按鍵事件。get_pressed() 不會受到這個問題的影響，因為它只檢測滑鼠按鍵是否按下。

這個函數特別適合在需要連續移動、攻擊等操作的遊戲中，確保按住滑鼠按鍵時動作能持續執行。

# 建立一個打地鼠可以移動游標與按鍵改變圖片的角色

由上面章節介紹之中，筆者已經介紹設計類別，可以自動移動，自動載入圖片與音效等等，為了簡化程序，本章節透過設計一個 Hammer 類別，

最後使用 Python 程式碼，完成下列程式：

表 35 設計一個 Hammer 類別

| 設計一個 Hammer 鎚子類別(Hammers.py) |
|---|
| import pygame　　#匯入 PyGame 套件<br>from pygame.math import Vector2　　　#向量的運算套件<br><br><br># 創建精靈類別<br>class Player(pygame.sprite.Sprite):<br>　　_xpos = 0　　#精靈類別:Player 的 x 座標<br>　　_ypos = 0　　#精靈類別:Player 的 y 座標<br>　　_scr = pygame.rect　　#設定參考視窗 pygame 的畫布<br>　　_count = 1　　#目前有精靈腳色圖片張數<br>　　_images = []　　　　#精靈腳色圖片的陣列<br>　　__imagnumber=1　　#目前取用第 X 張精靈腳色圖片<br>　　_Visible = False　　　#是否顯示(暫無使用)<br>　　def __init__(self,image_path, nn ,x, y, scr):<br>　　　　super().__init__()<br>　　　　self.image = pygame.Surface((50, 50))<br>　　　　self._images.append( pygame.image.load(image_path))<br>　　　　self.image = self._images[0]　　# 載入圖片<br>　　　　self.image.convert_alpha()#改變 alpha 值<br>　　　　self.rect = self.image.get_rect()#取得圖形大小位置<br>　　　　self.rect.size = self.image.get_size() #設定精靈尺寸為載入圖片大小的尺寸<br>　　　　self._xpos = x　　#設定起始 X 座標位置<br>　　　　self._ypos = y　　#設定起始 Y 座標位置<br>　　　　self.rect.x = self._xpos　　#設定精靈類別位置為物件_xpos<br>　　　　self.rect.y = self._ypos　　#設定精靈類別位置為物件_ypos<br>　　　　self.rect.topleft = (self._xpos, self._ypos)　　# 設定精靈物件初始位置<br>　　　　self._scr = scr　　#精靈類別內參考繪圖之 Surface(畫布) |

```python
        self.name = nn        #設定精靈物件名稱為傳入精靈名稱之內容


    def loadimage(self,image_path):    # 更新精靈自動化動作程序
        self._images.append( pygame.image.load(image_path))
        self._count = self._count +1

    @property    # 設定下面為屬性的讀取
    def name(self):
        return self.__name    # 回傳__Name 屬性內容

    @name.setter    # 設定下面為屬性的寫入
    def name(self, cc):
        self.__name = cc    ##設定__name 屬性內容

    @property    # imagnumber
    def imagnumber(self):
        return self.__imagnumber    # 回傳__imagnumber 屬性內容

    @imagnumber.setter    # 設定下面為屬性的寫入
    def imagnumber(self, cc):
        if cc <=  self._count :
            self.__imagnumber = cc    #設定目前顯示第 __imagnumber 張圖片
            self.image = self._images[self.__imagnumber - 1]    # 載入圖片
            self.image.convert_alpha()    # 改變 alpha 值
            self.rect = self.image.get_rect()    # 取得圖形大小位置
            self.rect.size = self.image.get_size()    # 設定精靈尺寸為載入圖片大小的尺寸

        else:
            print("超越圖片大小")

    @property    # 設定下面為屬性的讀取
    def Visible(self):
        return self.__Visible    # 回傳__Name 屬性內容
```

```
@Visible.setter      # 設定下面為屬性的寫入
def Visible(self, cc):
    self.__Visible = cc    ##設定__Visible 屬性內容

def update(self):      #更新精靈自動化動作程序
    # 更新精靈的位置
    self.rect.x = self._xpos - self.image.get_width() /2    #設定精靈物件位置為物件_xpos
    self.rect.y = self._ypos - self.image.get_height() /2    #設定精靈物件位置為物件_ypos


def setPos(self,x,y):
    self._xpos = x      #設定精靈物件起始 X 座標位置
    self._ypos = y      #設定精靈物件起始 Y 座標位置
    # self.rect.x = self._xpos - self.image.get_width() /2    #設定精靈類別位置為物件_xpos
    # self.rect.y = self._ypos - self.image.get_height() /2    #設定精靈類別位置為物件_ypos
```

程式下載區：https://github.com/brucetsao/pygame_basic

下列解釋，大略解紹程式內重要的變數與方法：

## 內部變數部分：

- _xpos = 0 :精靈類別:Player 的 x 座標

- _ypos = 0 :精靈類別:Player 的 y 座標

- _scr：設定參考視窗 pygame 的畫布，預設為 pygame.rect

- _count = 1: 目前有精靈腳色圖片張數

- _images = []: 精靈腳色圖片的陣列

- __imagnumber=1: 目前取用第 X 張精靈腳色圖片

- __Visible = False: 是否顯示(暫無使用)

初始化部分：

- \_\_init\_\_():執行 pygame.sprite.Sprite 母類別的 init()建構式
    - self.image = pygame.Surface((50, 50)):預設精靈圖片畫布
    - self.image = pygame.image.load(image_path):載入圖片
    - self.image.convert_alpha(): 改變 alpha 值
    - self.rect = self.image.get_rect():　取得圖形大小位置
    - self.rect.size = self.image.get_size()：設定精靈尺寸為載入圖片大小的尺寸
    - self._xpos = x: 設定起始 X 座標位置
    - self._ypos = y: 設定起始 Y 座標位置
    - self.rect.x = self._xpos: 設定精靈類別位置為物件_xpos
    - self.rect.y = self._ypos: 設定精靈類別位置為物件_ypos
    - self.rect.topleft = (self._xpos, self._ypos):　設定精靈物件初始位置
    - self._scr = scr: 精靈類別內參考繪圖之 Surface(畫布)
    - self. name= nn: 設定精靈物件名稱為傳入精靈名稱之內容

屬性部分：

- name: 精靈物件的名字
- imagnumber: 目前取用第 X 張精靈腳色圖片
- Visible: 是否顯示(暫無使用)

類別公開方法部分：

- loadimage(圖片路徑+圖片檔名):加入角色新圖片，加入後 _count 會增加一
- update():更新精靈自動化動作程序
- setPos(self,x,y):更新精靈的位置，x=X 軸座標，y= Y 軸座標

- Down():更新精靈的位置,這裡我們讓它向下移動
- Left():更新精靈的位置,這裡我們讓它向左移動
- Right():更新精靈的位置,這裡我們讓它向右移動

### 類別使用方法:

利用下列語法 :

精靈物件 = Player(精靈圖片路徑+圖片檔名, 精靈物件名字,精靈物件 X 軸位置,精靈物件 Y 軸位置,精靈物件繪圖之參考畫面),讀者可以用下表之參考程式來產生精靈物件。

精靈物件.loadimage(圖片路徑+圖片檔名):加入角色新圖片,加入後_count 會增加一,因為打地鼠的鎚子至少會有槌子向上與槌子垂下等兩種(含以上)的角色圖片,所以必須要用這樣的方法來加入角色圖片。

```
#鎚子角色的建立:透過 Player 類別來創建鎚子角色,並隨機設置初始位置,
鎚子的圖片會根據滑鼠按下狀態切換
hammer = Player('./images/hummer1.png', 'Hammer', random.randint(50,
screen.get_width()), random.randint(50, screen.get_height()), screen)
# hammer 是鎚子的 Player 類別的實例,設定角色的圖像、名稱、初始位置等
# 使用隨機位置來放置鎚子
hammer.loadimage('./images/hummer2.png')    # 加載第二張圖像
```

## 建立一個打地鼠可以畫面移動游標與按鍵改變圖片

由上面章節介紹之中,筆者設計一隻 Python 程式,使用上面已經使用 Hammers.py 程式碼來設計之 Player 類別,產生一個打地鼠可以畫面移動游標與按鍵改變圖片靈物件,並可以透過介紹設計類別,可以自動移動,自動載入圖片與音

效等等,為了簡化程序,本章節透過使用一個 Hammer 類別(Player()),

最後使用 Python 程式碼,完成下列程式:

表 36 打地鼠可以畫面移動游標與按鍵改變圖片

```
打地鼠可以畫面移動游標與按鍵改變圖片(py0611.py)
import sys        # 使用作業系統用到的套件
import pygame     # 匯入 PyGame 套件
import math       # 使用常用數學函式套件
import random     # 使用亂數功能之套件
from Hammers import *    # 匯入自定義的 Hammers 類別
from pygame.locals import *   # 匯入 Pygame 的所有常數和函數,主
要可以使用到鍵盤常數變數

# 定義一個檢查座標是否在螢幕範圍內的函數
def CheckinScreen(x, y, x1, y1):
    if (x >= 0) & (x <= x1):    # 檢查 X 座標是否在螢幕範圍內
        if (y >= 0) & (y <= y1):    # 檢查 Y 座標是否在螢幕範圍內
            return True
        else:
            return False
    else:
        return False

FPS = 30    # 設定每秒更新幀數(Frame Per Second)

# 初始化與視窗設置:程式先使用 pygame.init() 初始化 Pygame,並
設置了一個 800x600 的遊戲視窗。視窗背景初始為黑色,並設置了標題
pygame.init()    # 啟動 PyGame 套件

screen = pygame.display.set_mode((800, 600))    # 建立一個 800x600
的遊戲視窗
# screen 為視窗變數,用來存取建立的視窗
scrx = screen.get_width()    # 獲取視窗寬度
scry = screen.get_height()   # 獲取視窗高度

pygame.display.set_caption("PyGame 滑鼠操控功能介紹:建立打地鼠
鎚子的角色,並隨滑鼠按鈕判斷鎚子狀態")
# pygame.display.set_caption() 用來設定視窗標題
```

~ 366 ~

```python
screen.fill((0, 0, 0))   # 用黑色 (RGB: 0, 0, 0) 填充整個視窗背景
# 視窗變數.fill(RGB 變數參數)


# 精靈（鎚子）創建：透過 Hammer 類別程式中的 Player()類別來創建
鎚子，並隨機設置初始位置。該精靈將加入到精靈群組中
#鎚子角色的建立：透過 Player 類別來創建鎚子角色，並隨機設置初始
位置，鎚子的圖片會根據滑鼠按下狀態切換
hammer = Player('./images/hummer1.png', 'Hammer', random.randint(50, screen.get_width()), random.randint(50, screen.get_height()), screen)
# hammer 是鎚子的 Player 類別的實例，設定角色的圖像、名稱、初始
位置等
# 使用隨機位置來放置鎚子
hammer.loadimage('./images/hummer2.png')    # 加載第二張圖像
clock = pygame.time.Clock()   # 創建一個時鐘對象，用來控制遊戲循環
的幀率


# 創建精靈群組
all_sprites = pygame.sprite.Group()

# 將玩家精靈加入精靈群組
all_sprites.add(hammer)

pygame.key.set_repeat(0, 500)   # 設置按鍵重複時間，0 表示立即重
複，500 毫秒之後觸發下一次按鍵重複

# 設定遊戲主循環是否離開或在遊戲進行程序之控制變數
running = True   # 設定遊戲主循環是否離開或在遊戲進行程序之控制
變數

# 遊戲主遊戲迴圈：在主迴圈中，程式會持續檢查事件、獲取滑鼠位置
和按鈕狀態，根據滑鼠位置移動鎚子，並在畫面上更新鎚子的位置和外觀。
while running:
    # 事件處理：處理玩家的按鍵輸入，當按下關閉按鈕時退出遊戲
    for event in pygame.event.get():
        # pygame.event.get() 會取得所有的事件，例如滑鼠移動、按下
按鍵等
```

```python
            # 每次迴圈會檢查每個事件變數
            if event.type == pygame.QUIT:    # 是否按下結束按鈕，按下的話，結束遊戲
                running = False    # 設定遊戲狀態為 False，終止主循環

        # 獲取滑鼠當前位置
        pos = pygame.mouse.get_pos()    # 獲取滑鼠當前位置
        print(pos, screen.get_size())    # 顯示滑鼠位置與螢幕大小
        hammer.setPos(pos[0], pos[1])    # 根據滑鼠位置設定鎚子的位置

        # 檢查滑鼠按鈕狀態
        mousebutton = pygame.mouse.get_pressed() # 獲取滑鼠按鍵狀態
        print("mouse status is ", mousebutton)    #印出滑鼠按鍵按鍵狀態內容(True 為按下，False 為沒按下)
        if mousebutton[0]:    # 如果滑鼠左鍵按下，切換圖像
            hammer.imagnumber = 2    #切換圖像為第二張
        else:
            hammer.imagnumber = 1    #切換圖像為第一張

        # 畫面更新：更新精靈狀態並將它們繪製在螢幕上
        all_sprites.update()    # 更新所有精靈的狀態

        # 填充背景為白色（重畫遊戲視窗背景）
        screen.fill((255, 255, 255))

        # 在視窗上繪製所有精靈
        all_sprites.draw(screen)

        # 更新螢幕顯示
        pygame.display.flip()

        # 控制幀率
        clock.tick(20)

# 離開遊戲並關閉 Pygame
pygame.quit()
```

程式下載區：https://github.com/brucetsao/pygame_basic

下列解釋，大略解紹程式內重要的變數與方法：

## Import 匯入套件部分：

- import sys： 使用作業系統用到的套件
- import pygame: 匯入 PyGame 套件
- import math: 使用常用數學函式套件
- import random: 使用亂數功能之套件
- from Hammers import *： 匯入自定義的 Hammers 類別
- from pygame.locals import *： 匯入 Pygame 的所有常數和函數，主要可以使用到鍵盤常數變數

## 建立程式中使用的函數：

- CheckinScreen(x, y, x1, y1)： 定義一個檢查(x,y)座標是否在螢幕範圍(x1,y1)大小範圍內的函數

## 系統初始化部分：

- FPS = 30： 設定每秒更新幀數（Frame Per Second）
- pygame.init()： 啟動 PyGame 套件
- screen = pygame.display.set_mode((800, 600))： 建立一個 800x600 的遊戲視窗
    - screen 為視窗變數，用來存取建立的視窗
    - 視窗變數 = pygame.display.set_mode(視窗寬度尺寸:pixels，視窗高度尺寸:pixels)
- pygame.display.set_caption("PyGame 滑鼠操控功能介紹:建立打地鼠鎚子的角色，並隨滑鼠按鈕判斷鎚子狀態")： pygame.display.set_caption() 用來設定視窗標題

- screen.fill((0, 0, 0))：用黑色 (RGB: 0, 0, 0) 填充整個視窗背景
- clock = pygame.time.Clock()：創建一個時鐘對象，用來控制遊戲循環的幀率

## 精靈設計部分：

- hammer = Player('./images/hummer1.png', 'Hammer', 0,0, screen)
    - PyGame 滑鼠操控功能介紹:建立打地鼠鎚子的角色，並隨滑鼠按鈕判斷鎚子狀態
    - 精靈（鎚子）創建：透過 Hammer 類別程式中的 Player() 類別來創建鎚子，並隨機設置初始位置。該精靈將加入到精靈群組中
    - 鎚子角色的建立：透過 Player 類別來創建鎚子角色，並隨機設置初始位置，鎚子的圖片會根據滑鼠按下狀態切換
- hammer.loadimage('./images/hummer2.png')
    - hammer.loadimage('./images/hummer2.png')

## 精靈群組設計部分：

- clock = pygame.time.Clock()：創建一個時鐘對象，用來控制遊戲循環的幀率
- all_sprites = pygame.sprite.Group()：創建精靈群組
- all_sprites.add(pac)：將玩家精靈加入精靈群組

## 遊戲主程序設計部分：

- running = True：設定遊戲主循環是否離開或在遊戲進行程序之控制變數

## 遊戲主程序迴圈控制部分：

- while running: 遊戲主循環迴圈
- for event in pygame.event.get(): 透過迴圈來處理遊戲中各種操控互動事件
  - pygame.event.get() 會取得所有的事件，例如滑鼠移動、按下按鍵等
  - 每次迴圈會檢查每個事件變數
- if event.type == pygame.QUIT: 是否按下結束按鈕，按下的話，結束遊戲

## 遊戲主程序檢測滑鼠位置部分：

- mousebutton = pygame.mouse.get_pressed()
  - 檢查滑鼠按鈕狀態
  - 獲取滑鼠按鍵狀態
- print("mouse status is ", mousebutton): 印出滑鼠按鍵按鍵狀態內容(True 為按下，False 為沒按下)
- if mousebutton[0]: 如果滑鼠左鍵按下，切換圖像
  - hammer.imagnumber = 2 :切換圖像為第二張
  - hammer.imagnumber = 1 :切換圖像為第一張

## 畫面更新部分：

- all_sprites.update():更新所有精靈的狀態
- screen.fill((255, 255, 255)): 填充背景為白色(重畫遊戲視窗背景)

- all_sprites.draw(screen)：在視窗上繪製所有精靈
- pygame.display.flip():更新螢幕顯示
- clock.tick(20): 控制幀率

## 最後程序：

- pygame.quit():離開遊戲並關閉 Pygame

下列程式所以我們使用 Python 語言，攥寫寫上面程式，執行程式後可以看到上面程式的執行結果。其結果如下圖所示：

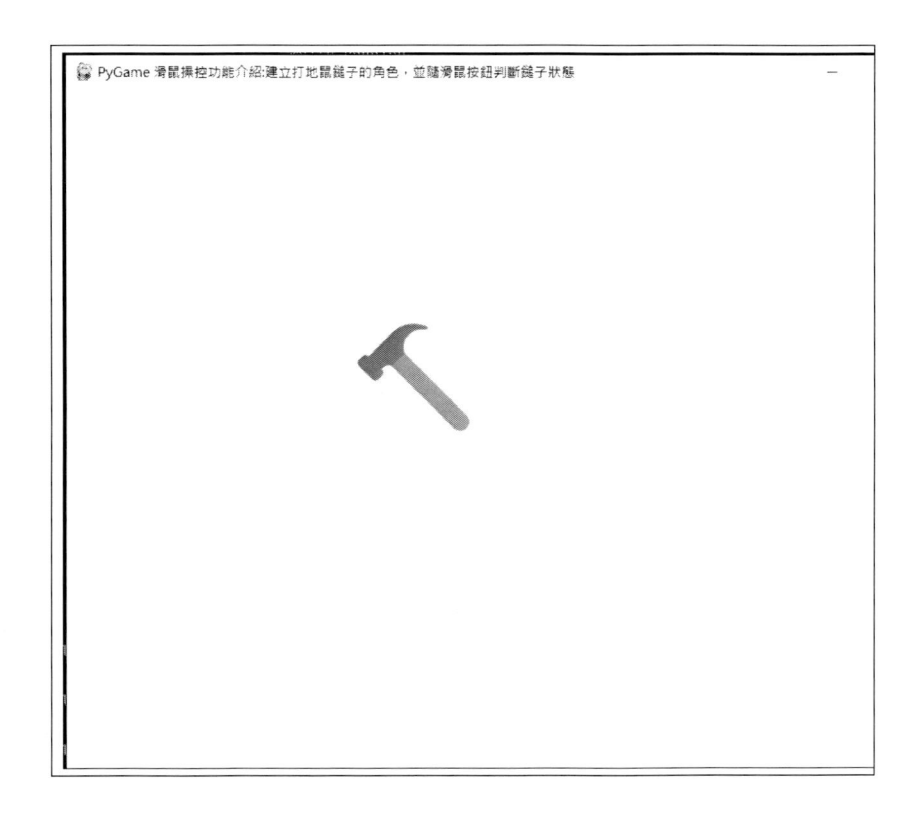

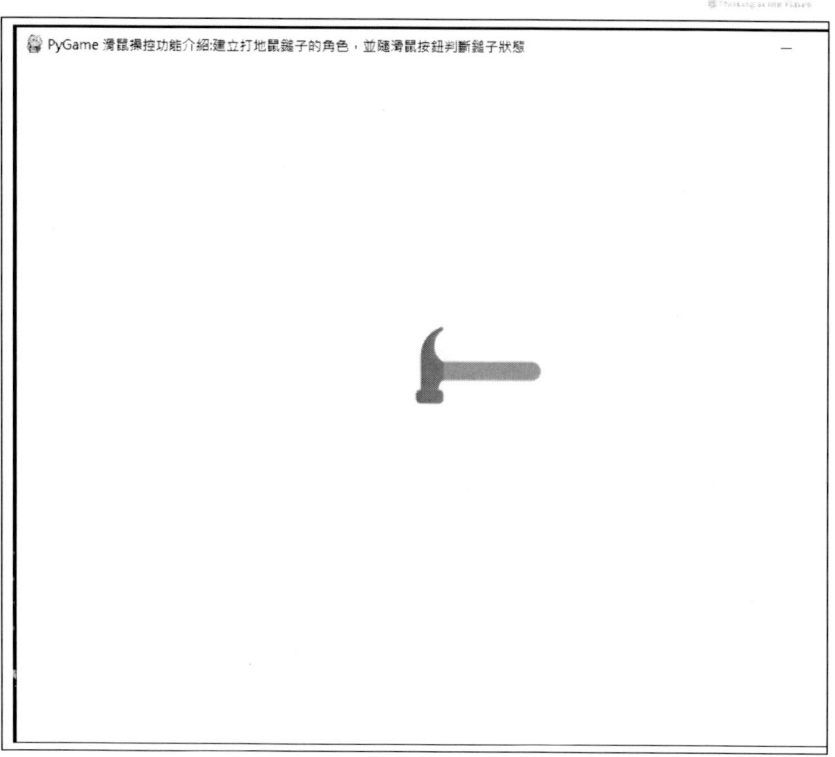

圖 190 建立打地鼠鎚子的角色並隨滑鼠按鈕判斷鎚子狀態之結果畫面

## 章節小結

　　本章主要介紹 pygame 在遊戲視窗產生時，建立一些精靈角色，可以透過鍵盤按下的檢測來與遊戲互動。另外一個技巧是可以可以透過滑鼠案件按下的檢測與滑鼠位置來建立精靈角色位置變動與圖片變更等遊戲互動。透過鍵盤按下的檢測與滑鼠案件按下的檢測與滑鼠位置可以讓前面精靈的技術，透過精靈互動來一一介紹 pygame 處理人機互動的遊戲設計，相信讀者會對 pygame 強大人機互動的遊戲處理的操作與方便性與基本運作，有更深入的了解與體認

## 本書總結

筆者對於物聯網設計與開發，及對應物聯網程式開發的技巧、不同平台與對向的開發工具已出版許多書籍，感謝許多有心的讀者提供筆者許多寶貴的意見與建議，筆者群不勝感激。

但是筆者數十年的許多電腦語言專心研究與設計開發的經驗，許多讀者希望筆者可以推出更多的不同程式語言入門書籍給更多想要進入『程式設計』、『系統開發』、『遊戲設計與開發』這個許多專業技能能夠學習更多，所有才有這個程式設計系列的產生({{[曹永忠, 2023 #6503;曹永忠, 2023 #6504;曹永忠, 2024 #6798;曹永忠, 2024 #6799})(曹永忠 et al., 2024a, 2024b; 曹永忠, 蔡英德, & 許智誠, 2024c, 2024d)。

本系列叢書的特色是一步一步教導大家使用更基礎的東西，來累積各位的基礎能力，讓大家能在物聯網時代潮流中，可以拔的頭籌，所以本系列是一個永不結束的系列，只要更多的東西被製造出來，相信筆者會更衷心的希望與各位永遠在這條物聯網時代潮流中與大家同行。

此外本書是 Python 之 Pygame 遊戲設計中基礎入門書，後續筆者會針對不同遊戲，單獨針對每一種不同類型與獨特的遊戲開發例子，會獨立設計專書來帶領讀者進入遊戲專業開發的殿堂。

# 作者介紹

**曹永忠 (Yung-Chung Tsao)**，國立中央大學資訊管理學系博士，目前在國立高雄大學電機工程學系兼任助理教授，專注於軟體工程、軟體開發與設計、物件導向程式設計、物聯網系統開發、Arduino 開發、嵌入式系統開發。

長期投入資訊系統設計與開發、企業應用系統開發、軟體工程、物聯網系統開發、軟硬體技術整合等領域，並持續發表作品及相關專業著作。

並通過台灣圖霸的專家認證。

目前也透過 Youtube 在直播平台 https://www.youtube.com/@dr.ultima/streams ，不定其分享系統設計開發的經驗、技術與資訊工具、技術使用的經驗

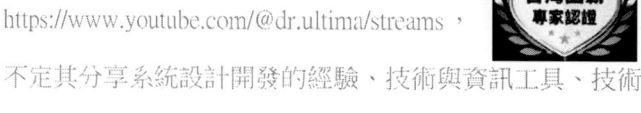

Email:prgbruce@gmail.com
Line ID：dr.brucetsao
WeChat：dr_brucetsao
作者介紹網站：
http://ncnu.arduino.org.tw/brucetsao/myprofile.php
臉書社群(Arduino.Taiwan)：
https://www.facebook.com/groups/Arduino.Taiwan/
作者 github 網站：https://github.com/brucetsao/
原始碼網址：https://github.com/brucetsao/pygame_basic
直播平台 https://www.youtube.com/@dr.ultima/streams ：
與作者面對面社群：
https://line.me/ti/g2/4_dGbhlqpShvrefobfjDYzvDqBWc7f4PHL-nbA?utm_source=invitation&utm_medium=link_copy&utm_campaign=default

**蔡英德 (Yin-Te Tsai)**，國立清華大學資訊科學系博士，目前是靜宜大學資訊傳播工程學系教授、靜宜大學資訊學院院長，主要研究為演算法設計與分析、生物資訊、軟體開發、視障輔具設計與開發。

Email:yttsai@pu.edu.tw

作者網頁：http://www.csce.pu.edu.tw/people/bio.php?PID=6#personal_writing


**許智誠 (Chih-Cheng Hsu)**，美國加州大學洛杉磯分校(UCLA)資訊工程系博士、曾任職於美國 IBM 等軟體公司多年，現任教於中央大學資訊管理學系專任副教授，主要研究為軟體工程、設計流程與自動化、數位教學、雲端裝置、多層式網頁系統、系統整合、金融資料探勘、Python 建置(金融)資料探勘系統。

Email: khsu@mgt.ncu.edu.tw

作者網頁：http://www.mgt.ncu.edu.tw/~khsu/

# 附錄

## Python Game 簡單函數一覽表

| 術 | 解 |
|---|---|
| arc() 函數 | 繪製弧線 |
| blit() 函數 | 將一個圖像（Surface 物件）繪製到另一個圖像上方 |
| Channel 對象 | 控制聲音通道 |
| circle() 函數 | 繪製圓形 |
| collidepoint() 函數 | 判斷一個圖元點是否在某一個矩形範圍內 |
| colliderect() 函數 | 檢測兩個矩形是否重疊 |
| convert() 函數 | 修改 Surface 物件的圖元格式 |
| convert_alpha() 函數 | 為 Surface 物件添加 alpha 通道，以使圖像具有圖元透明度 |
| ellipse() 函數 | 繪製橢圓 |
| Font() 函數 | 從一個自訂的字體檔創建一個 Font 物件 |
| get_abs_parent() 函數 | 獲取子 Surface 對象的頂層父物件 |
| get_ascent () 函數 | 獲取 Font 物件繪製文本時與基準線的上端距 |
| get_clip() 函數 | 獲取區域的資訊 |
| get_default_font() 函數 | 獲取 pygame 模組中的預設字體檔 |
| get_descent() 函數 | 獲取 Font 物件繪製文本時與基準線的下端距 |
| get_fonts() 函數 | 獲取當前系統中所有可使用的字體 |
| get_height() 函數 | 獲取 Font 物件繪製文本時的文本高度 |
| get_linesize() 函數 | 獲取 Font 物件繪製文本時的行高 |
| get_parent() 函數 | 獲取子 Surface 對象的父物件 |
| get_pressed() 函數 | 輪詢鍵盤或滑鼠 |
| line() 函數 | 繪製直線（線段） |
| list_modes() 函數 | 返回在指定色彩深度下所支援的所有視窗解析度的一個清單 |
| mode_ok() 函數 | 確定所請求的顯示模式是否可用， |
| pip | 是跟隨 Python 環境部署默認安裝的一個 Python 套裝軟體管理工具 |
| polygon() 函數 | 繪製多邊形 |
| PyCharm | JetBrains 公司開發的一款 Python 開發工具，在 Windows、Mac OS 和 Linux 操作系統中都可以使用，它具有語法高亮顯示、Project（專案）管理代碼跳轉、智 |
| pygame | 2000 年由作者 Pete Shinners 開發的一個完全免費、開源的 Python 遊戲模組，它是專門為開發和設計 2D 電子遊戲而生的套裝軟體，支援 Windows、Linux、Mac OS 等作業系統，具有良好的跨平臺性 |
| pygame.color.Color 對象 | 表示或創建一種顏色 |
| pygame.draw 模組 | 在 Surface 物件上繪製一些基礎的圖形 |
| pygame.font 模組 | 在一個新的 Surface 物件上表示 TrueType 字體（電腦輪廓字體的類型標準，擴展名為 .ttf，主要在於它能夠為開發者提供關於字體顯示、不同字體大小的圖元 |
| pygame.key 模組 | 對鍵盤進行管理 |
| pygame.math.Vector2() 對象 | 二維向量 |
| pygame.mixer 子模組 | 對聲音的播放與通道進行管理 |
| pygame.mixer.init() 函數 | 對聲音設備進行初始化 |
| pygame.mixer.music.load() 函 | 載入音效檔 |
| pygame.mouse 模組 | 對滑鼠進行管理 |
| pygame.PixelArray() 對象 | 使開發者能夠以類似運算元組的方式來直接操作指定 Surface 對象上的任意一個圖元點或批量圖元點的顏色值 |
| pygame.Rect 對象 | 確描述 pygame 視窗中所有可見元素的位置，該物件又被稱為矩形區域管理對象，它由 left、top、width、height 這 4 個值創建 |
| pygame.sprite. spritecollide() | 檢測一個精靈與一個精靈組中的任意一個精靈是否發生碰撞 |
| pygame.sprite.collide_circle() | 檢測任意兩個精靈之間是否存在圓形重疊區域 |
| pygame.sprite.collide_mask() | 實現兩個精靈之間的遮罩檢測 |
| pygame.sprite.collide_rect() | 檢測任意兩個精靈之間是否在矩形重疊區域 |
| pygame.sprite.Group 類 | 精靈組，是用於保存和管理多個 Sprite 精靈物件的容器類 |
| pygame.sprite.groupcollide() | 檢測兩個精靈組中任意兩個精靈之間是否發生碰撞 |
| **pygame.time.Clock()** | 時鐘物件（簡稱為"Clock 物件"），說明跟蹤管理時間 |
| Python | Python，本義是指"蟒蛇"，是一種物件導向的直譯型高級程式設計語言，它具有豐富和強大的庫，能夠把使用其他語言製作的各種模組（尤其是 C/C++）很輕鬆地 |
| rect() 函數 | 繪製矩形 |
| render() 函數 | 在一個新的 Surface 物件上渲染指定的文本，並返回同一個文本 Surface 物件 |
| scroll() 函數 | 移動 Surface 對象 |
| SDL | Simple DirectMedia Layer，是一套用 C 語言實現的跨平臺多媒體開發庫，被廣泛地應用於遊戲、模擬器、播放機等的開發 |

| | |
|---|---|
| SDL_ttf | 一個與 SDL 庫一起使用並可移植的字體呈現庫，它依賴於 freetype2 來處理 TrueType 字體，借助輪廓字體和反鋸齒的強大功能，可以輕鬆獲得高品質的文本輸出 |
| set_allowed() 函數 | 預設同樣允許所有類型事件進入事件佇列，如果需要設置某些特定事件進入事件佇列，則將需要進入事件佇列的事件傳入該函數的參數即可 |
| set_blocked() 函數 | 禁止指定類型的事件進入事件佇列 |
| set_bold() 函數 | 為文本設置加粗模式 |
| set_clip() 函數 | 設定區域的位置 |
| set_italic() 函數 | 為文本設置斜體模式 |
| set_mode() 函數 | 來創建一個圖形化使用者介面 |
| set_underline() 函數 | 為文本設置下畫線模式 |
| Sound 對象 | 控制聲音 |
| Sprite 類 | pygame 內置精靈 |
| Subsurface 對象 | 根據一個父 Surface 物件創建一個子 Surface 物件 |
| Surface 對象 | 象相當於一個畫布，它是 pygame 中用於表示圖像的物件，可以渲染文本，也可以載入圖片 |
| Sysfont() 函數 | 從系統字體檔庫創建一個 Font 物件 |
| 精靈 | 是在 pygame 視窗顯示 Surface 物件上繪製的一個個小的圖片，它是一種可以在 |
| 精靈序列圖 | 在 pygame 中，由多張圖片按照一定規律排列拼接而成的動畫 |
| 設備輪詢 | 檢測在某一設備上是否有事件發生，以便更高效地與程式進行交互 |
| 事件 | 根據使用者的相關動作來確定是否執行某種操作 |
| 事件偵聽 | 監聽使用者的各種動作，比如使用者敲擊鍵盤、點擊滑鼠、滑動滑鼠滾輪、操作遊戲 |
| 是色光三原色標記法 | 通過一個元組或列表來指定顏色的 RGB 值，每個值都在 0~255 |
| 圖像透明度（surface alphas） | 指調整整個圖像的透明度，取值範圍是 0~255（0 表示完全透明，255 表示完全不透明，128 表示半透明） |
| 向量 | 也稱為歐幾裡得向量、幾何向量、向量，指具有大小（magnitude）和方向的量，它可以形象化地表示為帶箭頭的線段。箭頭所指方向代表向量的方向；線段長度 |
| 圖元 | 在 pygame 視窗中繪圖時使用的顏色預設單位，本質上是 pygame 視窗螢幕上的一個點 |
| 圖元值透明度（pixel alphas） | 通過給 Color 物件值添加第 4 個透明度參數的方式來體現 |
| 顏色值透明度（colorkeys） | 設置圖像中的某個顏色值（任意圖元的顏色值）為透明，主要是為了在繪製 Surface 物件時，將圖像中所有與指定顏色值相同的顏色繪製為透明 |
| 幀率 | 英文縮寫為 FPS（frame per second），單位用赫茲（Hz）表示，意為每秒刷新繪製多少次 |

# 參考文獻

杨志晓, & 范艳峰. (2020). *Python 机器学习一本通*: BEIJING BOOK CO. INC.

胡松濤. (2017). *Python 網路爬蟲實戰*. 清華大學出版社.

曹永忠, 蔡英德, & 許智誠. (2024a). *MicroPython 程式設計(ESP32 物聯網基礎篇):MicroPython Programming (An Introduction to Internet of Thing Based on ESP32)* (初版 ed.). 台湾、彰化: 渥瑪數位有限公司.

曹永忠, 蔡英德, & 許智誠. (2024b). *MicroPython 程序设计(ESP32 物联网基础篇):MicroPython Programming (An Introduction to Internet of Thing Based on ESP32)* (初版 ed.). 台湾、彰化: 渥瑪數位有限公司.

曹永忠, 蔡英德, & 許智誠. (2024c). *物联网云端系统开发(基础入门篇):Implementation an IoT Clouding Application (An Introduction to Internet of Thing Based on PHP)* (初版 ed.). 台湾、彰化: 渥瑪數位有限公司.

曹永忠, 蔡英德, & 許智誠. (2024d). *物聯網雲端系統開發(基礎入門篇):Implementation an IoT Clouding Application (An Introduction to Internet of Thing Based on PHP)* (初版 ed.). 台湾、彰化: 渥瑪數位有限公司.

# Python 遊戲開發 (PyGame 基礎篇)

| 作　　　者： | 曹永忠，許智誠，蔡英德 |
|---|---|
| 發 行 人： | 黃振庭 |
| 出 版 者： | 崧燁文化事業有限公司 |
| 發 行 者： | 崧燁文化事業有限公司 |
| E－m a i l： | sonbookservice@gmail.com |
| 粉 絲 頁： | https://www.facebook.com/sonbookss |
| 網　　　址： | https://sonbook.net/ |
| 地　　　址： | 台北市中正區重慶南路一段 61 號 8 樓<br>8F., No.61, Sec. 1, Chongqing S. Rd., Zhongzheng Dist., Taipei City 100, Taiwan |
| 電　　　話： | (02)2370-3310 |
| 傳　　　真： | (02)2388-1990 |
| 印　　　刷： | 京峯數位服務有限公司 |
| 律師顧問： | 廣華律師事務所 張珮琦律師 |

-版 權 聲 明-

本書版權為作者所有授權崧博出版事業有限公司獨家發行電子書及繁體書繁體字版。若有其他相關權利及授權需求請與本公司聯繫。

未經書面許可，不得複製、發行。

定　　　價：650 元
發行日期：2024 年 11 月第一版
◎本書以 POD 印製

## 國家圖書館出版品預行編目資料

Python遊戲開發(PyGame基礎篇) / 曹永忠，許智誠，蔡英德 著 . -- 第一版 . -- 臺北市：崧燁文化事業有限公司 , 2024.11
面；　公分 -- (遊戲設計與開發系列)
POD 版
ISBN 978-626-416-099-5( 平裝 )
1.CST: Python( 電腦 程式 語言 )
2.CST: 電腦程式設計 3.CST: 電腦遊戲
312.32P97　　　　113017191

電子書購買

爽讀 APP　　　　臉書